Scienza e società

Collana diretta da
Andrea Cerroni

Pietro Greco

L'IDEA PERICOLOSA DI GALILEO

Storia della comunicazione della scienza nel Seicento

UTET
UNIVERSITÀ

UTET
UNIVERSITÀ

www.utetuniversita.it

1ª edizione: ottobre 2009
Printed in Italy

Stampa: Stampatre – Torino

Ristampe:	0 1	2 3	4 5	6 7	8 9
Anno:	2009	2010	2011	2012	2013

Indice

Introduzione

> Parmi necessario, oltre a le altre circuspezioni, per mantenere et augumentare il grido di questi scoprimenti, il fare che con l'effetto stesso sia veduta et riconosciuta la verità da più persone che sia possibile.
>
> GALILEO GALILEI

> Galileo aveva osato spostare il foro, per così dire, competente alla discussione, dagli intellettuali direttivi clericali al pubblico istruito al di fuori della cerchia clericale il cui senso comune era relativamente incontaminato dalla teologia o da interessi particolari. [...] Galileo aveva portato il suo caso scientifico in mezzo alla gente, come Lutero aveva fatto con le sue tesi religiose.
>
> LEWIS S. FEUER

Vogliamo avvisare subito i nostri 22 lettori. Questo libro nasce con una grande ambizione e, proprio per questo, con un grande gesto di umiltà. L'ambizione è quella di ricostruire la storia della comunicazione della scienza «mentre sta per nascere», nel Seicento. Ed è grande per una serie di tesi, niente affatto scontate, che ci accingiamo a elencare.

1. Perché riteniamo che il Seicento sia il secolo in cui, con atto rivoluzionario, nasce la scienza moderna.
2. Perché riteniamo che la comunicazione della scienza non nasca in seguito a quest'atto rivoluzionario, ma al contrario una nuova interpretazione della comunicazione – tutto deve essere comunicato a tutti – costituisca uno dei cofattori essenziali che hanno consentito la nascita della scienza moderna. La scienza moderna nasce nel Seicento abbattendo, come sostiene Paolo Rossi, il «paradigma della segretezza».
3. Il Seicento è il secolo di Galileo. E nel Seicento si afferma la «pericolosa idea di Galileo»: estendere il foro dei competenti, portare – come sostiene Lewis Feuer – la discussione scientifica in mezzo alla gente. Proprio come Lutero aveva fatto con le questioni religiose.
4. La comunicazione della scienza nel Seicento, pertanto, assume una dimensione pervasiva: non riguarda solo una cerchia di esperti, ma investe la società in tutte le sue pieghe. E, nel fare questo, assume forme le più diverse.
5. Oggi ci troviamo in una condizione per molti versi analoga (anche se certa-

mente non omologa) a quella del Seicento. I rapporti tra il mondo scientifico e il resto della società sono molto fitti. Giocoforza, la comunicazione rilevante della scienza va ben oltre la cerchie degli esperti e, assumendo forme le più diverse, è diventata pervasiva come e più che nel Seicento.
6. Lo studio della comunicazione della scienza «mentre sta per nascere», nel Seicento, non è pertanto fine a se stesso, ma spalanca prepotentemente sui nostri giorni.

Nessuna di queste tesi è, in sé, nuova e originale. L'insieme di queste tesi definisce tuttavia un ordito piuttosto forte: ed è questo ordito che costituisce la grande ambizione del nostro libro. Oggi viviamo in un'era che è stata definita della conoscenza. Un'era in cui sia la scienza in sé (la produzione di nuova conoscenza scientifica) sia i rapporti tra la scienza e il resto della società (gli effetti filosofici, etici, politici, economici, tecnologici, generati delle nuove conoscenze scientifiche) assumono un valore decisivo.

Studiare la comunicazione della scienza nel Seicento serve, dunque, per capire il presente. E il futuro «mentre sta nascendo».

L'ambizione è accompagnata da una necessaria umiltà. Chi scrive non è uno storico di professione. Ma un professionista della comunicazione della scienza. Non troverete pubblicato, in queste pagine, alcun documento originale. Troverete un'interpretazione, forte, di una storia già nota ai professionisti della storia. Ma forse non ancora conosciuta a tutti gli altri. Ed è per tutti gli altri che l'abbiamo scritta.

P.G.

L'idea pericolosa di Galileo

Capitolo 1

Sidereus Nuncius: nasce la nuova scienza

> Non esistono in tutta la letteratura scientifica ventiquattro pagine più ricche di rivelazioni.
>
> Charles Singer

> Il più grande scrittore italiano di tutti i tempi.
>
> Italo Calvino

«Avviso astronomico che contiene e chiarisce recenti osservazioni fatte per mezzo di un nuovo occhiale nella faccia della luna, nella via lattea e nelle stelle nebulose, in innumerevoli fisse, nonché in quattro pianeti non mai finora veduti, chiamati col nome di astri medicei.

Grandi invero sono le cose che in questo breve trattato io propongo alla visione e alla contemplazione degli studiosi della natura. Grandi, dico, sia per l'eccellenza della materia per se stessa, sia per la novità loro non mai udita in tutti i tempi trascorsi, sia anche per lo strumento, in virtù del quale quelle cose medesime si sono rese manifeste al senso nostro.

Gran cosa è certo l'aggiungere, sopra la numerosa moltitudine delle Stelle fisse che fino ai nostri giorni si posson scorgere con la naturale facoltà visiva, altre innumerevoli Stelle non mai scorte prima d'ora, ed esporle apertamente alla vista in numero più che dieci volte maggiore di quelle antiche e già note.

Bellissima cosa e oltremodo a vedersi attraente è il poter rimirare il corpo lunare, da noi remoto per quasi sessanta semidiametri terrestri, così da vicino, come se distasse di due soltanto di dette misure; sicché il suo diametro apparisca quasi trenta volte maggiore, la superficie quasi novecento, il volume poi approssimativamente ventisettemila volte più grande di quando sia veduto ad occhio nudo; e quindi, con la certezza che è data dall'esperienza sensibile, si possa apprendere non essere affatto la Luna rivestita di superficie liscia e levigata, ma scabra e ineguale, e allo stesso modo della faccia della Terra, presentarsi ricoperta in ogni parte di grandi prominenze, di profonde valli e di anfratti.

Di più» (Galileo, 1610a).

1.1 Il *Sidereus Nuncius*

Forse, come sostiene Paolo Rossi: «Non c'è, in Europa, un "luogo di nascita" di quella complicata realtà storica che chiamiamo oggi *scienza moderna*». Perché, semplicemente, «quel luogo è l'Europa» stessa (Rossi, 1997).

C'è però, probabilmente, una "data di nascita" della scienza moderna. Quella data è il 12 marzo 1610[1], giorno in cui Galileo Galilei lancia il suo *Sidereus Nuncius* e pubblica, presso la modesta tipografia di Tommaso Baglioni a Venezia, con una tiratura di 550 copie, il prototipo di quello che Andrea Battistini definisce «un genere letterario nuovo che in seguito avrebbe goduto di una fortuna ininterrotta, il rendiconto scientifico con cui si comunicava (trasparente il significato di *Nuncius*) il riassunto di fenomeni fino allora ignoti, esposti con quella prosa incisiva, agile nel ragionamento ed economica nell'argomentazione, che tanto è piaciuta al Calvino delle *Lezioni americane*» (Battistini, 1993).

Già, perché la data d'inizio della *nuova scienza*, a nostro modesto avviso, non coincide tanto con il momento in cui Galileo si imbatte in quei «grandi e oltremodo mirabili spettacoli [...], col cannocchiale da lui da poco inventato, osservati nella faccia della Luna, in innumerevoli fisse, nella Via Lattea, nelle Stelle Nebulose, e in primo luogo in quattro pianeti intorno alla Stella di Giove», spettacoli «grandi, dico, sia per l'eccellenza della materia per se stessa, sia per la novità loro non mai udita in tutti i tempi trascorsi, sia anche per lo strumento, in virtù del quale quelle cose medesime si sono rese manifeste al senso nostro» effettuati nell'autunno del 1609 e nel rigido inverno del 1610 (Galileo, 1610a).

La data d'inizio della *nuova scienza* coincide con il momento in cui Galileo «apre, ed espone allo sguardo d'ognuno e in special modo di filosofi e astronomi» quegli spettacoli «grandi invero». Perché è solo a partire da quel giorno, il 12 marzo 1610, che le osservazioni di «Galileo Galilei, patrizio fiorentino, dello Studio Padovano Pubblico Matematico» vengono a conoscenza «in special modo» del ristretto pubblico degli esperti «filosofi e astronomi», ma anche «d'ognuno» del grande pubblico dei non esperti, che le possono così ripetere, confutare, interpretare.

È solo in quel momento che i «grandi e oltremodo mirabili spettacoli» osservati dal patrizio fiorentino cessano di essere un affare privato di Galileo Galilei e diventano, appunto, scienza. Anzi, *nuova scienza*.

Ricostruiamo, per sommi capi, la vicenda.

Nella primavera del 1609 giunge a Padova, proveniente dai Paesi Bassi, la notizia che è stato messo a punto e presentato a Maurizio di Nassau, principe d'Orange e *statolder* delle province di Olanda e Zelanda, un nuovo strumento tecnologico, un *occhiale* «col quale le cose lontane si vedono così perfettamente come se fussero state molto vicine» (Galileo, 1623). Nell'ottobre 1608 un artigiano olandese di Middelburg, Hans Lipperhey, ha chiesto di brevettare il nuovo *occhiale*, rivendicandone la scoperta. Venezia è un mercato molto ricco e gli artigiani di Murano sono noti per la loro capacità di fare meraviglie con il vetro. Ed è ricorrendo, probabilmente, alle lenti messe a punto da questi maestri vetrai e all'aiuto del fidato Marcantonio Mazzoleni, l'abile artigiano col quale ha allestito un laboratorio/officina in un locale adiacente alla sua casa, che nell'estate del 1609 Galileo Galilei, docente di matematica in forza all'università di Padova, cerca di costruire da sé il nuovo strumento.

Galileo conosce l'ottica[2]. E, in più, è un tecnologo così valente da essere piuttosto richiesto, dalle pubbliche autorità come da privati cittadini. La sua abilità è tale che, nei diciotto anni passati a Padova, è venuto assumendo un doppio ruolo istituzionale, raro in Italia (ma frequente in Germania): quello di docente universitario e di consulente tecnico e scientifico (tecnoscientifico, diremmo oggi) della Repubblica (Bucciantini, 2003). Insomma, le autorità politiche veneziane e privati più o meno facoltosi della Serenissima città lo conoscono e lo consultano. Forse Galileo è fin troppo conosciuto e consultato se, alla fine, sbotta per quel dover «dispensare [...] talento [...] a minuto alle richieste di ogn'uno» e dover «consumar diverse hore del giorno, et bene spesso le migliori, [...] a richiesta di questo e di quello» (Galileo, 1609a). Tutte queste minute distrazioni nel corso di diciotto anni lo hanno reso famoso tra Padova e Venezia, ma lo distolgono dagli studi seri e approfonditi cui vorrebbe dedicarsi a tempo pieno.

La perizia tecnica, tuttavia, non è mai vana. Galileo, con l'aiuto di Mazzoleni, riproduce e migliora il cannocchiale olandese – tanto che il suo *occhiale* capace di ben 20 ingrandimenti diventa subito «superiore a tutti gli strumenti dello stesso tipo che circolavano in Europa» (Festa, 2007) – e il 21 agosto del 1909 annuncia, con una lettera al Doge, di essere pronto a mettere al servizio della Serenissima repubblica la nuova meraviglia della tecnica, soprattutto per lo «straordinario benefizio» che a Venezia può derivarne qualora la utilizzasse, quella meraviglia, a fini militari. D'altra parte tre giorni dopo, il 24 agosto, il Doge Leonardo Donato e l'intero Serenissimo Senato possono verificare, «con infinito stupore» dai «più alti campanili» della città, la capacità di quello strumento che da San Marco, ricorda estasiato un testimone, consentiva di discernere «quelli che entravano et uscivano di chiesa di San Giacomo di Muran» (Priuli, 1609).

L'ammirata riconoscenza delle autorità politiche di Venezia è tale, che, nel giro di ventiquattro ore, il 25 agosto 1609, Galileo si vede ricevere un incarico a vita e aumentare lo stipendio da 520 a 1.000 fiorini. Anche se solo alla scadenza del contratto in corso e senza possibilità di ulteriori aumenti.

E, tuttavia, fino a questo momento lo strumento tecnologico perfezionato da Galileo non ha fornito nulla alla scienza. Né lui, Galileo, gode di una particolare fama scientifica fuori dalla ristretta cerchia accademica. Anche perché, finora, non ha scritto, o meglio non ha reso pubblico, molto di quanto ha fatto e di quanto ha intuito. Finora, figlio di Vincenzio e di Giulia Ammannati, docente di matematica presso l'università di Padova, copernicano, 45 anni ben portati, Galileo non è ancora Galileo.

Sia ben chiaro, il fiorentino ha già conseguito risultati importanti per lo sviluppo del pensiero scientifico, soprattutto nel campo del moto, elaborando nuova e decisiva filosofia naturale intorno al concetto di inerzia, di relatività, di caduta dei gravi. E tuttavia il suo nome, in Europa, è conosciuto in una cerchia tutto sommato ristretta di esperti. Galileo Galilei è sconosciuto alle grandi masse.

In ogni caso, sarà stato l'annuncio dell'aumento di stipendio che libera dalle preoccupazioni la mente più che le effettive «hore del giorno», sarà stata l'ennesima intuizione geniale, fatto è che nel successivo autunno 1609 e poi nell'inverno 1610 Galileo decide di passare «la maggior parte delle notti [...] più al sereno et al discoperto, che in camera o al fuoco» (Galileo, 1610b). Insomma, decide di fare quello che nessun altro prima di lui ha fatto con discernimento: puntare il telescopio verso il cielo.

Il cannocchiale è, senza dubbio, uno strumento che consente di «potenziare gli occhi». Tuttavia non basta avere gli occhi e un cannocchiale per leggere più in profondità il «grandissimo libro, che essa natura continuamente tiene aperto». Occorre anche sapere guardare. E interpretare[3]. Come sostiene lo stesso Galileo, per leggere il libro della natura occorre avere «occhi nella fronte e nel cervello» (Galileo, 1611). Lui, quegli occhi nella fronte e, soprattutto, nel cervello, li ha. E, alzando il cannocchiale verso il cielo, scopre «apertissimamente, la luna non essere altramente di superficie uguale, liscia e tersa, come da gran moltitudine di gente vien creduto esser lei et li altri corpi celesti, ma all'incontro essere aspra et ineguale, et insomma dimostrarsi tale, che altro da sano discorso concluder non si può, se non che quella è ripiena di eminenze et di cavità, simili, ma assai maggiori, ai monti et alle valli, che nella terrestre superficie sono sparse» (Galileo, 1610a). Insomma, scopre che non c'è differenza qualitativa tra cielo e Terra, come sosteneva la cosmologia aristotelica. Scopre in qualche modo la simmetria cosmica della fisica.

Sulla Terra tutto è costituito da quattro essenze (acqua, terra, aria e fuoco). In cielo tutto è costituito da una *quinta essentia* (l'etere) solida, cristallina, trasparente, imponderabile e inalterabile. Sulla Terra tutto è imperfetto, greve, mutevole e corruttibile. E la fisica terrestre è la fisica di questo mondo imperfetto, greve, mutevole e corruttibile. Nei cieli vige un'altra fisica. Lì tutto è perfetto, inalterabile, regolare. E la fisica è quella della perfezione dei moti, della incorruttibilità, della eternità. Con la loro eterea natura e con i loro moti regolari e circolari, il Sole, i pianeti, la Luna che si muovono nel cielo di Aristotele sono una manifestazione di quest'altra fisica, della fisica perfetta dei cieli.

E, invece, Galileo vede coi propri occhi che il paesaggio lunare è affatto simile al paesaggio terrestre. La Luna non è una sfera cristallina liscia e perfetta. Con i suoi monti e le sue valli, le sue «protuberanze» e le sue «cavità», è un oggetto bitorzoluto, aspro e ineguale, del tutto simile al nostro pianeta. Le macchie lì sulla Luna non sono dovute a una variazione di densità di una materia esotica, ma impasti del tutto simili a quelli che acqua, terra, aria e fuoco caoticamente generano qui sul nostro corruttibile pianeta. Le ombre sulla Luna si formano e si dissolvono durante le ore del giorno proprio come accade qui, sulla Terra.

I corpi celesti, quindi, non hanno quella natura assolutamente perfetta ipotizzata da Aristotele. Ma hanno la medesima, imperfetta natura del nostro pianeta. Sono, per dirla con Giordano Bruno, della stessa specie della Terra (Greco, 2009).

Da queste considerazioni; dall'osservazione che la Terra brilla come tutte le *stelle erranti* (i pianeti) perché riflette sulla Luna una parte della luce che riceve dal Sole, proprio come la Luna riflette sulla Terra una parte della luce che riceve dal Sole; dalle osservazioni che poi farà studiando, alcuni mesi dopo, le fasi di Venere e le macchie solari, discende che l'asimmetria della fisica di Aristotele deve essere ricomposta. C'è un'unica, identica fisica per spiegare i fenomeni che avvengono in ogni parte del cosmo. L'unità e l'omogeneità dell'universo «scoperte» da Galileo con l'osservazione della natura «terrestre» della Luna e, poi, nel 1612 con l'osservazione delle fasi di Venere e delle macchie solari non distruggono solo la cosmologia aristotelica (e quella tychoniana), ma, con il loro principio di mediocrità (non ci sono luoghi speciali nel cosmo), rilanciano e corroborano con osservazioni cruciali l'indigesta cosmologia del Nolano (Giordano Bruno), che evidentemente a torto il grande astronomo olandese Tycho Brahe definiva il «Nullano», fondata sull'idea di un universo omogeneo e infinito (Greco, 2009).

Poi Galileo scopre «una moltitudine di stelle fisse non mai più vedute, che sono più di dieci volte tante, quante quelle che naturalmente son visibili». Aprendo la prospettiva alla scoperta di nuovi mondi. Aprendo il passaggio, per dirla con Alexandre Koyré, dal mondo chiuso all'universo infinito (Koyré, 1970). Già, perché le stelle, anche quando le guardi al cannocchiale, restano «mai terminate da un contorno circolare», insomma restano puntini sia pure «molto scintillanti», mentre i pianeti «presentano i loro globi perfettamente rotondi e definiti», simili a piccole e rotonde lune. E tutto ciò indica che la distanza che separa la Terra dalle stelle fisse è immensamente più grande di quella che la separa dai pianeti. Tra il sistema planetario e le stelle fisse c'è, dunque, uno spazio così grande da apparire infinito. Infinito proprio come, ancora una volta, aveva sostenuto Giordano Bruno, il monaco arso vivo dieci anni prima in Campo de' Fiori a Roma.

Infine, meraviglia «che eccede tutte le meraviglie», Galileo scopre che intorno a Giove si muovono quattro lune: «l'evento più importante riportato nel suo *Sidereus Nuncius*» (Drake, 1992). Non tutto in cielo ruota, dunque, intorno alla Terra. E quindi il pianeta che ospita l'uomo perde *ipso facto* ogni possibilità di essere considerato il centro assoluto dell'universo fisico.

Certo, tecnicamente (matematicamente) potrebbe restare in piedi il modello multicentrico di Tycho Brahe: con alcuni pianeti che ruotano intorno al Sole, ma con il Sole che continua a girare intorno alla Terra. Tuttavia non c'è dubbio che la scoperta delle lune di Giove comporta un cambiamento di statuto dell'ipotesi eliocentrica di Copernico. Che non può più essere considerata un mero artificio matematico per far quadrare i conti, ma si candida prepotentemente e diventare un modello che rappresenta la realtà naturale. Una realtà in cui l'umanità non è più, fisicamente, nel centro (e, dunque al centro?) del Creato.

Il gesto di puntare il cannocchiale verso il cielo – un gesto semplice, ma che Paolo Rossi acutamente definisce di grande coraggio intellettuale (Rossi, 1997) – ha dunque conseguenze davvero sconvolgenti: «i monti e le valli della luna, la moltiplicazione impressionante del numero delle stelle, l'individuazione del tutto inattesa dei satelliti di Giove si [rivelano] subito a Galileo la dimostrazione sperimentale risolutiva per abbattere il paradigma aristotelico-tolemaico» (Battistini, 1993).

L'invenzione del cannocchiale a opera degli artigiani olandesi e il suo perfezionamento a opera di Galileo non sono, come rileva Vasco Ronchi, episodi degni di particolare ammirazione (Ronchi, 1958). La grandezza di tutta la vicenda sta, come sostiene Ludovico Geymonat, nella fiducia che Galileo concede al nuovo strumento tecnologico e, soprattutto, nella sua capacità di diffondere tale fiducia tra i suoi contemporanei (Geymonat, 1969).

Galileo ha chiara la grandezza delle osservazioni effettuate. E delle loro enormi implicazioni. Così non solo rende «infinitamente» grazie a Dio perché si è «compiaciuto di far me solo primo osservatore di cosa così ammiranda, e tenuta a tutti i secoli occulta», come scrive già il 30 gennaio 1610 in una lettera a Belisario Vinta, ma comprende immediatamente di poter costruire una nuova cosmologia, non più fondata su prove logiche, ma sulla «certezza che è data dagli occhi», che consente di risolvere «tutte le dispute che per tanti secoli tormentarono i filosofi», liberandoci una volta e per sempre «da verbose discussioni».

Galileo comprende che ora e solo ora la visione copernicana dei cieli cessa di essere una speculazione come le altre e diventa una teoria scientifica. Che ora e solo ora c'è la prova provata, «sensatamente provata», che Copernico e Keplero hanno «creduto e filosofato bene», come scrive in una lettera Giuliano de' Medici il primo gennaio 1611. Che ora e solo ora è diventato filosofo, ma in senso nuovo, perché, come rileva Eugenio Garin, «vede» che il cosmo non è quello di Aristotele (Garin, 1993). «Vede» che i cieli non sono quelli di Tolomeo.

A questo punto Galileo morde il freno. Ha visto «cose mai viste» prima. Ha capito che quelle sue «sensate osservazioni» modificano il «sistema mondo» e, ancor di più, la maniera stessa di vedere il mondo. E ha fretta. «La fretta di battere tutti sul tempo», come rileva Andrea Battistini.

Ma battere tutti sul tempo in che cosa se non nel comunicare, nel dare pubblica notizia dei «grandi, e oltremodo mirabili spettacoli» mai prima osservati e, facendo questo, rivendicare a sé la primazia di quella scoperta «grande invero»?

Galileo scrive furiosamente di giorno, mentre di notte continua a scrutare il cielo. L'osservazione e la sua narrazione si rincorrono per due mesi a un ritmo insospettato. Ma quando il 30 gennaio 1610 tutto è pronto, le osservazioni ormai sufficienti e il manoscritto ultimato, il fiorentino ha difficoltà a trovare qualcuno disposto a pubblicarglielo. Deve, così, rivolgersi a quello che noi oggi chiameremmo un piccolo editore: Tommaso Baglioni, tipografo in Venezia, che ha iniziato da poco la sua attività e vanta, ancora, un modesto catalogo.

Il libro, con una veste editoriale essenziale «per le angustie del tempo», «sciolta» da rilegatura «et ancora bagnata» d'inchiostro, esce dalla tipografia Baglioni il 12 marzo 1610 con una tiratura di 550 copie. Dopo una settimana risulta già introvabile. Mai successo fu più meritato. Quel «libro di poche pagine – rileva Enrico Bellone – [destinato a esercitare] nella cultura del Seicento, un ruolo imponente [...] può essere a ragion veduta considerato come uno dei libri più importanti che mai siano stati scritti» (Bellone, 1998). Perché, conferma Charles Singer: «Non esistono in tutta la letteratura scientifica ventiquattro pagine che più di quelle siano ricche di rivelazioni» (Singer, 1961).

Insomma, Galileo ha scritto un libro che inaugura un'epoca.

Ma qual è l'idea veramente nuova distillata in quelle ventiquattro (in realtà 56) pagine «ricche di rivelazioni» che si propongono come una delle opere più importanti mai realizzate dall'uomo? L'intuizione che ha avuto Galileo di puntare verso il cielo il suo cannocchiale? Non esattamente. Perché, come scrive Enrico Bellone, l'idea «di usare il telescopio per compiere ricerche astronomiche non [è] merito esclusivo dell'autore del *Sidereus Nuncius*» (Bellone, 1998). Il francese Pierre de l'Estoile ha già esaminato, nel 1608, la possibilità di studiare il cielo col telescopio. L'inglese Thomas Hariot sta già lavorando, fin dall'estate del 1609, al progetto di redigere una mappa della Luna. E il tedesco Simon Mayr pretenderà di aver preceduto Galileo nella scoperta del sistema di Giove.

D'altra parte l'idea stessa dell'imperfezione della Luna non è nuova. Ne parlavano già, al tempo dei Greci, Eraclito e Plutarco. E più di recente, pur non possedendo il cannocchiale, non erano forse rimasti colpiti Michael Maestlin e lo stesso Johannes Kepler dalla profonda somiglianza tra alcune regioni della Luna e alcune regioni della Terra?

E, allora, qual è il carattere che rende straordinario il *Sidereus*? L'osservazione, con quegli «occhi nel cervello» che altri non hanno mostrato di possedere, di «cose mai viste» prima? Certo. Ma non solo. Perché non è l'atto in sé di osservare il cielo, sia pure con «gli occhi nella fronte e nel cervello», che costituisce il gesto di «grande coraggio intellettuale» di cui parla Paolo Rossi. La grandezza di Galileo sta nel puntare il cannocchiale verso il cielo *e* «giungere per primo a un insieme di grandi scoperte» *e* nell'idea di «pubblicarne un resoconto nel volgere di poche settimane» (Bellone, 1998).

Osservare. Interpretare. Comunicare.

È con questo combinato disposto di osservazione originale *e* di coraggiosa interpretazione *e* di pronta pubblicazione che Galileo introduce nella storia dell'umanità, per dirla con Ernst Cassirer, «una svolta in cui le epoche si dividono» (Cassirer, 1963). È questo combinato disposto di intuizione, osservazione sensata *e* pronta *e* trasparente comunicazione che consente a tutti noi – e a ragion veduta – di dividere la storia dell'uomo in prima e dopo Galileo. In prima e dopo il *Sidereus Nuncius*.

Non è, la nostra, una valutazione esagerata. E neppure originale. Il padre gesuita Adolf Müller, studioso piuttosto ostile a Galileo, sostiene che per quanto riguarda le novità astronomiche annunciate col *Sidereus*, Galileo dovrebbe essere considerato più un «fortunato trovatore» che un autentico scopritore. Anzi, la scoperta delle lune di Giove dovrebbe essere attribuita, sostiene Müller, al suo compatriota Mayr, che nei medesimi giorni di quel fatidico 1610 ha puntato un altro cannocchiale al cielo. Ma persino l'astioso e ingeneroso padre

Müller riconosce a Galileo almeno un merito: quello di aver ridotto l'attenzione generale su questi oggetti con la pubblicazione del suo *Sidereus Nuncius*.

Appunto.

È per questo che, pur correndo il rischio di far irritare qualche storico, noi tagliamo d'un colpo la testa al toro e proponiamo di considerare il 12 marzo 1610 come data d'inizio della *nuova scienza*. Perché è con il *Sidereus Nuncius* che si manifesta in maniera clamorosa la pericolosa idea di Galileo, che poi diventerà la pericolosa idea di tutti gli uomini di scienza: mostrare i risultati del proprio lavoro «allo sguardo d'ognuno», oltre che «in special modo di filosofi e astronomi».

La verità è che col *Sidereus Nuncius* Galileo getta la premesse per la definizione di uno dei caratteri fondanti – forse il principale tra i caratteri fondanti – della *nuova scienza*: quello che il sociologo Robert Merton chiamerà universalismo e che consiste, per dirla con Lewis Feuer, nello spostare il foro dei competenti da una cerchia ristretta di iniziati (in questo caso, le autorità ecclesiastiche), alla gente comune. Certo, in special modo a gente esperta (i filosofi e gli astronomi). Ma potenzialmente a chiunque abbia «occhi nella fronte e nel cervello» e abbia voglia di accostarsi al cannocchiale per effettuare, in prima persona, «sensate osservazioni».

La verità è che, nella «fretta a pubblicare» di Galileo che il 12 marzo 1610 si materializza nelle 24 facciate (per oltre cinquanta pagine) stampate da Tommaso Baglioni, c'è la prima e clamorosa manifestazione di uno dei caratteri fondanti, una sorta di imprinting, di quella istituzione sociale che chiamiamo comunicazione della scienza. In quasi tutti i suoi variegati aspetti.

C'è, in primo luogo, l'origine di uno stile letterario che, all'ambasciatore dell'impero asburgico a Venezia Georg Fugger, appare *aridus* e che invece è «modernissimo nella scrittura limpidamente effettuale, facile a leggersi, sobrio e asciutto ancorché ardente di un fervore sotterraneo che qua e là fa trasparire un'emozione vibratile e commossa» e che tuttavia impiega «nella descrizione una frugalità inedita» che lascia «cadere subito ogni accessorio per badare all'essenziale e a un'esposizione governata da una chiara *dispositio* geometrica, scandita su una successione di argomenti che, per quanto continua, [induce] subito i primi lettori a partire da Keplero a dividere agevolmente lo spartito della trattazione in tanti capitoli: l'indice generale delle scoperte, la tecnica costruttiva del cannocchiale, i risultati delle indagini sulla superficie lunare (le macchie, il perché della circonferenza non irregolare, il supposto alone di vapore, l'altezza dei monti, la luce cinerea), sulle stelle fisse, sulla Via Lattea, sui satelliti di Giove, con la storia dell'occasione della loro scoperta, delle loro posizioni rispetto a Giove e della posizione di questo pianeta rispetto a una stella fissa, e con i risultati dedotti da tutte queste osservazioni» (Battistini, 1993).

Il testo è scritto in lingua latina, perché Galileo intende portare il *Nuncius* in «special modo» a un pubblico di esperti, «filosofi e astronomi». Ma la prosa è affatto originale, perché, per dirla con Italo Calvino, è rapida e incisiva, agile nel ragionamento ed economica nell'argomentazione (Calvino, 1993). Insomma, la «fretta» di Galileo e il suo modo di governarla hanno come effetto la fondazione di un genere letterario nuovo, il rendiconto scientifico.

Di questo genere letterario sono parte decisiva le illustrazioni, che assolvono al compito di rendere visualizzabile *a tutti* l'esperienza sensibile dell'autore. Nel *Sidereus*, infatti, Galileo non pubblica i diagrammi geometrici che parlano ai soli matematici, ma aggiunge le immagini (nove disegni originali), comprese quelle che mostrano la superficie della Luna nelle diverse fasi d'illuminazione solare, per dimostrare che la superficie lunare non è «affatto liscia, uniforme e di sfericità esattissima [...], ma al contrario diseguale, scabra, ripiena di cavità e di sporgenze, non altrimenti che la faccia stessa della terra» (Galileo, 1610a). L'efficacia della comunicazione per immagini è straordinaria. Come ricorda Marco Beretta: «L'impatto di queste figure [è] enorme e il lettore secentesco non [può] rimanere che colpito dalla differenza tra ciò che Galileo [ha] visto con il telescopio e ciò che l'uomo aveva finora visto a occhio nudo» (Beretta, 2002).

Le immagini che Galileo propone, immediatamente comprensibili a ognuno (e, infatti, contribuiscono non poco alla «meraviglia» che in Europa accompagna la lettura del *Sidereus*), assolvono a una funzione retorica precisa. Con esse Galileo prepara «i suoi contemporanei a un'idea diversa dell'universo e [inaugura] un metodo completamente nuovo di rappresentare i fenomeni naturali» (Beretta, 2002).

L'atto fondativo del nuovo genere letterario, rendiconto asciutto più immagini, è talmente ben congegnato da contribuire a fare di Galileo se non «il più grande scrittore della letteratura italiana d'ogni secolo», come sostiene Italo Calvino, certo uno dei più accreditati (Calvino, 1980). Un giudizio condiviso da molti letterati, Giacomo Leopardi *in primis*. E da molti critici. Galileo, scrive per esempio Natalino Sapegno, «occupa un posto notevolissimo nella storia della nostra prosa letteraria, come espressione di un momento di suprema maturità e di compiuto equilibrio del gusto toscano e classicistico» (Sapegno, 1973).

Una maturità, suprema, che non è stata raggiunta per caso. In altri termini Galileo sa quel che fa, quando scrive. È, infatti, persona di cultura eclettica: pittore, musicista, amante delle arti. E ha ricevuto, in particolare, una buona educazione letteraria, di cui restano tracce in alcune opere di critica scritte in età giovanile: *Postille all'Orlando Furioso*; *Considerazioni al Tasso*; *Lezioni su Dante*.

Decisivo, in questa educazione, è la figura del padre Vincenzio. Un aristocratico in relativa povertà, almeno per una parte della sua vita, che si guadagna da vivere impartendo lezioni private a giovani fiorentini, ma che in realtà è un teorico della musica, in un'epoca, come nota Dava Sobel, in cui la teoria della musica è considerata una branca della matematica (Sobel, 1999). È Vincenzio che introduce Galileo alla matematica di Pitagora e alle note regole dei rapporti musicali elaborate due millenni prima dal filosofo greco. Ma è sempre Vincenzio che insegna a Galileo che occorre andare «oltre Pitagora» se non si vuole piegare la realtà naturale a principi astratti, ancorché matematicamente convincenti (Barbacci, 2003). Vincenzio, infatti, non si limita a studiare e ad applicare le regole musicali di Pitagora, ma studia anche la fisica del suono. Perché sa che se l'armonia dei suoni musicali segue le astratte leggi matematiche di Pitagora, deriva dalle fisiche vibrazioni dell'aria. Non è possibile pertanto elaborare una teoria della musica senza tener conto di come, in pratica, si sviluppano le fisiche vibrazioni dell'aria. Vincenzio decide, così, di sperimentare come si modifica il suono al variare della lunghezza e della tensione delle corde dei suoi strumenti. E scopre nuove leggi, matematiche, dell'armonia dei suoni diverse da quelle pitagoriche. Leggi che, secondo Stillman Drake sono addirittura le prime leggi matematiche a essere elaborate in fisica, fuori dall'ottica e dall'astronomia. Fatto è che in un libro pubblicato nel 1589, *Discorso intorno alle opere di Gioseffo Zarlino*, Vincenzio Galilei, polemista di classe, dimostra che nell'intonare gli strumenti non sempre è corretto seguire le regole di Pitagora, ma che talvolta è necessario seguire regole matematiche diverse. Verificate e verificabili nella pratica.

La novità è così grande da spingere Stillman Drake a sostenere che Vincenzio in qualche modo precede Galileo, perché effettua nell'ambito della musica «una rivoluzione comparabile a quella del figlio nella scienza» (Drake, 1981). Una rivoluzione che aiuta la stessa pratica musicale a rinnovarsi. Dopo le innovazioni di Vincenzio nasce, infatti, l'opera e si sviluppa la modulazione armonica. In ogni caso è certo che la teoria musicale era, ormai, diventata una pura astrazione matematica. E che Vincenzio la riconduce a «salvare i fenomeni»: a misurasi con la realtà fisica.

Ritorneremo, tra qualche pagina, su questo argomento e sul rapporto tra musica e scienza tra la fine del Cinquecento e l'inizio del Seicento. Ora occupiamoci di Galileo. Per dire che apprende dal padre a rifiutare la filosofia *in libris* e coniugare in modo corretto la fisica sperimentale e la matematica. C'è chi sostiene che ci sia proprio l'originale rapporto tra musica, matematica ed esperienza elaborato da Vincenzio all'origine dell'attitudine scientifica e dell'epistemologia di Galileo (Drake, 1970b).

Come che sia, un fatto è certo. Galileo vive in un mondo culturale in fermento. E ne frequenta tutte le dimensioni: artistiche, letterarie, filosofiche. Si ritrova appieno, per esempio, nella tradizione letteraria fiorentina. E il suo stile lo rivela. A partire dal *Sidereus Nuncius*, dove «appena si mette a parlare della luna innalza la sua prosa a un grado di precisione ed evidenza ed insieme di rarefazione lirica prodigiose» (Calvino, 1980). Nelle 24 facciate di rendiconto scientifico pubblicate il 12 marzo 1610 c'è, anche, grande letteratura. Ciò dimostra, sostiene Italo Calvino, «una vocazione profonda della letteratura italiana che passa da Dante a Galileo: l'opera letteraria come mappa del mondo e dello scibile, lo scrivere mosso da una spinta conoscitiva che è ora teologica ora speculativa ora stregonesca ora enciclopedica ora di filosofia naturale ora di osservazione trasfigurante e visionaria» (Calvino, 1967). Galileo è espressione (massima?) di questa vocazione profonda che lo stesso Calvino definisce «letteratura come filosofia naturale». E questa vocazione Galileo la matura nella cultura della sua città, Firenze. Il matematico conosce a fondo il Poeta. Tanto che quando le sue capacità iniziano a essere notate, l'Accademia fiorentina lo invita a tenere due conferenze sulla «figura, sito e grandezza dell'*Inferno* di Dante». Il fatto è che in quei canti Dante aveva incorporato la scienza del suo tempo e per tutto il Cinquecento si è discusso sulla struttura dell'inferno dantesco. Le ipotesi in campo sono due. E nel 1588 il giovane Galileo, con argomenti matematici e geografici, oltre che con una completa padronanza del testo dantesco, dimostra ai letterati dell'Accademia fiorentina che solo una delle due è realmente sostenibile. Gli accademici restano così colpiti da quelle argomentazioni, che il loro presidente aiuta Galileo a ottenere la cattedra di matematica prima presso l'università di Pisa e poi presso quella di Padova.

Ma la consuetudine con la poesia (rafforzata con le *Considerazioni sul Tasso* e con un'opera poetica, in terza rima, *Contro il portar la toga*, in cui attacca i riti e le pedanterie dei docenti universitari) aiuterà Galileo ben oltre la soluzione dei suoi problemi di lavoro. Lo indirizza sin dall'inizio verso uno stile destinato a raggiungere valori letterari assoluti. Come sostiene Stillman Drake: «La necessità di tener ferme le menti dei lettori sulle loro proprie esperienze visuali [... è] ben presente a Galileo, ed egli vi [fa] fronte con espedienti appresi dai poeti». Galileo, continua Drake, si serve delle figure poetiche come uno strumento per comunicare a tutti, proprio come si serve della matematica per comunicare le sue scoperte ai colleghi (Drake, 1981). Dove trae la sua ispirazione poetica? Beh, proprio dai poeti che frequenta da giovane. Come nota, ancora, Natalino Sapegno: «Il suo culto per l'Alighieri, l'ammirazione sempre in lui vivissima per l'Ariosto, la scarsa simpatia per le novità stilistiche e per la poesia della *Gerusalemme* giovano a orientarci fin d'ora sull'indirizzo del suo gusto, strettamente vincolato alle tendenze della tradizione fiorentina» (Sapegno, 1973). Ed è proprio allo stile fiorentino del Cinquecento che si ispira il modo di scrivere di Galileo: «Caratteristiche della sua prosa sono un'eleganza, non ricercata e studiata, bensì naturale e schietta; una chiarezza cristallina di esposizione e di ragionamento, aliena per lo più da ogni schematismo e da ogni freddezza, e sorretta dovunque dal calmo fervore di chi sa di esser nel vero e perciò non sente il bisogno di forzare e esagerare la virtù dei propri argomenti; un vigore combattivo infine, misurato e dignitoso, che non trascende mai all'invettiva, alla beffa o al sarcasmo, ma si effonde in sottile ironia e in una garbata canzonatura dell'avversario» (Sapegno, 1973). Questo stile, per lui naturale, ben si adatta, come rileva Sapegno, al «vivo processo dialettico del suo pensiero». E ai risultati cui quel vivo pensiero giunge.

Possiamo, dunque, affermare che l'originale prosa di Galileo, destinata a fare scuola nella storia della comunicazione della scienza, è il frutto di almeno tre componenti particolari: la tradizione letteraria fiorentina e la particolare vocazione italiana alla «letteratura come filosofia naturale»; il particolare modo di ragionare di Galileo; i contenuti particolari che intende comunicare.

Queste notazioni riguardano l'intera opera di Galileo. Ma ben si adattano anche alla cifra letteraria specifica del *Sidereus*. Massimo Bucciantini ha giustamente messo in luce come lo stile letterario scelto da Galileo per il *Sidereus Nuncius* – con la presentazione secca ed efficace di dati osservativi «separati dalla loro *storia* e dalla loro *tradizione*», senza la discussione e l'approfondimento (rimandati ad altre opere successive), senza riferimento ad alcun altro libro e autore, moderno o antico, se non a Copernico (e a Bruno) – non è dovuta solo alla volontà di evitare, per quanto possibile, dispute sulla paternità della scoperta. Ma è dovuto anche e soprattutto al progetto culturale di Galileo. Il

Sidereus Nuncius non è un nuovo libro che si aggiunge ai tanti. E Galileo lo sa. È «bensì il *primo* lavoro di una nuova *philosophia coelestis* che [segna] una cesura nel modo di indagare la natura e l'universo». Cosicché «nelle intenzioni dello scienziato italiano quell'"aridità"» che caratterizza lo stile narrativo del *Sidereus* «non [è] da considerarsi come un limite, come un'assenza o una privazione di qualcosa: esso [corrisponde] invece all'esigenza di dare al testo un significato di rottura e di originalità rispetto a qualunque ricerca precedente» (Bucciantini, 2003).

La necessità avvertita da Galileo di rendere pubbliche e in fretta le «cose mai viste» prima e lo stile letterario del *Sidereus Nuncius*, dunque, fanno tutt'uno con la nuova *philosophia coelestis* e, insieme, determinano quel nuovo modo di indagare la natura e l'universo evocato da Bucciantini e quella svolta epocale indicata da Cassirer.

Galileo avverte tutto questo con estrema lucidità. Sa di aver inaugurato una stagione culturale nuova. Quella in cui si può dimostrare «con la certezza data dagli occhi» chi «crede e filosofa bene» e chi no. È per questo che il 1610, quanto e forse più del 1543 (anno di pubblicazione del *De revolutionibus* di Copernico, ma anche del *De humani corporis fabrica* da parte di Andrea Vesalio), può assurgere ad anno in cui inizia davvero la *nuova scienza*. Perché è l'anno d'inizio della stagione in cui, per dirla con Massimo Bucciantini, «la verità si può vedere» e non solo dedurre con logica astratta, ancorché matematizzata.

Galileo, sostiene ancora Massimo Bucciantini, è pienamente consapevole della sensazione di clamorosa novità che avrebbero avuto sulla scena internazionale, nel mondo degli scienziati e in quello dei religiosi, le sue osservazioni e la *philosophia coelestis* che contengono.

Il fiorentino è consapevole del rischio che quelle osservazioni avrebbero corso se sottoposte a un gruppo ristretto di iniziati: essere fagocitate da «verbose discussioni» capaci di sommergerne e annichilirne, con la loro capziosa viscosità, l'autentica novità. Quelle da lui compiute non sono elucubrazioni su un mondo di carta. Sono osservazioni «sensate» e ripetibili da chiunque possieda il senso della vista. Sono, dunque, osservazioni oggettive e inconfutabili. Che mostrano una realtà oggettiva e inconfutabile (con un ragionamento sano). Cosicché la strategia che Galileo adotta sia per sottrarsi al rischio delle «verbose discussioni» imbastite con dotti che parlano *ex cathedra*, è precisa e ben definita: andare oltre la cerchia degli iniziati (i dotti, i religiosi) e anche dei filosofi e degli astronomi esperti, per «far vedere tutto a tutti». A cominciare dai principi e dagli intellettuali colti (e potenti) che frequentano le corti d'Europa. Ecco cosa scrive a Belisario Vinta già il 19 marzo, sei giorni dopo la pubblicazione del *Sidereus Nuncius*:

> Parmi necessario, oltre a le altre circuspezioni, per mantenere et augumentare il grido di questi scoprimenti, il fare che con l'effetto stesso sia veduta et riconosciuta la verità da più persone che sia possibile: il che ho fatto et vo facendo in Venezia et in Padova. Ma perché gl'occhiali esquisitissimi et atti a mostrar tutte le osservazioni sono molto rari, et io, tra più di 60 fatti con grande spesa et fatica, non ne ho potuti

> elegger se non piccolissimo numero, però questi pochi havevo disegnato di mandargli a gran principi, et in particolare a i parenti del S. G. D.: et di già me ne hanno fatti domandare i Ser.mi D. di Baviera et Elettore di Colonia, et anco l'Ill.mo et Rev.mo S. Card. Dal Monte; a i quali quanto prima gli manderò, insieme col trattato. Il mio desiderio sarebbe di mandarne ancora in Francia, Spagna, Pollonia, Austria, Mantova, Modena, Urbino, et dove più piacesse a S. A. S.; ma senza un poco di appoggio et favore di costà non saprei come incaminarli (Galileo, 1610b).

Il progetto di Galileo ha successo. Nelle settimane successive alla sua pubblicazione, il *Sidereus Nuncius* giunge ovunque in Europa. Suscitando, ovunque, scalpore. Il dado è tratto. Quella che l'italiano propone è una rivoluzione culturale atipica, perché verificabile. E, infatti, viene rapidamente verificata e confermata. Dal suo ammirato collega, Johannes Kepler. Ma, dopo un'iniziale titubanza, anche dal gesuita Christoph Clau (noto in Italia come Cristoforo Clavio), fiero e dotto avversario del sistema copernicano, che tuttavia nel 1611 di fronte alla verità che «si può vedere» si convince e afferma che, ormai, gli astronomi devono elaborare un sistema che si accordi alle nuove scoperte (di Galileo), «poiché l'antico non sarebbe loro più servito» (Dreyer, 1980).

Il libro uscito dalla tipografia Baglioni cambia le carte in tavola. Le osservazioni proposte a tutti dal *Sidereus Nuncius* non possono più essere ignorate da nessuno.

Naturalmente, la verità «che si può vedere» proposta da Galileo non viene accettata da tutti. Anzi, viene anche confutata. Per esempio da Cesare Cremonini, il suo aristotelico amico e collega dell'università di Padova, che non crede in quegli occhiali che «imbalordiscono la testa». Ma questa è prassi, anzi la miglior prassi, dell'istituzione sociale che noi oggi chiamiamo comunicazione della scienza e che, come tale, nasce proprio il 12 marzo 1610.

1.2 Il *Nuncius* scientifico nell'era della cultura di massa

Il *Sidereus Nuncius* si diffonde con una rapidità straordinaria, non solo tra gli esperti. Lo stesso giorno in cui, ancora bagnato d'inchiostro, esce dalla tipografia, l'ambasciatore inglese a Venezia, sir Henry Wotton, ne invia una copia a re Giacomo I, con una lettera di accompagnamento in cui avverte il sovrano che il libro contiene «la notizia più strana mai ricevuta da nessuna parte della Terra» (Battistini, 1993). In pochi giorni la notizia più strana mai ricevuta da nessuna parte della Terra si diffonde dappertutto, in Italia e in Europa.

Il sidereo annuncio raggiunge rapidamente gli esperti «filosofi e astronomi»: Johannes Kepler, per esempio, che arrossisce per lo stupore e che nel libro di Galileo vede «mostrata la divinità del suo ingegno»; o Benedetto Castelli, che di Galileo è amico e discepolo, che immediatamente divora il libro, leggendolo «più di dieci volte con somma meraviglia e dolcezza grande d'animo».

Ma raggiunge rapidamente anche la moltitudine dei «non esperti»: re e principi, intellettuali e gente comune. Appena due settimane dopo l'uscita del *Sidereus Nuncius*, a Firenze si sparge la voce che è in arrivo in città un pacco spedito da Galileo. Al mercato la gente si stringe intorno al destinatario per sapere di cosa si tratta, pensando che fosse l'ormai famoso cannocchiale. E quando sa invece «ch'egl'era il libro» non per questo cessò «la curiosità» (citato in Battistini, 1993). Alcune settimane dopo l'Imperatore Rodolfo II in persona sollecita l'ambasciatore toscano a Praga affinché il Granduca gli invii «quei vetri da fare occhiali di Galileo» (citato in Bucciantini, 2003). E a Parigi Enrico IV vorrebbe tanto che qualche nuovo astro celeste fosse dedicato alla Francia (Bellone, 1998).

«Non c'è dubbio che le spiegazioni popolari [di Galileo, nda] abbiano fortemente impressionato più di un lettore» in Europa (Dreyer, 1980). C'è chi, a quella notizia, è colto da «infinito stupore» e chi, al contrario, è «atterrito dalla novità e dalla difficoltà». Ma una cosa è certa, la nuova visione scientifica annunciata da Galileo viene presto metabolizzata dalla cultura popolare. Nei mesi successivi gli «astri medicei» compaiono a teatro, in un balletto (con l'approvazione del loro scopritore, sottolinea Andrea Battistini), suscitando l'indignata reazione dei peripatetici che non possono «contenersi di ringhiare, come veternosi e nimici d'ogni cosa nuova».

Non è un caso, quella barocca del Seicento è cultura con caratteri di massa, legata alla vita urbana (Maravall, 1985). E quella cultura con caratteri di massa non ha difficoltà ad accogliere, metabolizzare, trasformare, contrastare e, comunque, diffondere la novità.

Una novità davvero siderea, non solo perché investe problemi filosofici fondamentali (la struttura stessa del cosmo), ma perché, non ci stancheremo di ripeterlo, per la prima volta offre a tutti la possibilità di verificare coi propri occhi e di trovare, attraverso un'esperienza sensibile e ripetibile, la soluzione a quei problemi. Tutti possono procurarsi un cannocchiale e verificare di persona le affermazione di messer Galileo. In un ambiente che non aspetta altro. Come scrive Andrea Battistini: «La nuova cosmologia eccitò l'immaginario perché si conciliava con un metodo che perseguiva la democratizzazione del sapere, ormai alla portata di tutti. Di qui l'agitazione, la frenesia, la smania quasi parossistica con cui in tutta Europa si cercava di procurarsi gli esemplari migliori di cannocchiali» (Battistini, 1993).

«Evento sensazionale – commenta Elizabeth L. Eisenstein – il *Sidereus Nuncius* non solo catapultò il suo autore nella posizione di celebrità internazionale, ma fece anche per l'astronomia ciò che i primi libelli di Lutero avevano fatto per la teologia: suscitò eccitazione letteraria e generò pubblicità di tipo nuovo» (Eisenstein,1995). Insomma, contribuì, più di ogni altro libro prima, a rendere l'astronomia (e, di riflesso, la *nuova scienza*) una dimensione culturale di massa. Una delle dimensioni della nascente cultura di massa.

Certo non manca, come dire, una certa sintonia tra la natura dell'annuncio scientifico e «l'imperativo barocco della novità e della meraviglia a tutti i costi, riassumibile nell'alternativa categorica di Chiabrera che [prescrive] agli uomini di lettere di scoprire nuovi mondi o di affogare» (Battistini, 1989). Ma tant'è.

L'uscita del *Sidereus Nuncius* può essere a buona ragione definito un grande evento culturale.

E che il *Sidereus Nuncius* sia un evento nell'ambito della storia della cultura di massa non sono i nostri occhi di posteri a rilevarlo, quanto i fatti. La nuova visione del mondo ottiene una immediata rappresentazione a teatro, ma anche nelle arti figurative. Ludovico Cardi da Cigoli, che è amico di Galileo, si lascia ispirare dai disegni del fisico fiorentino quando deve raffigurare la luna (con tanto di macchie, crateri e asperità) sotto l'immagine della Madonna nell'Assunzione della Vergine affrescata sotto la cupola della cappella paolina della chiesa di Santa Maria Maggiore a Roma; e Adam Elsheimer raffigura il nuovo «cielo galileano» quando dipinge la *Fuga in Egitto*, l'opera cui tiene di più, «con il naturalismo, fino allora inedito in pittura, dello sperimentatore avvezzo a scrutare il firmamento attraverso il cannocchiale» (Battistini, 1993).

D'altra parte Galileo stesso diventa punto di riferimento di una folta schiera di poeti e, insieme al suo annuncio, entra da protagonista in una serie ancora più fitta di poesie, alcune encomiastiche, come quelle, tra gli altri, di Giambattista Manso, Giovanni Battista Marino, Gabriello Chiabrera, Johannes Faber di Bamberg, Giuseppe Battista e John Milton, che lo cita nel suo *Paradise Lost*[4].

«Vicisti, Galileae!», scrive di getto lo scozzese Thomas Seggett in una poesia in latino citata nella *Narratio de Jovis Satellitibus* che Johannes Kepler scrive in onore di Galileo l'11 settembre del 1610. Sono passati meno di sette mesi dall'uscita del libro e già il *Nuncius* è rimbalzato dal mondo della scienza e quello dell'arte, e dal mondo dell'arte a quello della scienza.

Non tutti sono, in realtà, cantori estatici dell'annuncio galileano. In preda all'angoscia, nel 1611, il poeta inglese John Donne scrive (Donne, 1611):

> La nuova filosofia pone tutto in dubbio [...]
> Si sono persi il sole e la terra, né ingegno d'uomo
> Può bene indirizzare dove cercarli [...]
> Tutto è in pezzi, ogni coerenza se n'è andata
> Ogni supporto e ogni relazione.

Alcuni sono cantori ambigui. Il più illustre e tragico è Maffeo Barberini: da cardinale dedica un componimento poetico in onore di Galileo, la *Adulatio perniciosa*, pubblicata nel 1620 e dedicata al filosofo e matematico fiorentino quale «piccola dimostrazione della volontà grande che le porto». E poi, quasi a voler dare corpo al titolo del poema, da papa, col nome di Urbano VIII, diventa uno dei persecutori di Galileo. La *Adulatio* del 1620 si dimostrerà davvero *perniciosa*.

Altri, invece, sono cantori sinceramente ammirati. È il caso di Giovanni Battista Marino che nel canto X del suo monumentale poema, l'*Adone*, si lancia senza remore nell'elogio di Galileo e mostra tutta la sua ammirata meraviglia per l'invenzione del cannocchiale e la scoperta delle quattro lune di Giove (Marino, 1623). Marino vede nell'opera di Galileo e, in particolare, nella scoperta di «nove luci e nove cose» rimaste «ad ogni gente ascose» il modo in cui si rinnova il mito antico degli Argonauti con «il vello d'oro», la conoscenza di cose mai viste prima, che si propone come fattore inusitato di progresso e viene addirittura «a vestir d'oro il mondo» (Marino, *Adone*, X, vv. 42-44).

Ma, al di là della natura delle emozioni che suscita, è certo che il *Sidereus Nuncius* colpisce non solo gli esperti, «filosofi e astronomi», ma l'intera cultura di massa europea. Persino i numerologi si lasciarono ispirare dalla scoperta dei quattro pianeti medicei per tessere nuove reti di corrispondenze numeriche intorno al cosmo e all'essenza dell'uomo.

La diffusione dell'annuncio sidereo «con altri mezzi» viene rilanciata, interpretata, amplificata dai più svariati gruppi di intellettuali in quel Seicento barocco. Ed è questo, a ben vedere, che rende immediatamente cultura le osservazioni galileane, contribuendo rapidamente a costruire (o meglio, a ricostruire) un «immaginario scientifico» di massa mentre la scienza va ancora formandosi.

Certo Giovanni Battista Marino o altri poeti che «cantano» Galileo non sono uomini di scienza. E neppure filosofi, come Giordano Bruno o Tommaso Campanella. E tuttavia la loro opera poetica, nota Paul Renucci, non potrebbe essere compresa in una prospettiva da cui Galileo (e Bruno e Campanella) fossero esclusi. In altri termini la «filosofia naturale» in drammatica evoluzione informa immediatamente di sé l'intera cultura del Seicento (Renucci, 1974).

Evidentemente, il progetto di Galileo di far «vedere tutto a tutti» incontra un bisogno sociale emergente e diffuso: «vedere tutto da tutti ».

Conviene allora rimarcare ancora una volta la straordinaria rapidità con cui il *Sidereus Nuncius* e i suoi contenuti si diffondono. E non solo dentro quella che è ormai pronta per diventare il luogo di nascita della scienza moderna, l'Europa. Nel 1612 l'«annuncio» raggiunge Mosca («Le sue lucidissime Stelle Medicee sono pervenute fino in quella freddissima zona di Moscovia», gli scrive il polacco Cristoforo, duca di Zbaraz) e l'India. Tre anni dopo ne circola una sintesi in Cina, redatta da un gesuita e scritta in lingua cinese. Il cannocchiale impiegherà più tempo del libro, ma arriverà nel 1631 in Corea e nel 1638 in Giappone. Galileo stesso a 46 anni da stimato professore di matematica dell'università di Padova diventa un personaggio famoso in tutto il mondo. Negli anni Quaranta è una star persino tra i cinesi, dove è conosciuto come Chia-Li-Lueh.

«Non si [mettono] in moto solo le stamperie gesuite in Cina – nota Elizabeth Eisenstein – ma anche gli stampatori italiani a Venezia e a Roma. La repubblica delle lettere, che prima di allora aveva aspettato da Wittenberg e da altri nordici le più sensazionali novità, [comincia] a rivolgersi nuovamente all'Italia» (Eisenstein, 1995). Poeti e letterati di ogni parte d'Europa sono irresistibilmente attratti dal «nuovo mondo del Fiorentino». Tutti ne parlano. Di conseguenza: «Per la prima volta in molti decenni, gli editori italiani [possono] approfittare dell'eccitazione prodotta da un nuovo autore di successo che si [appella] a un pubblico che [legge] in lingua locale» (Eisenstein, 1995). Gli editori italiani, sommersi dalle richieste, iniziano a stampare «un fiume di libelli». E quel «fiume di libelli» consente alla comunità intellettuale di iniziare, a sua volta, a metabolizzare le novità del *Sidereus Nuncius*.

Gli editori italiani potranno profittare solo per quattro o cinque anni della improvvisa e generosa manna culturale regalata loro da Galileo. Poi interverrà la Congregazione dell'Indice a bloccare, per decreto, la diffusione delle «idee copernicane». Tuttavia quel «fiume di libelli» che scorre vigoroso in Italia tra il 1610, anno della pubblicazione del *Sidereus*, e il 1616, anno del decreto della Congregazione dell'Indice, ha due conseguenze degne di nota: da un lato moltiplica come mai i profitti degli editori italiani e dall'altro contribuisce «a stimolare nuove osservazioni e la vendita di strumenti e libri» (Eisenstein, 1995). Insomma, il *Sidereus Nuncius* innesca un sistema dinamico di azioni e retroazioni tra comunicazione della scienza al grande pubblico dei «non esperti» e sviluppo della conoscenza scientifica che costituisce – almeno questa è la nostra tesi – uno degli elementi più importanti e meno considerati nella storia della scienza.

Ma torniamo a Galileo, ormai un personaggio, al centro dell'interesse e dell'ammirazione non solo e verrebbe da dire non tanto nelle università, ma anche nelle corti d'Europa (e del mondo), nei circoli letterari, tra le grandi masse. Uno scienziato diventato improvvisamente famoso nel suo tempo come, poi, capiterà forse solo ad Albert Einstein e, in parte, a Isaac Newton nel loro tempo.

Il motivo di questo straordinario successo è quello individuato subito da Thomas Seggett, su suggerimento di Johannes Kepler, che ritiene Galileo superiore a Cristoforo Colombo. Perché il fisico fiorentino ha percorso «vie inesplorate» proprio come il navigatore genovese, ma lo ha fatto in maniera incruenta. Non meno entusiasta si dimostra lo stesso Johannes Kepler, che paragona Galileo non solo a Colombo, ma anche agli Argonauti (tema ricorrente, ricordate Giovanbattista Marino?). E Johannes Faber che, in un poema dedicato «al principe dei matematici del nostro secolo», afferma che Colombo e Vespucci devono cedere il passo a Galileo, perché se i due navigatori ci hanno regalato nuovi continenti, lo scienziato fiorentino ha donato al genere umano nuove costellazioni. Altro tema ricorrente: ripreso, nel 1612, da Francis Bacon, ammirato dal fatto che «uomini dotti [...] con l'aiuto di nuovi strumenti ottici, come usando scialuppe e piccole barche, hanno cominciato a tentare nuovi commerci con i fenomeni del cielo» (Bacon, 1612).

Con la pubblicazione del *Sidereus Nuncius*, abbiamo detto, non nasce solo il mito di Galileo. Si afferma un modo nuovo di fare filosofia intorno alle cose della natura. Come scrive Paolo Rossi: «La "certezza data dagli occhi" [spezza] il cerchio senza fine delle dispute» (Rossi, 1998).

Giocoforza il *Sidereus Nuncius* diventa anche il primo strumento di promozione e, talvolta, di vera e propria propaganda della scienza. E per mano del suo stesso autore.

Galileo, infatti, spedisce il suo libro a «molti prìncipi» di tutta Europa, insieme a un esemplare di cannocchiale, «acciò possino incontrare la verità delle cose» (Battistini, 1993). D'altra parte la decisione di chiamare «pianeti medicei» le quattro lune di Giove cos'è, se non un'opera di promozione abile – abile, ancora una volta fino alla spregiudicatezza – e raffinata: l'obiettivo non è solo quello, banale, di ottenere un posto di matematico e di filosofo a Firenze, ma anche e soprattutto quello di coprire dietro le spalle supposte robuste dei Medici le scomode verità che veniva proponendo?

Nell'opera di propaganda Galileo si spende in prima persona. Senza risparmio. A Pasqua del 1610 è già a Firenze, da Cosimo II, per spiegargli come funziona e come si usa il cannocchiale. E al ritorno verso Padova, si ferma a Bologna per tenere tre lezioni, offrire una dimostrazione pubblica delle capacità del nuovo strumento (o meglio, dello strumento usato in modo nuovo) e per fornire, come dire, consigli di lettura del *Sidereus*. Quando ritorna a Padova è convinto che, con questa sua personale opera di diffusione delle nuove conoscenze, ha fatto «restare [...] ciascheduno capace e satisfatto» (citato in Battistini, 1993).

E già pensa – per promuovere se stesso e il suo annuncio sidereo – ad altre edizioni del volume, arricchite di dati nuovi e di nuove risposte alle critiche che, «benché frivolissime», iniziano ad arrivargli in ragione di «mille».

Galileo persegue con lucida determinazione un vero e proprio «progetto di comunicazione» che non coinvolge solo «gli intellettuali direttivi clericali» o «i filosofi e gli astronomi», ma quante «più persone è possibile»: potenti, intellettuali o gente comune, non importa. Con tutti gli strumenti retorici possibili: non solo il rendiconto scientifico o le conferenze, ma anche strumenti di comunicazione meno diretti e più ambigui. Galileo sa che per affermare la sua rivoluzione occorre cambiare una radicata visione del mondo. E sa anche che – in una società di massa – gli atteggiamenti mentali, i comportamenti concreti, le aspettative, le inerzie, le passioni che concorrono a formare una visione del mondo non possono «cambiare soltanto con la forza della logica», ma hanno bisogno «di argomentazioni persuasive più oblique» (Battistini, 1989). Ivi comprese le argomentazioni più vistosamente promozionali.

Galileo ha un progetto: «mettere la difesa del sistema di Copernico» e la nuova visione del mondo «al centro di una campagna diretta ad estirpare, nella testa di ogni cittadino in grado di ragionare, l'idea antica e falsa del Sole in movimento e della Terra immobile» (Festa, 2007). Un progetto che è di Galileo e non di altri filosofi naturali. Per Johannes Kepler, per esempio: «la verità del doppio movimento della Terra era inscritta nel cielo, la si poteva leggere, descrivere, esprimere nei calcoli. Se gli increduli continuavano a non crederci, tanto peggio per loro» (Festa, 2007).

No: Galileo – che vive a ridosso delle terre del Papa – sa che non è tanto peggio per loro. È tanto peggio per tutti. Anche – e soprattutto – per i filosofi naturali. L'astronomia non può essere lasciata solo agli astronomi: sarebbe perduta. Anche gli increduli più testardi, anche i non addetti ai lavori, devono essere convinti, se si vuole che la nuova filosofia possa affermarsi e non risolversi – come è accaduto, letteralmente, con Giordano Bruno – in tragedia.

Che una vera e propria campagna di promozione sia componente ormai essenziale della strategia di Galileo è rilevato anche da Ludovico Geymonat. Dopo il 1610, sostiene il filosofo della scienza, l'interesse di Galileo si sposta dalla ricerca scientifica pura a «un'azione di propaganda culturale» non solo per la difesa, ma anche e soprattutto per la diffusione della teoria copernicana (Geymonat, 1969). E questa è, ancora una volta, una novità.

Non che la propaganda sia un'attività sconosciuta, agli uomini di scienza di quei tempi. Prendete il cannocchiale, che Galileo si premura di inviare, quasi come un gadget, insieme al libro. E prendete la dimostrazione dello «straordinario beneficio» del cannocchiale – lungo 90 centimetri e con un potere di ingrandimento di 8 volte, o poco più (Drake, 1992) – che Galileo organizza sul campanile di San Marco il 24 agosto 1609, per la gioia del Doge e dei senatori veneziani. Ebbene, quella dimostrazione a uso del governo della Serenissima – organizzata con «una spregiudicatezza che ci lascia perplessi», anche perché Galileo spaccia per sua un'invenzione che sua non è (Geymonat, 1969) – ha chiaro il sapore dello spettacolo. Di uno spettacolo a fini promozionali. E non è certo una novità. Anzi, come rileva Andrea Battistini: «era normale che la scienza, vivendo del mecenatismo dei potenti, fosse anche destinata a suscitare diletto e meraviglia negli ambienti a volte apatici dell'aristocrazia, inserendosi nella dimensione ludica di uno svagato *divertissement*, non meno importante, per ottenere finanziamenti per la ricerca, dei vantaggi pratici puntualmente fatti balenare al doge» (Battistini, 1989).

L'azione di propaganda ha successo. A Galileo, come abbiamo già ricordato, viene offerto il rinnovo a vita del contratto di docenza e l'aumento dello stipendio da cinquecento a mille fiorini (sia pure alla scadenza del vecchio contratto, il che non soddisfa affatto il fiorentino).

Dopo il 24 agosto 1609 e, soprattutto, dopo il 12 marzo del 1610 il cannocchiale diventa uno strumento molto noto e famoso, ben oltre gli ambiti esperti di «filosofi e astronomi». Diventa simbolo di modernità anche presso le grandi masse. Diventa uno dei simboli attraverso cui la cultura di massa del tempo, il barocco, propone il concetto di modernità. Non a caso di questo simbolo se ne impossessano due teorici dell'arte barocca, Emanuele Tesauro (autore del *Cannocchiale aristotelico*) e Tommaso Stigliani, autore del *Mondo Nuovo*, in cui si canta la scoperta dell'America e di cui pare lo stesso Galileo abbia detto, con la sagacia e la capacità di vedere lontano che gli sono proprie: «si concede anco al Poeta il seminare alcune scientifiche speculazioni, come tra' nostri antichi fece Dante nella sua Commedia, e come tra' moderni ha fatto il Cavaliere Stigliani nel suo Mondo Nuovo». Stigliani anni dopo curerà per conto dell'Accademia dei Lincei la pubblicazione del *Saggiatore* di Galileo. Curatela in cui l'autore troverà, come dire, notevoli licenze poetiche (pare sia stato lo stesso Stigliani ad accostare il suo nome a quello di Dante, suscitando l'irritazione di Galileo).

Ma torniamo al cannocchiale. Il suo successo come strumento simbolo di un'epoca è tale che lo ritroviamo, impugnato da Argo, evidentemente non contento dei suoi cento occhi, persino sull'antiporta dell'*Almagestum novum*, il libro di uno dei grandi avversari di Galileo, Giambattista Riccioli. Mentre Johannes Kepler, nel trattato della *Diottrica*, lo definisce «più prezioso di uno scettro», perché capace di trasformare chi lo impugna in «un vero re, un dominatore di mondi».

Tuttavia c'è, forse, una differenza tra l'uso (anche) propagandistico, che Galileo fa del cannocchiale il 24 agosto 1609 e l'uso (anche) propagandistico che Galileo fa del *Sidereus Nuncius* dopo il 12 marzo 1610. Nel primo caso non c'è alcun particolare contenuto scientifico che viene veicolato. Nel secondo caso il messaggio promozionale è il contenuto scientifico. Ed è per questo che il *Side-*

reus Nuncius, pur inserendosi nella rete fitta e ormai consolidata di attività di promozione e propaganda in cui sono impegnati gli uomini di scienza del Seicento, rappresenta una novità assoluta. Perché col *Sidereus Nuncius* inviato ai prìncipi d'Europa e spiegato alle grandi masse è il contenuto scientifico (e non un suo effetto, tecnologico o filosofico) che diventa paladino o, se volete, agente di marketing di se stesso.

Ed è proprio ostentando le clamorose novità scientifiche del *Sidereus* che, a un anno dalla pubblicazione del suo libro, Galileo decide di trasformare il viaggio a Roma a lungo preparato in un viaggio di propaganda e di autopromozione. Un obiettivo colto in pieno. Tanto che un testimone descriverà quel viaggio come un «giro di trionfo» (Drake, 1992). Tale da fornire un potente contributo a fare di Galileo Galilei, patrizio fiorentino figlio di Vincenzio e Giulia Ammannati, semplicemente Galileo. Un mito. Uno dei primi miti di massa dell'Europa del Seicento.

Ricostruiamolo, dunque, quel viaggio di «promozione della scienza». Galileo parte da Firenze il 24 marzo 1611 e giunge nella capitale dello Stato Pontificio il 29 marzo. A partire da questa data e per molti decenni ancora la questione galileana, destinata a divenire la controversia galileana, dominerà la vita culturale, religiosa e sociale dell'Urbe (Matthiae et al., 1971). In questo primo ingresso di Galileo a Roma l'accoglienza è entusiasta. L'Accademia dei Lincei organizza un banchetto in onore del filosofo naturale fiorentino e del *perspicillum*, battezzato per l'occasione «telescopio». Galileo viene eletto membro dell'Accademia fondata dal principe Federico Cesi. Gli oppositori e gli increduli sono zittiti o, addirittura, «convertiti»: questa è almeno la percezione del toscano. Fatto è che Galileo discute di copernicanesimo col prudente e coltissimo cardinale Roberto Bellarmino, un gesuita, teologo di fiducia del Papa, accusatore di Giordano Bruno, che pure accosta l'occhio al «cannone overo ochiale» per scrutare il cielo. E viene, benevolmente, ricevuto in udienza dallo stesso pontefice, Paolo V, che – massimo onore – lo invita a non restare in ginocchio durante la conversazione. Quanto ai temuti padri gesuiti del Collegio Romano, beh loro addirittura lo festeggiano in maniera solenne con un dissertazione letta – alla presenza di Galileo e di numerosi cardinali – da padre Odo van Maelcote il cui titolo non lascia equivoci a dubbi sul giudizio che i dotti padri hanno elaborato guardando il cielo galileano: *Nuncius sidereus Collegii Romanii*.

I gesuiti del Collegio Romano – massime padre Clavio – sono noti per essere, insieme con Galileo e Kepler, le maggiori autorità scientifiche del tempo. Il loro riconoscimento consente a Galileo (o, almeno, questo è ciò che Galileo pensa) di superare a pie' pari tutte le obiezioni scientifiche alle sue scoperte. Aveva dunque torto l'amico Sagredo a manifestare preoccupazione per la sua decisione di lasciare Venezia, dove gli era garantita «la libertà e la monarchia di se stesso», per trasferirsi a Firenze, «nel tempestoso mare della Corte», città troppo vicina – e non solo in senso geografico – a Roma. Ma ora che Galileo ha ottenuto la benedizione ufficiale del Collegio Romano tutto è risolto per il meglio. L'appoggio dei Gesuiti è determinante, pensa. Perché la sua fama e la sua gloria «avrebbero potuto trovare nell'efficiente e capillare rete organizzativa della Compagnia uno strumento di diffusione incomparabile» (Bucciantini, 2003). Galileo pensa che i dotti padri gesuiti possano diventare un amplificatore, il più potente degli amplificatori, della sua azione di propaganda scientifica.

In realtà i gesuiti del Collegio Romano concordano sì con lui sull'autenticità delle osservazioni fatte col cannocchiale, ma non concordano affatto sull'interpretazione, copernicana, che egli ne dà.

L'errore di valutazione sarà decisivo per il futuro. Intanto Galileo ha, netta, la sensazione che la sua strategia di comunicazione, fare in modo che la verità «sia riconosciuta da più persone che sia possibile», sta funzionando.

D'altra parte l'anno che ha appena trascorso è stato davvero un *annus mirabilis*: ha osservato in cielo «cose mai viste» e ne ha informato il mondo con un libro di successo clamoroso e repentino; è stato nominato «filosofo e matematico primario» del Granducato di Toscana; ha avuto il riconoscimento pieno ed esplicito di Johannes Kepler e del Collegio Romano; viene ricevuto con tutti gli onori dal cardinale Bellarmino e dal Papa; è osannato da folle festanti. Chi potrebbe obiettare che ha sbagliato strategia?

E tuttavia la sua idea vincente, far sì che la verità venga riconosciuta da più persone possibile, è pericolosa. Proprio perché, come rileva Lewis Feuer, osa «spostare il foro, per così dire, competente alla discussione, dagli intellettuali direttivi clericali al pubblico istruito al di fuori della cerchia clericale il cui senso comune [è] relativamente incontaminato dalla teologia o da interessi particolari. [...] Galileo [ha] portato il suo caso scientifico in mezzo alla gente, come Lutero aveva fatto con le sue tesi religiose» (Feuer, 1969).

E ben presto quell'ardito pensiero – la pericolosa idea di Galileo – susciterà reazioni violentissime da parte di chi vede negarsi il monopolio della competenza alla discussione e alla decisione. Da un lato la Chiesa di Roma, alle prese con gli effetti della Riforma, che non può (ma è più giusto dire non sa) tollerare che il suo primato culturale venga messo in discussione. Dall'altro gli accademici, gelosi custodi del pensiero di Aristotele che, senza colpa alcuna dello stagirita, da pensiero (e che pensiero) critico è stato ridotto e fossilizzato in dogma. Con il suo stile colorito, con il suo umorismo ruvido e spesso provocatorio, prendendo «rumorosamente la parola durante cene e dibattiti», Galileo, scrive la giornalista Dava Sobel, trasporta «la nuova astronomia dai Quartieri latini delle università alla sfera collettiva» (Sobel, 1999). E toccati nel vivo gli abitanti, aristotelici, dei quartieri latini delle università precedono i teologi romani nell'attacco alla *nuova scienza*.

Un attacco che si risolverà di lì a una ventina d'anni, nel «processo a Galileo» e che si rivelerà quasi mortale per la *nuova scienza*.

Intanto, mentre il futuro più buio è ancora lontano, il toscano è impegnato nel suo modernissimo progetto di «comunicazione totale». Anche se non sempre ha il tempo di dispiegare per intero la sua strategia. Gli eventi in quel mirabile 1610 incalzano. Il 25 luglio scopre la «stravagantissima meraviglia» degli anelli di Saturno (che al telescopio gli appare come un insieme formato da tre pianeti). E, giunto a Firenze, il 12 settembre scopre che Venere presenta fasi proprio come la Luna – prova che egli considera decisiva in favore del sistema copernicano.

La scoperta, scrive a Giuliano de' Medici, finalmente consente di dare una risposta con «sensate esperienze» a due questioni molto dibattute: «l'una è che i pianeti tutti sono di loro natura tenebrosi (accadendo anco a Mercurio l'istesso che a Venere): l'altro che Venere necessariissimamente si volge intorno al Sole» e, quindi, per analogia, intorno alla stessa stella girano «tutti li altri pianeti, cosa ben creduta da i Pittagorici, Copernico, Keplero e me, ma non sensatamente provata, come ora in Venere e in Mercurio» (Galileo, 1610d). Ancora una volta Galileo rivendica a sé l'aver fornito la prova sensatamente provata e, quindi, definitiva che i Pitagorici, Copernico, Kepler ed egli stesso «hanno filosofato bene».

Anche questa volta le osservazioni di Galileo hanno una forte implicazione sul piano comunicativo. Il fiorentino non ha tempo di scrivere una rigorosa nota o un nuovo libro. Ma avverte la necessità di dare per primo la notizia, per rivendicare a sé la scoperta. Così invia due anagrammi, uno a Kepler e l'altro a Giuliano de' Medici. L'anagramma relativo a Saturno è:

Salve umbistineum geminatum Martia proles

Che, risolto, vuol dire:

Altissimum planetum tergeminum observavi.

L'anagramma relativo a Venere è:

Haec immatura a me iam frustra leguntur o y

Che, risolto, vuol dire:

Cynthiae figuras aemulatur mater amorum

Decisamente Galileo non trascura nessun *medium* nel perseguire la sua strategia di comunicazione totale.

Ma, come ricorda Geymonat, dopo il mirabile 1610 la «propaganda culturale», è diventa l'interesse precipuo di Galileo. E la comunicazione totale è diventata una necessità – una necessità necessitante – del suo agire come scienziato e come promotore della visione scientifica del mondo.

Galileo, infatti, sa di aver falsificato, con prove «sensatamente provate», la visione del mondo aristotelico-tolemaica.

Ma abbattere il paradigma aristotelico-tolemaico non è cosa da poco. Significa proporre al mondo un nuovo «sistema mondo». Significa contraddire le Sacre Scritture. Quindi, in prospettiva, fornire nuove interpretazioni della verità biblica. Quindi ridefinire il rapporto tra scienza e teologia. Con la prima che non può più accettare di essere ancella fedele e obbediente della seconda, ma che pretende di dire – meglio della seconda – la verità intorno alle faccende del mondo fisico e della filosofia naturale[5].

Ecco, è proprio la faccenda della verità il nodo più profondo del contendere.

Finché non c'era stato modo di provare, con osservazioni «sensate», come vada davvero il cielo, i modelli della fisica o, se volete, le teorie intorno al mondo avevano una sola funzione: «salvare i fenomeni». Proporre il modo più utile ed efficace per fare tornare i conti. Nessun modello fisico aspirava e poteva aspirare a dire la «verità» sul mondo. Cosicché la ricerca della verità era compito tutt'al più dei filosofi e del suo ragionare in punta di logica. Anche se era chiaro che nessuno poteva comprendere qualcosa di certo se non gli era rivelato da Dio (Bellone, 2000).

Prendiamo il caso dell'astronomia. Fin dai tempi di Tolomeo è chiaro che l'idea o, se volete, la teoria aristotelica delle sfere cristalline che ruotano, coi sette pianeti e le stelle fisse, intorno alla Terra non funziona. Perché basta fare un po' di conti per comprendere che le orbite dei pianeti non sono affatto quelle di oggetti che si muovono, trascinati o meno da sfere cristalline, di moto circolare uniforme. Cosicché lo stesso modello del grande astronomo ellenista Tolomeo, con l'introduzione di una serie sempre più estesa di epicicli (combinazioni di circonferenze) per descrivere le orbite planetarie misurate, non è altro che il tentativo di fornire uno strumento matematico per «salvare i fenomeni» e predire con successo le posizioni dei pianeti nel tempo e non un tentativo di dire come vadano davvero le cose, lassù in cielo. Gli astronomi non ambivano a dire la «verità» sui moti planetari. Non potevano ambire a dire la verità, perché non avevano prove provate che i loro modelli descrivessero la realtà. Così gli astronomi si limitavano a fornire buoni strumenti di calcolo e di previsione. Nulla di più.

È per questo che il prudente Andrea Osiander, nel 1543, si affretta a scrivere la prefazione al *De Revolutionibus* di Copernico sostenendo che quello copernicano non è nulla di più che un nuovo e più efficiente modello per «salvare i fenomeni», mica per affermare che davvero è la Terra a girare intorno al Sole.

Sulla base di questa reciproca limitazione, gli astronomi che propongono modelli per far tornare i conti e i teologi che dicono quale sia la verità e non quale sia il modo miglior per far quadrare i conti, non c'è conflitto possibile tra scienza e teologia. E, infatti, per circa settant'anni dopo la prima edizione del libro di Copernico, i teologi, protestanti e cattolici, si mostreranno scettici rispetto a un modello così eccentrico rispetto alla verità (quella autentica, quella contenuta nelle Sacre Scritture), ma non saranno particolarmente aggressivi. Il testo di Copernico è letto e studiato liberamente e senza limitazione alcuna da chiunque sia interessato a leggerlo, studiarlo e adottarlo per far tornare i conti astronomici.

Ed è per questo che uno come Giordano Bruno, che invece cerca di stabilire quale sia la verità nella descrizione del mondo fisico e non si cura dei modi di far tornare i conti, definirà la prefazione di Osiander al *De Revolutionibus* il testo di un somaro scritto per altri somari.

Il *Sidereus Nuncius* è tutt'altro. Non è un libro che contiene modelli per «salvare i fenomeni». È un libro che ambisce a dire come vadano davvero le cose, lassù in cielo. Ambisce a dire quale sia la verità. E può farlo perché, per la prima volta, può fondare le sue spiegazioni non solo su calcoli matematici, ma anche su «sensate osservazioni».

Galileo comprende perfettamente il salto logico ed epistemologico che a lui per primo ha consentito il cannocchiale. E si avvede, altrettanto rapidamente, che la sua rivendicazione a dire «come vada il cielo» lo porta dritto filato allo scontro con le autorità religiose. Perché il *Sidereus Nuncius* inaugura la stagione delle due verità, quella fisica e quella teologica, in potenziale conflitto. Tuttavia egli è convinto che la verità rivelata dalla scienza rispetto ai fatti della natura mediante le «sensate esperienze» organizzate nelle «certe dimostrazioni» della matematica, sia una verità di ordine superiore rispetto alla verità rivelata, in modo ambiguo, dalle Sacre Scritture. Cosicché sa di dover rivendicare questo primato, anche nei confronti dei teologi. E sa che la sua non sarà una rivendicazione indolore, «poiché nel pretendere che la scienza [conosca] la verità sul mondo si [infrange] una norma generale» (Bellone, 2000). Si infrange l'ordine culturale vigente in Europa.

Ma, essendo un buon cattolico, si preoccupa anche che la Chiesa di Roma possa andare incontro a una nuova e severa sconfitta, dopo quella inflittagli da Lutero e dalla Riforma, se non accetterà che quella scritta con caratteri geometrici nel libro della natura è una verità di ordine superiore rispetto a quella desunta, attraverso faticose interpretazioni, dalle Sacre Scritture. Ed è per questo che elabora il più ardito dei suoi progetti: portare la Chiesa di Roma sulle sue posizioni (Geymonat, 1969).

Decisamente l'annuncio sidereo non riguarda solo un grappolo di filosofi e di astronomi sparsi per l'Europa. E decisamente non è un grappolo di filosofi e astronomi sparsi per l'Europa che può sostenere con le autorità religiose la «discussione competente» intorno a questo nuovo «sistema mondo», al rapporto tra scienza e teologia, al problema della verità. C'è necessità assoluta che la «discussione competente» coinvolga la più vasta platea possibile. Perché solo una vasta opinione pubblica può reggere il confronto con la forze tradizionaliste interne alla Chiesa di Roma e vincerne, infine, la resistenza al nuovo.

È all'interno di questa strategia, complessa e ambiziosissima, che vanno classificate e giudicate le opere di «promozione culturale» o, se volete, di mobilitazione degli intellettuali e finanche delle masse, che Galileo si accinge a scrivere dopo il *Sidereus Nuncius*: dal *Discorso intorno alle cose che stanno sull'acqua* (1612), alla *Istoria e dimostrazioni intorno alle macchie solari* (1613), e soprattutto le lettere teologiche (note anche come lettere copernicane): la *Lettera a don Benedetto Castelli* (1613), le due *Lettere a monsignor Pietro Dini* (1615), la *Lettera a Madama Cristina di Lorena* (1615).

Quanto questa strategia di comunicazione sia, oltre che complessa e ambiziosa, anche pericolosa, Galileo avrà modo di verificare entro il 1616, anno in cui la Chiesa di Roma mette all'indice, settant'anni dopo la sua pubblicazione, il *De revolutionibus* di Copernico e tutti i libri «copernicani»[6]. Fatto è che la polemica galileana sulla verità e la sua strategia di «mobilitazione degli intellettuali e delle masse» porta, per dirla con Enrico Bellone, la Chiesa a censurare il *De revolutionibus* e Galileo a incamminarsi verso la rovina (Bellone, 2000).

1.3 Prime e provvisorie conclusioni

Il *Sidereus Nuncius*, dunque, ci appare come l'atto inaugurale di una nuova istituzione sociale, la comunicazione della scienza, che contiene in sé già tutte le caratteristiche e tutte le articolazioni della odierna comunicazione della scienza.

È il rendiconto asciutto di un'osservazione scientifica, come lo sono gli articoli pubblicati sulle riviste scientifiche (ma, essendo il libro privo di *peer review*, lo potremmo più opportunamente paragonare a un articolo pubblicato su un qualche modernissimo *public archive*).

È scritto «di fretta». Anticipando non solo le modalità, ma anche la tempistica di quella spinta alla comunicazione immediata che oggi va sotto il nome di «*publish or perish*».

È esplicitamente indirizzato a esperti, i filosofi naturali pari di Galileo, in una lingua internazionale, il latino, che è la lingua con cui comunicano gli esperti in Europa. Così come oggi lo è l'inglese per la comunità scientifica mondiale.

Ha un impianto retorico che fonda il genere letterario con cui, ancora oggi e salvo dettagli, gli scienziati comunicano tra loro. Ivi incluso l'uso delle immagini.

E, tuttavia, la novità del *Sidereus Nuncius* non si esauriscono nell'aver «inventato» lo stile della comunicazione interna alla comunità scientifica (e già questo non sarebbe davvero poco). La novità va oltre.

Galileo, abbiamo visto, dopo la pubblicazione del *Sidereus* va in giro per le università (a Bologna, per esempio) a divulgare, a spiegare e (cercare di) convincere colleghi, studenti e «non esperti». In questo modo egli pratica quella che oggi chiameremmo la comunicazione diretta della scienza ai pubblici di non esperti da parte degli scienziati.

Abbiamo visto, d'altra parte, che il *Sidereus Nuncius* viene immediatamente captato, interpretato, diffuso e amplificato dalla cultura di massa e dai suoi svariati e non sempre chiari canali di comunicazione. E che, attraverso questa opera di metabolizzazione e percolazione, il sistema mondo proposto da Galileo diventa presto senso comune in Europa e fuori dall'Europa. È attraverso gli svariati canali della comunicazione di massa, cioè, che gli uomini del Seicento ridanno forma, in tempi piuttosto rapidi e non senza contraddizioni e furiose resistenze, al loro «immaginario scientifico». Ancora una volta il *Sidereus Nuncius* è la porta che introduce a un «nuovo mondo», quello, complesso, in cui la scienza incontra la società e la rimodella, venendone a sua volta rimodellata.

L'idea, pericolosa, di Galileo diventa più chiara alla luce di un altro suo «ardito progetto», per dirla con Ludovico Geymonat. «Galileo considera la scienza non come un'attività privata di singoli studiosi, ma come un fatto di interesse pubblico, destinato a permeare di sé l'intera società» (Geymonat, 1969). Per questo si convince che occorre convincere. Che tocca a lui, lo scienziato divenuto all'improvviso il più famoso del mondo, «convertire» quante più persone è possibile (la gente comune, i potenti e persino la Chiesa di Roma) alla causa della *nuova scienza* (Geymonat, 1969).

Ci sono, dunque, in Galileo ben due idee innovative distinte. La prima è quella di coinvolgere nell'impresa scientifica non poche persone elette o gruppi di persone con un preciso indirizzo filosofico, ma tutti coloro che hanno «gli occhi nella fronte e nella mente». Questa è un'idea davvero innovativa, che, come nota Stillman Drake, diventerà comune tra gli uomini di scienza solo a partire dall'Ottocento (Drake, 1981).

La seconda idea, innovativa, di Galileo è che, comunque, questi uomini con «gli occhi nella fronte e nella mente» hanno bisogno del consenso dell'opinione pubblica più generale, perché molto spesso con le loro nuove visioni si troveranno non solo a suscitare la curiosità di pochi dotti ma a suscitare «scandali gravissimi» capaci di coinvolgere l'intera società. Scandali che potrebbero suscitare furiose reazioni, come quelle che egli stesso sperimenta a opera degli aristotelici. O, addirittura, potrebbero indirizzare le grandi istituzioni verso vie pericolose e senza uscita, come quella che sta imboccando la Chiesa di Roma contro le novità scientifiche da lui stesso prodotte. Insomma, il fiorentino è convinto che occorre portare la scienza tra la gente. E che questo sia un bene non solo per la comunità scientifica, ma anche per la società e per la stessa Chiesa cattolica. Questa seconda idea, l'idea più pericolosa di Galileo, è così innovativa che ancora oggi stenta ad affermarsi completamente nella comunità scientifica.

La verità, dunque, è che col *Sidereus Nuncius* e con le attività di diffusione del sidereo annuncio, Galileo inaugura quella che oggi viene chiamata la «comunicazione pubblica della scienza» e che noi, per esigenza di rigore, preferiamo chiamare la «comunicazione della scienza ai pubblici di non esperti». Far vedere la verità scientifica (che oggi sappiamo essere forse più contingente e problematica di come la immagina Galileo), per l'appunto, «a più persone che sia possibile». Non solo e non tanto per vocazione divulgativa, ma per mera necessità. «Io l'ho scritta vulgare, perché ho bisogno che ogni persona la possi leggere», scrive nel 1612 a commento del *Discorso intorno alle cose che stanno sull'acqua*. Perché è lì, tra la gente, che, volenti o nolenti, sta nascendo il nuovo foro della competenza alla discussione. Un nuovo centro in grado di effettuare scelte rilevanti sia per lo sviluppo della scienza sia per un più generale sviluppo culturale della società.

È questa la pericolosa e attualissima intuizione di Galileo.

Oggi, in quella che John Ziman chiama l'«era post-accademica della scienza», il legame tra la comunicazione primaria e la comunicazione della scienza ai pubblici di non esperti, anche nelle sue forme promozionali, è sempre più stretto e forma un ordito «necessario» di una necessità necessitante, sempre meno facile da districare.

Ebbene, questo attualissimo e necessario ordito è, per molti versi, seicentesco. Proprio perché – oggi come nel Seicento – il foro competente alla discussione (a una discussione che ha un impatto rilevante per lo sviluppo della scienza) è costituito sempre più da una costellazione di pubblici di non esperti. Lo scienziato dei nostri giorni «deve», per varie ragioni, comunicare la sua scienza, non solo ai suoi colleghi (i *peers* degli *invisible colleges*) ma a un'intera costellazione di pubblici di non esperti (Greco, 1999). E «deve» dotarsi di una strategia di comunicazione totale, ivi incluse «le forme di persuasione più oblique».

Tutto ciò rende lo scienziato dei nostri tempi, lo scienziato post-accademico, molto simile a Galileo. Molto più degli scienziati dell'«era accademica della scienza» che avranno modo, tra l'Ottocento e la prima metà del Novecento, di vivere e di assumere le decisioni rilevanti per lo sviluppo della scienza, ben protetti in una torre d'avorio.

Note

[1] Andrea Battistini indica, per la verità, il 13 marzo come data della pubblicazione del *Sidereus Nuncius*. Ma la gran parte dei biografi di Galileo, da Stillman Drake o Ludovico Geymonat, sostengono che il libro fu stampato il giorno prima. Il 12 marzo, appunto.

[2] In realtà molti storici e lo stesso Kepler ritengono che Galileo non abbia approfondito a sufficienza la fisica ottica e non abbia dato, in questo campo, contributi originali. Ciò non toglie che, sebbene non l'abbia innovata, conosca bene l'ottica del suo tempo. Inoltre è certo che già nel Medioevo gli artigiani ottenevano dal vetro lenti per correggere la vista e che questi fenomeni ottici sono stati oggetto di approfondimento sia da parte del napoletano Giovanni Battista della Porta (che ne parla nel XVII libro del *Magia naturalis* del 1589), sia dall'inglese John Dee, sia dallo stesso Kepler, che affronta i temi dell'ottica nel libro *Ad Vitellionem paralipomena* del 1604. Sia della Porta che Kepler dimostrano di possedere le conoscenze sufficienti per giungere a realizzare un cannocchiale. Tuttavia non lo fecero (Geymonat, 1969).

[3] Sul significato, affatto nuovo, del concetto di interpretare la realtà vista al telescopio e sul significato epistemologico dell'uso del telescopio si veda Minazzi, 1994.

[4] John Milton fu così efficace e così entusiasta nel diffondere il pensiero galileano attraverso le sue poesie, da essere considerato da molti storici un seguace del fisico fiorentino, sebbene lo avesse incontrato, forse, una sola volta nel 1638 nel corso di una sua visita in Italia (Segre, 1993). Milton inizia a scrivere il *Paradiso perduto* nel 1658, sedici anni dopo la morte di Galileo, e lo termina nel 1666. La cosmologia del poema non è affatto galileana. O meglio, non è affatto copernicana. Tuttavia l'interesse e l'entusiasmo per il pensiero e la figura di Galileo, «the Tuscan Artist», sono altissimi (Toscano, 2004). E bene espressi sia nel fatto che Galileo è l'unico personaggio storico che viene citato nel poema (tre i riferimenti) sia nei versi in cui (con qualche licenza astronomica, storica e geografica) Milton descrive lo scudo di Satana, la cui: «vasta mole / Appesa gli grava dalle spalle simile alla luna, quel disco / Che esplorò con ottiche lenti l'artista toscano / Durante la notte, dalla collina di Fiesole / O in Valdarno, per scoprire nuove terre, / Fiumi o monti, sul suo volto maculato» (Milton, 1667).

[5] Il suo ardito progetto, per dirla con Geymonat, è ancora più ambizioso: integrare la nuova visione del mondo e il nuovo rapporto tra scienza e teologia all'interno della tradizione cattolica e dell'autorità del Papa di Roma.

[6] In realtà non è del tutto esatto dire che il *De revolutionibus* di Copernico sia stato messo all'indice nel 1616. Il libro non è bandito, ma «sospeso» fino alla «correzione» di alcune sue parti. Le «correzioni» saranno rese pubbliche dalla Chiesa solo nel 1620 (Drake, 1992).

Capitolo 2

La Repubblica della Scienza

> Nella Repubblica della Scienza [...] ogni affermazione deve essere pubblica, cioè legata al controllo di altri, deve essere presentata e dimostrata ad altri, discussa e soggetta a possibili confutazioni.
>
> Paolo Rossi

> Gli scienziati del XVII secolo [eliminano] il miserabile universo di morte e di carestia e di tormenti inflitti agli esseri umani in nome di Dio. Essi [prendono] un mondo popolato di demoni e di diavoli, un mondo che la superstizione aveva affollato in ogni punto di invisibile terrore, e lo [puliscono] utilizzando parole chiare e semplici esperimenti.
>
> Lewis Feuer

2.1 La rivoluzione scientifica

Galileo Galilei, ha scritto Ernst Cassirer, segna «una svolta in cui le epoche si dividono». Il suo secolo, il Seicento, rappresenta dunque una soluzione di continuità nella storia culturale dell'Europa. E questa soluzione di continuità è data proprio dalla nascita della scienza nelle sue forme moderne. Non perché prima, nel Rinascimento e anche nel Medioevo, non esistesse un pensiero scientifico. Ma perché a partire dal Seicento l'insieme delle persone che si occupano di scienza assume valori e comportamenti affatto nuovi e diviene comunità. «La discontinuità fra la tradizione scientifica medievale e la scienza moderna» è tanto forte, sostiene Paolo Rossi, che diventa «legittimo l'uso dell'espressione *rivoluzione scientifica*» (Rossi, 1997).

Il Seicento propone in numero enorme cose mai viste prima. E questo numero enorme di cose mai viste prima determina di per sé una svolta nella storia del pensiero, come riconosce Tommaso Campanella in una lettera scritta a Galileo il 5 agosto 1632: «Queste novità di verità antiche, di novi mondi, nove stelle, novi sistemi, nove nazioni ecc., son principio di secolo novo» (citata in Garin, 1993).

La frattura col passato, la nascita di una comunità e le cose mai viste prima formano, dunque, un ordito unico e costituiscono un'autentica rivoluzione. Quella rivoluzione scientifica che, come sostiene Herbert Butterfield: «supera in splendore qualunque altra cosa sia accaduta dalla nascita del Cristianesimo, riduce il Rinascimento e la Riforma allo status di meri episodi» (Butterfield, 1962). E fa del Seicento «il» secolo novo.

Non tutti sono d'accordo. Alcuni, come per esempio il sociologo americano Steven Shapin, sono convinti del contrario. E asseriscono in modo perentorio: «Non c'è mai stata una cosa come la Rivoluzione Scientifica» (Shapin, 2003). Perché gli elementi di continuità tra il Seicento e i secoli precedenti sono (sarebbero) superiori agli elementi di discontinuità.

La disputa tra rivoluzionari e continuisti non ha un mero interesse accademico. Anzi, è decisiva ai nostri fini. Perché se, come propone Shapin, non c'è stata una rivoluzione scientifica allora non c'è stata neppure quella rivoluzione nel modo di comunicare la *nuova scienza*, avviata dal *Sidereus Nuncius*, che cercheremo di accreditare e di analizzare in questo libro. Se non è vera la grande tesi della rivoluzione scientifica consumata nel Seicento, allora non può essere vera neppure la nostra piccola tesi sulla rivoluzione della comunicazione della scienza che si consuma nel Seicento. Conviene, dunque, fare un minimo di chiarezza intorno alla «grande tesi», ovvero intorno all'esistenza della «rivoluzione scientifica del XVII secolo» e al suo significato (senza naturalmente alcuna velleità di completezza), prima di cercare di accreditare la nostra «piccola tesi» e analizzare il ruolo decisivo che la comunicazione ha nell'accompagnare, esaltare e, in definitiva, rendere possibile questa frattura culturale.

Il primo a usare il termine rivoluzione scientifica è, tra la fine degli anni Trenta e l'inizio degli anni Quaranta del XX secolo, lo storico francese Alexandre Koyré, che definisce i mutamenti che si verificano nel Seicento intorno allo studio della natura come «la più radicale rivoluzione compiuta o subita dalla mente umana» dal tempo dei Greci. Quel cambiamento ha caratteri così straordinari, sostiene più tardi lo storico inglese Herbert Butterfield, che è come se all'improvviso l'uomo avesse indossato «un nuovo paio di occhiali» per guardare l'universo che lo circonda. E in quel mutar d'occhiali sta: «la vera origine sia del mondo moderno sia della mentalità moderna» (Butterfield, 1962).

Agli occhi di Alexandre Koyré, di Herbert Butterfield, di Paolo Rossi e di altri storici del pensiero si consuma, nel Seicento, la più radicale rivoluzione nella storia culturale dell'umanità e in questa rivoluzione affondano le radici del mondo moderno (il nostro mondo) e del modo moderno di vedere il mondo (la nostra visione del mondo).

Anche Thomas Kuhn, all'inizio degli anni Sessanta del XX secolo, ricorre alla metafora dei nuovi occhiali per descrivere quel radicale «mutamento della visione del mondo» che è, in buona sostanza, una rivoluzione scientifica. Kuhn legge la storia della scienza come una successione di cambiamenti di paradigma, con relativo cambio d'occhiali, che si alternano a periodi «normali». Nel suo pensiero il termine rivoluzione assume un significato un po' diverso che in Koyré o in Butterfield. Altrettanto drammatico, ma, forse, meno epocale. Per lo storico americano, infatti, gli uomini di scienza cambiano d'occhiali relativamente spesso. E, dunque, la storia ci propone diverse rivoluzioni scientifiche. Ma anche Kuhn concorda sul fatto che i filosofi naturali del Seicento indossano lenti affatto nuove e abbattono un paradigma vecchio di un paio di millenni, realizzando, appunto, un profondo cambiamento e, dunque, una rivoluzione (Kuhn, 1978).

Steven Shapin concede la parola a molti altri storici, di nuova generazione, che non si riconoscono né in Koyré, né in Butterfield, né in Rossi, né evidentemente in Kuhn, ma piuttosto in Pierre Duhem[1]. Questi storici non si limitano a negare che ci sia stato «un evento singolo e discreto, circoscritto nel tempo e nello spazio, e designabile come "la" rivoluzione scientifica». Ma «rifiutano l'idea stessa di una singola coerente entità culturale chiamata "scienza" e passata attraverso un mutamento rivoluzionario nel XVII secolo» (Shapin, 2003). Molti tra questi storici mettono in discussione persino la legittimità dei due termini, rivoluzione e scienza. Perché guardano alla storia dell'uomo come a un *continuum* irrisolvibile: negano (giustamente) che esista un qualcosa che è possibile definire «metodo scientifico»; negano (meno giustamente) che i cambiamenti introdotti dalla *nuova scienza* del Seicento siano davvero nuovi e men che meno rivoluzionari; negano che possa esistere in linea di principio un cambiamento rivoluzionario portato avanti da un'entità chiamata scienza, visto che le novità radicali riguardano al più la fisica e l'astronomia, mentre la chimica conoscerà i suoi cambiamenti più profondi nel XVIII secolo e la biologia solo nel XIX secolo.

A queste critiche mosse dagli storici, Steven Shapin aggiunge le sue, che hanno un carattere più sociologico e cercano di tenere in «maggiore considerazione il "chi" della rivoluzione scientifica», per chiedersi: «Che tipo di uomini [produce] quei particolari mutamenti? La [pensano] tutti come loro o sono una sparuta minoranza? E se soltanto pochi [partecipano] davvero alla produzione di questi mutamenti, in che senso, ammesso che ce ne sia uno, possiamo parlare della rivoluzione scientifica come di un evento che [cambia] radicalmente il modo in cui "noi" vediamo il mondo, come di un momento in cui la modernità "per noi" ha inizio?» (Shapin, 2003).

Steven Shapin avrebbe ragione a polemizzare contro un eventuale storico che parlasse di una rivoluzione scientifica, anzi della Rivoluzione Scientifica, come di un evento singolo, ben localizzato nello spazio e nel tempo, organico e coerente, limpido e privo di contraddizioni che, all'improvviso, recide ogni legame col passato e costruisce un ordito culturale affatto nuovo, coerente, monolitico. Steven Shapin avrebbe ancor più ragione a polemizzare con uno storico il quale negasse che, nelle età precedenti al Seicento, sia mai stato prodotto un pensiero scientifico utile. O affermasse che, dopo il Seicento, non c'è stato più nulla di sostanzialmente nuovo in fatto di produzione della conoscenza scientifica.

Il fatto è che uno storico di tal fatta non esiste. Tutti gli storici che ancora oggi continuano a parlare di rivoluzione scientifica sono pronti a riconoscere che le radici del *secolo novo* affondano nel Rinascimento e nel Medioevo e persino nelle età precedenti. Che il sistema aristotelico-tolemaico, per esempio, è stato attaccato già nel Cinquecento, con il *De revolutionibus orbium coelestium* di Niccolò Copernico. E che il sistema galenico è stato già incrinato, per esempio, dal *De humani corporis fabrica* di Andrea Vesalio. Per inciso, entrambi i libri sono stati pubblicati in un medesimo anno, mirabile ma evidentemente non rivoluzionario: il 1543.

Ancora. Tutti gli storici oggi sono pronti a riconoscere che nel Seicento non è stato inventato un «metodo scientifico», perché questo metodo semplicemente non esiste e tutti gli scienziati, anche nel Seicento, sono degli inguaribili «opportunisti metodologici». Che il progresso scientifico non è affatto uniforme e coerente nelle varie discipline: nel Seicento lo sviluppo in fisica è più rapido e marcato che in chimica e in biologia. Che anche nel pensiero e nell'azione dei grandi e persino dei grandissimi fisici e matematici del Seicento (Galileo, Kepler, Descartes, Newton, Leibniz) ci sono vestigia del pensiero rinascimentale e addirittura medievale (Galileo, per esempio, paga un tributo iniziale alla teoria medievale dell'*impetus* nel suo studio del moto). Che i filosofi naturali del Seicento sono una minoranza e che la gran parte delle persone nel Seicento continua a pensare «alla vecchia maniera».

Ma anche nell'antica Grecia i filosofi erano una minoranza. E la gran parte delle persone ad Atene o a Sparta, a Mileto o a Crotone continuava a pensarla «alla vecchia maniera» anche quando si imbatteva in Talete o in Pitagora, in Socrate o in Platone o in Aristotele. E tuttavia chi negherebbe che Talete e Pitagora, Socrate e Platone e Aristotele, ma anche Democrito, Epicuro e tanti altri hanno cambiato radicalmente il modo in cui noi (almeno noi occidentali, noterebbe Bertrand Russell) vediamo il mondo e rappresentano, pertanto, una soluzione di continuità nella storia della cultura umana? (Russell, 1966).

Ma, fatte salve tutte queste precisazioni e altre ancora, è tuttavia possibile e, anzi, utile e necessario parlare di rivoluzione scientifica del Seicento per molte ragioni, che proveremo a sintetizzare.

La rivoluzione scientifica non consiste certo nel passaggio istantaneo dalla dimensione culturale omogenea della «non scienza» alla dimensione culturale omogenea della «scienza», bensì in un processo gnoseologico, epistemologico e sociologico fortemente caratterizzato ma non privo di contraddizioni, consumato in tempi piuttosto rapidi ma non istantanei.

Prima di tutto, però, vi sono le nuove e concrete conoscenze prodotte in numero inusitato dagli scienziati del Seicento. Insomma, le novità di verità antiche, i novi mondi, le nove stelle e i novi sistemi di cui già a inizio secolo parla, ammirato, Tommaso Campanella. Scorriamole, a volo d'uccello, solo per rievocarne un'idea.

2.1.1 La fisica

La fisica è certo all'avanguardia nel produrre queste novità. Quelle astronomiche sono tante e tali da rappresentare da sole una frattura culturale. Il Seicento, semplicemente, cambia i cieli. Le osservazioni col cannocchiale e la «simmetria galileana» abbassano o, se volete, elevano la Terra da centro corruttibile del cosmo, ovvero del tutto altrimenti ordinato, al rango di pianeta tra i pianeti. Quanto al loro moto, il moto orbitale di tutti i pianeti intorno al Sole, per descriverlo non c'è più bisogno delle effemèridi, le complicate tavole numeriche

che forniscono approssimate coordinate degli astri, ma si può ricorrere a leggi matematiche semplici ed esatte: le tre leggi, famosissime, di Johannes Kepler. Mentre le stelle, in numero enorme, non sono più incastonate in una volta fissa e chiusa, ma distribuite nello spazio infinito.

Se il Seicento tutto muta nei cieli, moltissimo cambia anche nella testa delle persone che quei cieli scrutano. Dopo Copernico e, soprattutto, dopo il *Sidereus Nuncius* di Galileo, la facilità e la rapidità con cui gli astronomi «vedono cose nuove» nello spazio testimonia come essi vivano, per dirla con Thomas Kuhn, «in un mondo diverso» (Kuhn, 1978). Non c'è, infatti, solo l'astronomia a produrre novità straordinarie. Lo stesso Galileo è protagonista di un cambiamento (una rivoluzione) altrettanto radicale nell'ambito della meccanica. Coi *Discorsi e dimostrazioni matematiche intorno a due nuove scienze*, pubblicati a Leida nel 1638 a sintesi di quasi mezzo secolo di «sensate esperienze» e di «certe dimostrazioni» con piani inclinati e pendoli oscillanti, il fiorentino getta le fondamenta matematiche (anzi, geometriche) degli oggetti che si muovono qui sulla Terra. Le leggi, quantitative, di questi moti sono, manco a dirlo, diverse da quelle proposte da Aristotele e dai suoi moderni discepoli che, contrariamente a quanto avrebbe voluto lo stagirita, antepongono «i suoi decreti» ai «sensi, alle esperienze, alla natura stessa» (Galileo, 1638).

Le novità prodotte nei cieli e sulla Terra nei primi anni del Seicento sono tali che, come rileva Jean-Pierre Verdet: «Quando alle quattro del mattino del 9 gennaio 1642, un secolo dopo Copernico, Galileo, divenuto cieco e assegnato da dieci anni agli arresti domiciliari, [muore] nella sua villa di Arretri, presso Firenze, la scienza [è] totalmente mutata. Della fisica e della cosmologia di Aristotele, e dell'astronomia di Tolomeo, non [resta] più praticamente nulla» (Verdet, 1995).

Ma la rivoluzione fisica del Seicento non si è affatto conclusa. Come ricorda Enrico Bellone, nei decenni successivi, ovvero nell'epoca che va da Galileo a Newton, le due rivoluzioni, quella celeste e quella terrestre, si fondono e viene così prodotta «la prima grande unificazione della fenomenologia fisica e astronomica riducendola alla sola interazione gravitazionale». È difficile fornire una sia pur vaga idea della portata della sintesi operata da Isaac Newton. Basti ricordare che è grazie, soprattutto ma non solo, alla unificazione della meccanica terrestre e della meccanica celeste, attraverso la matematizzazione dello studio del moto, che vengono demolite «forme di conoscenza che sembravano ben consolidate» e si genera una nuova «prassi conoscitiva legata alla formazione di *scienziati* nel senso che questo termine ha oggi assunto» (Bellone, 2000). Insomma, tra Galileo e Newton, con la nascita della *nuova fisica*, si consuma una parte notevole, forse la maggiore, della rivoluzione scientifica del XVII secolo.

2.1.2 La matematica

Morris Kline ricorda, però, come il Seicento non sia solo il secolo della fisica, ma anche quello in cui nasce la «matematica moderna». Grazie soprattutto a due incommensurabili conquiste: la geometria analitica (Fermat e Descartes, anno indicativo 1637) e il calcolo differenziale e integrale (Newton e Leibniz, anni indicativi tra il 1666 e il 1687) (Kline, 1996). In realtà, sostiene Carl Boyer: «Dai tempi di Platone in nessun periodo si [ha] un così intenso scambio di idee nel campo della matematica come nel XVII secolo» (Boyer, 1982). Naturalmente, è possibile documentare come lo scambio di nuove idee matematiche inizi prima del Seicento. Tuttavia è solo tra la fine del XVI e i primi anni del XVII secolo che lo scambio assume un ritmo fuori dall'ordinario. È in questo periodo, per esempio, che il francese François Viète introduce accanto alla *logistica numerosa*, il calcolo numerico, la *logistica speciosa*, il calcolo letterale. Il nuovo linguaggio simbolico non contribuisce solo a sviluppare l'algebra (e non sarebbe davvero poca cosa), ma ha valore, appunto, di principio di novità, perché contribuisce ad affermare l'idea che «la matematica è una forma di ragionamento e non un insieme di ingegnosi artifici, come l'aveva concepita Diofanto» e come in fondo era ancora concepita «durante il periodo arabo e all'inizio dell'era moderna» (Boyer, 1982).

Lo sviluppo della *logistica numerosa* e, soprattutto, *speciosa* indurrà Pierre de Fermat e René Descartes ad applicare l'algebra allo studio della geometria per fondare, appunto, la geometria analitica (nota anche come geometria delle coordinate). L'idea centrale della nuova disciplina consiste nell'associare le equazioni algebriche a curve e superfici. «Questa creazione costituisce uno dei filoni di pensiero più ricchi e più fruttuosi che siano mai stati aperti in matematica» (Kline, 1996).

Quanto alla matematica come *forma mentis*, essa produce un modo affatto nuovo, e solo in apparenza astratto, di guardare alla natura. Un modo lontano non dai sensi, ma dal senso comune. La visione matematica del mondo è, infatti, fonte di creatività per i filosofi naturali. La principale, puntualizza Morris Kline. Tutti gli uomini della rivoluzione scientifica che «creano», infatti, «Descartes, Galileo, Huygens e Newton (possiamo includervi anche Copernico e Kepler) si accostano allo studio della natura da matematici, sia nel loro metodo generale, sia nelle loro ricerche concrete. Essi [sono] soprattutto dei pensatori speculativi che si [aspettano] di apprendere dei princìpî matematici generali, profondi (ma anche semplici), chiari e immutabili, o attraverso l'intuizione o attraverso osservazioni o esperimenti cruciali, e di dedurre poi nuove leggi da questi princìpî fondamentali proprio allo stesso modo in cui la matematica [ha] costruito la sua geometria. Il nucleo dell'attività [deve] essere la parte deduttiva e si [devono] derivare in questo modo interi sistemi di pensiero» (Kline, 1996).

Galileo, per esempio, pensa, come René Descartes, che tutte le scienze devono modellarsi sull'esempio della matematica. E ciò comporta due conseguenze: come la matematica, tutte le scienze devono fondarsi su degli assiomi (verità chiare e autoevidenti) e come in matematica, gli scienziati da questi assiomi devono procedere mediante il ragionamento deduttivo a stabilire nuove verità (Kline, 1996).

In questo Galileo, come Descartes, è aristotelico. Tuttavia mentre Aristotele (e anche Descartes) pensano che nelle scienze fisiche come in matematica gli assiomi devono essere scelti, per così dire, dalla mente dell'uomo, Galileo pensa che gli assiomi della fisica devono essere derivati dall'esperienza e dalla sperimentazione e devono essere enunciati quantitativi.

La matematica, dunque, non è «contro i sensi», né è indipendente dai sensi, ma è piuttosto contro il «senso comune», contro la mera apparenza. La matematica è portatrice di verità profonde intorno al «mondo sensibile» solo se al «mondo sensibile» resta legata. Per Galileo, dunque, come per altri grandi della fisica del Seicento, la parte matematica e deduttiva dell'attività scientifica assolve a compiti importanti, persino più importanti (anche se mai sostitutivi) di quella sperimentale.

D'altra parte Galileo sostiene che la fisica deve «descrivere» come va il mondo e non cercare le cause ultime. «La cagione dell'accelerazione del moto dei corpi che cadono – scrive nei *Discorsi intorno a due nuove scienze* – non è parte necessaria della nostra ricerca». Su questo Descartes non è affatto d'accordo: «Tutto ciò che Galileo dice intorno ai corpi che cadono nello spazio vuoto è costruito senza fondamenta: egli avrebbe dovuto determinare prima la natura del peso».

Anche Newton la pensa come Galileo. E scandalizza studiosi come Christiaan Huygens e Johann Bernoulli perché, invece di studiare le cause meccaniche, propone la descrizione dei fenomeni in «forma matematica». Ottenendo peraltro i grandi successi cui abbiamo accennato. L'accusa a Newton è di escludere il meccanicismo dalla sua visione del mondo. È un'accusa fondata. Anche se molti oggi, sbagliando, considerano Newton il padre della filosofia meccanica.

Non siamo pericolosamente usciti fuori tema. Stiamo solo sottolineando come la decisione di assumere la matematica «come forma di ragionamento» porta rapidamente la *nuova scienza*, che qualcuno definisce assiomatica, del Seicento non solo a pensare in termini matematici, ma a fondare se stessa sulla matematica.

I nuovi occhiali matematici indossati dai filosofi naturali per studiare e comprendere il «mondo sensibile» contribuiscono, peraltro, allo sviluppo della stessa matematica. Lo dimostra il fatto che il concetto di funzione nasce dall'esigenza avvertita da Galileo nello suo studio del moto di porre in relazione due variabili, come, per esempio, lo spazio e il tempo. Questa esigenza si avverte, scrive Morris Kline, quasi in tutte le pagine dei *Discorsi*, il libro con cui Galileo fonda la meccanica moderna (Kline, 1996).

Scrive Galileo: «Se un mobile scende, a partire dalla quiete, con moto uniformemente accelerato, gli spazi percorsi da esso in tempi qualsiasi [...] stanno tra di loro come i quadrati dei tempi». E, ancora: «I tempi impiegati a scendere su piani diversamente inclinati, purché però abbiano la medesima inclinazione, stanno tra di loro come le rispettive lunghezze» (Galileo, 1638). Nota Morris Kline: «Il linguaggio mostra chiaramente che Galileo sta parlando di variabili e di funzioni e [manca] solamente un piccolo passo per scrivere questi enunciati in forma simbolica» (Kline, 1996).

Il linguaggio simbolico, come abbiamo detto, è in corso di elaborazione e non passerà molto tempo prima che i due enunciati vengano descritti con altrettante formule ($s = kt^2$ e $t = kl$, per la precisione: dove s sta per spazio, k è una costante, t è il tempo e la lettera l indica la lunghezza). In ogni caso il concetto di funzione, intuito da Galileo, viene formalmente definito da James Gregory nel libro *Vera circoli et hyperbolae quadratura* pubblicato nel 1667. Si chiami funzione, dice Gregory, la quantità ottenuta da altre quantità mediante una successione di operazioni algebriche o con qualsiasi altra operazione immaginabile. Intendendo dire, con questo, che alle operazioni algebriche conosciute ne va aggiunta un'altra: il passaggio al limite.

«Immediatamente dopo l'adozione del concetto di funzione [viene] l'invenzione del calcolo infinitesimale che, dopo la geometria euclidea, è la più grande creazione di tutta la matematica» (Kline, 1996). A realizzarla, indipendentemente l'uno dall'altro ma piuttosto in polemica, sono due grandissimi filosofi naturali: l'inglese Isaac Newton e il tedesco Gottfried Leibniz. A riprova che anche questa nuovo e formidabile sviluppo matematico deriva dal bisogno di trattare in modo adeguato i principali problemi affrontati dai fisici del XVII secolo: calcolare la velocità e l'accelerazione istantanee di un oggetto; trovare la tangente a una curva (per applicazioni in ottica e in meccanica); trovare il minimo e il massimo di una funzione (decisivo nei problemi di meccanica); misurare le lunghezze delle curve, le aree limitate da curve, i volumi limitati da superfici e andare, così, oltre il metodo di esaustione inventato da Archimede.

In definitiva, quella del Seicento è una rivoluzione fisica *e* matematica. Dove la congiunzione indica molto di più che una mera somma di nuove conoscenze.

2.1.3 La chimica

Quanto alla chimica, è vero che la «rivoluzione chimica» giunge a compimento solo nel XVIII secolo, grazie soprattutto ad Antoine-Laurent Lavoisier, ma è anche vero che è nel Seicento che inizia a distinguersi e a essere riconosciuta una scienza chimica diversa non solo dall'alchimia, ma anche dalla fisica e dalla medicina. Per esempio, è proprio nel 1610, l'anno del *Sidereus Nuncius*, che un farmacista francese, l'ugonotto Jean Béguin, pubblica il *Tyrocinium Chymicum* in cui distingue tre diversi approcci nello studio della natura: quello dei fisici, quello dei medici e quello dei chimici. «Questa – scrive Henri Leicester – è una chiara dimostrazione del fatto che i chimici [sono] ora riconosciuti come seguaci di una scienza indipendente» (Leicester, 1978). E riconosciuti da una minoranza non troppo ristretta se è vero che il libro di Jean Béguin, pubblicato in francese come *Les élémens de chymie*, ha un tale successo che, nei successivi ottant'anni, ne verranno stampate oltre cinquanta edizioni in svariate lingue (Di Meo, 1990).

La chimica del Seicento affonda le sue radici in due diversi orti coltivati, è fuor di dubbio, già nel Cinquecento. Quello, tecnico, degli ingegneri, i «vili meccanici» del XVI secolo coinvolti nello studio e nella lavorazione dei metalli: dal senese Vannoccio Biringuccio, autore nel 1540 di un libro, *De la Pirotechnia*, destinato a godere di una certa fama, ai tedeschi Lazarus Ercker (autore nel 1547 di un *Trattato sui minerali e i loro saggi*) e Georg Bauer, più noto come Agricola (autore nel 1556 del celeberrimo *De re metallica*). E quello medico-filosofico, che origina dallo svizzero Philippus Theophrastus Bombastus von Hohenheim, più noto come Paracelso.

Ma da questa doppia radice, dopo vicende molto complesse, il tronco della chimica emergerà nella seconda parte del XVII secolo con forza rinnovata in un nuovo orto, quello coltivato da Robert Boyle e da altri filosofi naturali che hanno una visione meccanica della natura, e addirittura in un quarto campo, quello di disciplina funzionale autonoma che trova spazio nelle facoltà di medicina di tutt'Europa.

Ma andiamo con ordine. Il movimento di frattura inizia indubbiamente con Paracelso. Ma il medico svizzero, morto a 47 anni nel 1541, è un uomo del Cinquecento. E la sua è una visione del mondo che ha origine nel platonismo ermetico di Marsilio Ficino, che Philippus Theophrastus Bombastus von Hohenheim rielabora in una filosofia chimica diversa dalla filosofia naturale di cui saranno portatori, nel Seicento, molti fisici e astronomi. E che, però, non è meno dirompente negli assalti al modo antico di vedere la natura, ovvero alla visione aristotelica imperante nelle università. Paracelso attacca, infatti, la teoria degli umori di Galeno che si fonda sulla cosmologia di Aristotele. Anzi, per certi versi il movimento antiaristotelico che ha origine da Paracelso è più esteso e certo più violento della filosofia naturale: sia perché ha una componente sociale e politica molto forte, sia perché ha una furia iconoclasta davvero inusitata (Trevor-Roper, 1987).

Paracelso è a sua volta attaccato violentemente, anche dopo la sua morte e per almeno un secolo, dagli accademici aristotelici. I suoi libri verranno messi all'Indice dalla Chiesa di Roma (1599), poco prima che il filosofo ermetico Giordano Bruno venga arso vivo a Campo de' Fiori e che il filosofo ermetico Tommaso Campanella venga sbattuto a marcire per anni in galera. Mentre il conflitto, prima latente poi più esplicito, coi filosofi naturali resterà nell'ambito di un confronto di idee a volte aspro, ma sempre civile.

Philippus Theophrastus Bombastus von Hohenheim, dicevamo, è un ermetico e, come tutti gli ermetici, è convinto ci sia una forte e probante analogia tra macrocosmo e microcosmo. Questa analogia pervade la natura. Il corpo e l'anima del mondo rispecchiano, sia pure in miniatura, il corpo e l'anima del mondo. L'universo, sostiene Paracelso, altro non è che un immenso crogiolo in cui avvengono infinite reazioni chimiche controllate e controllabili. Ne deriva che anche il corpo umano è un crogiolo di reazioni chimiche controllate e controllabili. E anche quando l'equilibrio dinamico di queste reazioni viene alterato, è possibile intervenire con rimedi chimici per ripristinarlo.

Tutto si fonda, sostiene il medico svizzero, su tre principi base: il mercurio, lo zolfo e il sale. E tutto cambia in virtù di una forza universale: l'*archeus*. Cosicché tutto in natura può essere spiegato sulla base di processi alchemici fondati su questi principi e su questa forza. Anche le dinamiche biologiche. La digestione, per esempio, altro non è che un insieme di reazioni chimiche. Cosicché le sostanze prodotte nei laboratori da sapienti alchimisti, come il laudano da lui stesso sintetizzato, possono essere più utili nella cura delle malattie che non l'improbabile ricerca degli equilibri umorali proposti nelle università europee che coltivano il pensiero di Ippocrate, Aristotele e Galeno: ovvero, la medicina ormai obsoleta degli antichi.

Il pensiero solidista di Paracelso ha un'indubbia componente magica. Ma il medico svizzero conferisce alla dimensione alchemica un significato molto vicino a quello moderno di chimica: di trasformazione della materia e di scoperta di processi di trasformazione mediante la sperimentazione. Philippus Theophrastus Bombastus von Hohenheim, infatti, studia le reazioni chimiche che consentono di produrre medicinali a partire da sostanze inorganiche e ne predica l'uso clinico, in aperta opposizione con le teorie umorali di Galeno. Egli, come vedremo, è giustamente considerato il padre della iatrochimica.

Questa componente iconoclasta e sperimentalista di Paracelso si combina con una visione cosmologica con venature mistiche e politiche. Il medico svizzero ha grande carisma e presto, intorno a lui, sorge un movimento: con caratteristiche, filosofiche, scientifiche e, appunto, politiche.

Per tutto questo, Paracelso è immediatamente e fortemente avversato in Europa. Tanto che gran parte di ciò che scrive può essere pubblicato solo dopo la sua morte. L'avversione è forte soprattutto nelle università e tra i medici tradizionalisti. Il conflitto è durissimo, ha diverse riprese e, come abbiamo detto, si protrae per quasi un secolo dopo la morte di Paracelso. Irrompendo quindi, con forza, anche nel XVII secolo. Eppure il suo contributo sia nella lotta al pensiero conservatore degli universitari aristotelici sia alla nascita della chimica teorica e applicata è davvero notevole. Possiamo dunque dire, con Fernando Abbri, che: «nella scienza del Seicento è presente anche una *filosofia chimica* di origine ermetica che [trova] la sua matrice teorica nelle opere di Paracelso. Queste ultime [costituiscono] contemporaneamente: 1) la struttura teorica della filosofia chimica; 2) una visione «chimica» unitaria dell'intero Cosmo; 3) la base per lo sviluppo delle indagini chimiche» (Abbri, 1998).

Il pensiero di Paracelso e il suo tentativo di affermare una visione alchemica del mondo sono, dunque, fondamentali nello sviluppo della «rivoluzione chimica» del Seicento. Ma, come abbiamo detto, quello di Paracelso non è l'unico orto dove i nuovi chimici del XVII secolo traggono linfa. C'è anche l'orto meno teorico e più pragmatico degli ingegneri e, soprattutto, degli ingegneri minerari.

Questi due orti, quello della filosofia chimica e quello della prassi dei chimici, non sono incompatibili. E una parte della storia della chimica all'inizio del Seicento consiste proprio nel tentativo di unificarli. Un chimico che già negli ultimi anni del Cinquecento tenta una sintesi tra l'approccio tecnico degli ingegneri e quello filosofico dei medici paracelsiani è Andreas Libavius, autore nel 1597 di un testo, *Alchemia*, in cui l'attività alchemica è definita come «l'arte di produrre magisteri e di estrarre essenze pure per mezzo della separazione dei corpi dalle miscele» ed è, quindi, molto simile a una definizione moderna di chimica (Leicester, 1978). Libavius cerca di espungere dalla filosofia chimica di Paracelso gli aspetti mistici (occorre liberare la chimica da qualsiasi traccia dell'«empio pagano Ermete Trismegisto», va sostenendo) e di conservare quelli strettamente scientifici, per fondare su basi esclusivamente razionali e sperimentali appunto *la* scienza della trasformazione della materia.

Si tratta di un passaggio né scontato, né indolore. All'inizio del XVII secolo, infatti, non solo il processo non può dirsi concluso e la chimica, pertanto, continua, per larghi tratti, a confondersi con l'alchimismo ermetico, ma la disciplina è considerata ancora nemica acerrima della scienza medica, almeno da quei medici tradizionalisti che sono avversari di Paracelso e della sua filosofia chimica. Quando, per esempio, nel 1603 a Parigi il medico ugonotto e paracelsiano Joseph Duchesse propone in un libro, *De priscorum philosophorum verae medicinae materia*, una cosmologia chimica, una vera e propria lettura chimica del mondo, e auspica l'uso dei farmaci chimici nella cura delle malattie, i membri della facoltà di medicina lo considerano un attacco frontale alla loro disciplina (Debus, 1996). E quando il medico, ugonotto e paracelsiano, Turquet de Mayerne, interviene in difesa di Duchesse, gli strali dei medici parigini si rivolgono anche contro di lui. E che strali. La facoltà di medicina proibisce la vendita di rimedi chimici (divieto in vigore fino al 1615) e Mayerne è costretto a lasciare la Francia per riparare nella più accogliente Inghilterra.

E dire che l'uno e l'altro, Duchesse e Mayerne, sono medici del re e protetti, appunto, dal sovrano convertito per interesse eppure già «cattolicissimo», quell'Enrico IV noto per la convinzione alquanto utilitaristica secondo cui «Parigi val bene una messa».

Né meglio vanno le cose per il belga Johann Baptist van Helmont, che fornisce un contributo notevole sia allo sviluppo della medicina chimica sia (insieme al discepolo Franciscus de Le Boë, più noto come Sylvius), allo sviluppo della filosofia chimica, intesa come un sistema di pensiero che entra in competizione con la filosofia meccanica. Johann Baptist van Helmont critica la teoria aristotelica dei quattro elementi fondamentali della natura e cerca di dimostrare che è l'acqua la sostanza che in natura può trasformarsi in ogni altra. Il belga, che si autodefinisce *philosophus per ignem*, filosofo attraverso il fuoco, ha torto. Ma il suo pregio è di cercare di corroborare la teoria con rigorosi metodi quantitativi. Usando la bilancia per studiare le reazioni chimiche, van Helmont dimostra di credere, in pratica, non solo al metodo quantitativo ma anche a quel principio di conservazione della massa che è considerato fondativo della chimica moderna. Anche se il belga *philosophus per ignem* non elabora mai in termini espliciti il principio, dobbiamo riconoscere che i paracelsiani del Seicento sono portatori di novità.

La vicenda di Jan Baptist van Helmont è piuttosto interessante anche per altri motivi. Il *philosophus per ignem* di Bruxelles è, come abbiamo detto, un seguace di Paracelso. Crede nell'efficacia delle sostanze naturali in medicina. Ed è proprio difendendo, contro gli attacchi del gesuita Jean Roberti, l'efficacia di un rimedio chimico per le ferite da arma da fuoco che, in un trattato pubblicato nel 1621, dichiara che solo i naturalisti e non gli uomini di Chiesa dovrebbero fare ricerche sulla natura. L'affermazione e l'intero trattato gli meritano l'attenzione dell'Inquisizione spagnola, la censura della facoltà di teologia di Lovanio e quella del Collegio dei medici di Lione. Al culmine di una vicenda straordinariamente simile a quella di Galileo, van Helmont viene arrestato, sbattuto in prigione e costretto a riconoscere i suoi errori per poter godere, infine, degli arresti domiciliari.

Anche Robert Fludd, in Inghilterra, cerca di gettare le fondamenta di un'interpretazione chimica della natura alternativa sia all'aristotelismo scolastico che alla nuova filosofia naturale. L'inglese, che è meno lucido e determinato di van Helmont e soprattutto di Libavius nel separare la mistica dalla scienza, vorrebbe che la chimica e non la matematica fosse al centro dell'indagine scientifica. Lui e tutti i filosofi chimici sono convinti che il libro della natura non sia scritto, come va asserendo Galileo, nel linguaggio della geometria, bensì nel linguaggio della chimica. D'altra parte i filosofi naturali non amano affatto la mistica di Paracelso e dei suoi seguaci: Francis Bacon non esita a definire assurdità i pensieri e le opere di Paracelso. Con Fludd, personaggio scientificamente controverso e in conflitto aperto con i baconiani, la filosofia chimica ottiene forse l'ultimo grosso impulso. Prima di perdere, progressivamente, di popolarità e di forza di attrazione tra gli scienziati nel corso del XVII secolo, sconfitta dalla filosofia naturale dei fisici. O meglio, della visione geometrico-meccanica del mondo.

Ora, come scrive Fernando Abbri, «la piena utilizzazione della filosofia meccanica in campo chimico è legata soprattutto al nome di Robert Boyle» (Abbri, 1998). Ed è con lui che dovremmo chiudere la carrellata sulla rivoluzione chimica del Seicento. Benché l'inglese non sia più considerato dagli storici «il» padre della chimica moderna, il suo ruolo di filosofo naturale che «vede nella chimica la scienza capace di fornire una fondazione empirica alla visione meccanica della natura», resta tuttavia centrale (Abbri, 1998). Nel corso della formulazione della sua filosofia naturale, Boyle dimostra, o almeno cerca di dimostrare, prima nello *Sceptical Chymist* del 1661 e, poi, in maniera più approfondita in *The Origins of Forms and Qualities According to the Corpuscolar Philosophy* del 1666, che tutti i fenomeni chimici possono essere spiegati sulla base dell'ipotesi meccanica del mondo e corpuscolare della materia. Boyle è un convinto assertore dell'ipotesi cartesiana che tutto in natura sia spiegabile in termini di particelle e di urti tra particelle. Per cui la materia non è costituita da pochi «elementi fondamentali», come sosteneva Aristotele e come sosteneva lo stesso Paracelso. Anzi, non è affatto costituita da elementi con caratteristiche chimiche precise, ma è la variegata composizione di microscopiche particelle (*minima naturalia*), che si uniscono per formare concrezioni (*prima mixta*) che a loro volta si combinano tra loro, a creare la diversità degli oggetti macroscopici in cui ci imbattiamo (Abbri, 1998).

Sebbene Boyle cerchi di fondare la sua visione meccanica del mondo su dati sperimentali e sebbene raggiunga risultati teorici notevoli, per esempio differenziando concettualmente gli acidi dalle basi, il suo modello non è in grado di spiegare in maniera esaustiva le mille reazioni che ottengono i chimici sperimentali che, incuranti dei massimi sistemi, lavorano in maniera sempre più incessante in laboratorio nel tentativo di produrre, soprattutto, nuovi farmaci. Chi cerca con maggior successo la sintesi tra il modello teorico e i risultati delle infinite reazioni condotte in laboratorio è il farmacista francese Nicolas Lémery, che col suo *Cours de Chymie* del 1675, fonda il «meccanicismo chimico», ovvero il primo ponte efficace tra la visione meccanica del mondo e le conoscenze acquisite sul campo dagli iatrochimici. Il libro di Lémery ha grande successo. Ne vengono pubblicate, in pochi anni, almeno trenta diverse edizioni. E il motivo di questo successo, sostiene Fernando Abbri, non è dovuto a nuove scoperte o a ipotesi originali, «ma al fatto che le *tenèbres* associate sino ad allora alla chimica [sono] progressivamente scomparse a favore di idee semplici e chiare, a favore di un linguaggio specifico che [rinvia] a pratiche operative» (Abbri, 1998).

In definitiva con Boyle e Lémery il pensiero chimico supera definitivamente sia Aristotele che Paracelso e inizia a integrarsi in quel filone della filosofia naturale, la visione meccanica del mondo, che, non senza conflitti e contraddizioni (in Francia il principale centro di insegnamento della chimica diventerà il *Jardin des Plantes*, fondato dal paracelsiano Gui de La Brosse), sta gettando, sul finire del Seicento, le fondamenta su cui eserciterà una forte egemonia sull'intera cultura scientifica di almeno due secoli a venire.

Quanto alla disciplina, occorre dire che malgrado l'impegno di Robert Fludd a porla al centro della intera indagine scientifica, malgrado le forti analogie tra le vicende di Galileo e van Helmont, malgrado lo sforzo di Boyle di ridurla a meccanica, la chimica segue un percorso di sviluppo culturale nella società affatto diverso dalla fisica e in parte imprevisto. Se i fisici si affermano come filosofi naturali essenzialmente fuori dalle università, i chimici, malgrado le prime fortissime resistenze, si affermano come curatori di una disciplina funzionale presente nei curricula medici di quasi tutte le università europee. Nella seconda metà del Seicento negli atenei di tutto il continente vengono, infatti, istituite numerose cattedre di chimica. In prevalenza presso le facoltà di medicina. Alla fine del secolo non c'è facoltà medica in Europa che non abbia una cattedra di chimica e che non riconosca il valore dei farmaci preparati dai chimici. «Insomma, la chimica viene ammessa nel sistema educativo come branca della medicina, non della filosofia naturale» (Debus, 1996).

Riassumendo. Il Seicento si apre con una filosofia chimica che cerca di affermarsi come visione del mondo autonoma sull'onda del pensiero iconoclasta di Paracelso e si chiude con la sostanziale sconfitta di questo progetto. Sull'esito del percorso della chimica i giudizi sono ancora divisi. Per Allen G. Debus, il processo si chiude con la nascita di una nuova scienza: funzionale (scienza della preparazione dei farmaci), autonoma, connessa alla medicina. Il ruolo della chimica, scrive lo storico francese «si può osservare attraverso l'intero panorama della rivoluzione scientifica: dalla rottura, nel Rinascimento, con le autorità dell'antichità, attraverso i dibattiti con i filosofi meccanicisti, fino all'istituzione di una chimica indipendente che si [è] simultaneamente emancipata sia dalle sue radici meccaniciste che da quelle vitaliste. È un ruolo intimamente connesso alla medicina che dunque rimette in discussione tutti quei resoconti sulla nascita della scienza moderna che si basano soltanto sulle scienze fisiche» (Debus, 1996). Secondo altri, invece, la filosofia chimica perde la sua sfida e la visione chimica del mondo diventa parte della più generale visione meccanica del mondo. Tra i due processi non c'è incompatibilità. La storia non è un percorso lineare. E i chimici del Seicento possono aver imboccato anche due o più strade diverse. E tuttavia una cosa appare certa: quei percorsi segnano una forte discontinuità rispetto al passato.

2.1.4 La biologia

La rivoluzione scientifica riguarda, come abbiamo detto, essenzialmente le scienze fisiche e matematiche. Eppure il processo investe anche la biologia. Certo, come rileva Ernst Mayr: «La storia naturale e la sistematica [... rimangono] quasi del tutto immuni da questi cambiamenti radicali nelle scienze vicine» (Mayr, 1990). E tuttavia all'inizio del Seicento si comincia a respirare aria nuova almeno negli studi di zoologia e di botanica. Ancora una volta si tratta di un cambiamento radicale. Tanto che, grazie anche a un nuovo strumento, il microscopio, «l'osservazione diretta e la sperimentazione [finiscono] per averla vinta sull'erudizione» (Duris, Gohan, 1999). L'italiano Marcello Malpighi fonda l'anatomia microscopica animale e vegetale. Mentre un altro italiano, Francesco Redi, fonda la biologia sperimentale, dimostrando – tra l'altro – che gli insetti non nascono per generazione spontanea (1668). Non si tratta di novità da poco. La verità è, sostiene Mirko Grmek, che la rivoluzione scientifica: «generalmente celebrata dagli storici nel campo delle scienze della materia morta, ha luogo parallelamente, circostanza meno nota e ammessa con maggiori difficoltà, anche nelle scienze e tecniche della vita» (Grmek, 1996a).

Non si tratta, ancora una volta, di un processo lineare e, tanto meno, di una cavalcata trionfale. Sarebbe possibile inanellare innumerevoli storie di uno sperimentalismo biologico così ingenuo da avere ben poco a che fare con quello che noi oggi consideriamo scienza. Storie, mal documentate e mal controllate, che parlano di ragazze che si mettono a miagolare e a cacciare, con balzi manco a dirlo felini, topi esterrefatti; o di accoppiamenti tra maschi della nostra specie e femmine della specie bovina che producono una prole dalle sembianze umane ma con la chiara inclinazione della mucca a pascolare nei prati e a ruminarne l'erba. Tuttavia questa fase in cui il bisogno di sperimentare non si sposa con l'esigenza del rigore cessa dopo breve tempo. E a partire dagli anni intorno al 1670 i naturalisti «iniziano a fare osservazioni rigorose e verificate, in particolare grazie al microscopio» (Duris, Gohan, 1999). Ed ecco allora Marcello Malpighi studiare l'anatomia interna del baco da seta e pubblicare i risultati dei sui studi in un libro, *Dissertatio epistolica de bombice*, corredato da precise tavole illustrative, che è tra i primi editi dalla Royal Society di Londra. O ecco l'olandese Jan Swammerdan, convinto assertore della tesi che la conoscenza in fatto di natura non viene dai libri ma dall'osservazione diretta e dalla sperimentazione, studiare la metamorfosi degli insetti, le parti interne dei pidocchi dell'uomo, l'apparato riproduttivo delle larve dell'efemera e renderne conto in rigorose pubblicazioni. Ecco, anche, il gesuita Filippo Buonanni difendere la tesi, errata, della generazione spontanea in un libro, *Observationes circa viventia*, pubblicato a Roma nel 1691, ma farlo non sulla base antica dell'*ipse dixit*, bensì sulla base, moderna, di dati e osservazioni raccolti al microscopio (ed, evidentemente, mal interpretati).

Il Buonanni, peraltro, intende confutare la prova, ottenuta da Francesco Redi nel 1668, che gli animali, o almeno gli insetti e i vermi, non nascono per generazione spontanea. Redi, che vive a Firenze ed è il Medico del Granduca di Toscana, ha formulato la sua innovativa tesi sulla base delle galileane «sensate esperienze» cui chiama ad assistere a mo' di testimoni più persone e i cui risultati, corredati dalla precisa descrizione della metodologia seguita, sono pubblicati nel saggio *Esperienze intorno alla generazione degli insetti* (1668).

Ancora una volta, l'esigenza di sperimentare non è un bisogno universale e i risultati ottenuti non sono da tutti accettati. I Malpighi, gli Swammerdan, i Redi devono sfidare il sarcasmo di un filosofo tutt'altro che ostile verso la nuova scienza, come Nicolas Malebranche, secondo cui «gli uomini non sono fatti per passare il loro tempo a esaminare mosconi e insetti» (Malebranche, 1979). E tuttavia il navigar controcorrente non impedisce agli uomini (ai tanti uomini) che in tutt'Europa perdono il loro tempo occupandosi di «mosconi e insetti» di aprire una serie crescente di gabinetti naturali (leggi laboratori) in cui «si fa» nuova scienza biologica.

E questa scienza è fatta studiando gli animali, non imparando dai libri. E molti di questi animali provengono dal «nuovo mondo» e sono affatto sconosciuti agli Europei. In realtà dal nuovo mondo provengono anche nuove piante. E se ciò spinge, per esempio, Marcello Malpighi a studiarne la struttura interna al microscopio, fa nascere in altri studiosi l'esigenza di raccoglierle e classificarle in una maniera nuova, che, ancora una volta, vada oltre Aristotele.

Nascono così gli erbari e gli studiosi che si incaricano di organizzarli, classificando le piante su basi del tutto originali. Un primo picco di questa attività è raggiunto già a inizio secolo con la pubblicazione del *Pinax* da parte di Caspar Bauhin, che in 12 libri divisi in 72 sezioni classifica ben 6.000 diversi tipi di piante sulla base di molti tipi di caratteri differenti. Si tratta di una classificazione, non funzionale e abbastanza sofisticata, di tipo nuovo appunto. Ma intanto nel corso del Seicento il numero di piante conosciute aumenta. E con essa aumenta la capacità di sistemarle in un ordine tassonomico sempre più preciso e sofisticato. Nel 1682 l'inglese John Ray nel suo *Historia generalis plantarum* classifica ben 18.655 piante. E l'uomo del Seicento inizia a confrontarsi con quella dimensione caratteristica della vita che oggi chiamiamo biodiversità.

2.1.5 La medicina

Quanto alla medicina, è vero che la scienza del corpo umano ha iniziato ad andare «oltre Galeno» già nel Cinquecento grazie, soprattutto, agli studi di Andrea Vesalio e alla rivoluzione epistemica proposta da Paracelso (definito il «Lutero della medicina»). Il primo, Vesalio, può essere considerato a buon diritto il fondatore dell'anatomia moderna. E il secondo può essere considerato, per dirla con Charles Weber, colui che ha combattuto la «prima grande battaglia della rivoluzione scientifica» (Weber, 2002). Ma è nel Seicento che le battaglie di Paracelso e Vesalio contro Galeno, come quella di Copernico contro Tolomeo, diventano guerra aperta e conclamata. È solo nel XVII secolo che si verifica la prima di quelle tre «fratture epistemologiche» che, a detta di Mirko Grmek, segnano la storia delle scienze della vita (Grmek, 1990). Nel corso di questa prima soluzione di continuità le antiche idee di Ippocrate, Aristotele e

Galeno vengono definitivamente sostituite, se è il caso, da proposte affatto nuove che hanno «una più stretta aderenza ai fatti» (Rudolph, 1996).

In poche parole, nel Seicento la medicina acquista la consapevolezza che il corpo umano può essere studiato solo utilizzando i metodi delle scienze naturali (Rudolph, 1996). E indossa, al pari di altre scienze, gli occhiali nuovi di cui parla Herbert Butterfield (Grmek, 1996b). Mentre, in particolare, sostituisce l'antico modello umorale con un nuovo modello, solidista.

Certo, come abbiamo detto, la filosofia di Paracelso, rilanciata dai suoi tanti seguaci, è ancora ben viva e presente. Né gli studi di Andrea Vesalio e degli altri anatomisti del Cinquecento vengono dimenticati. Anzi vengono ulteriormente sviluppati. Certo, gli uomini di scienza del Seicento fanno leva sui pionieri del secolo precedente. Ma per operare un'autentica «frattura epistemologica». E nel fare questa operazione di rottura si avvalgono di mezzi aggiuntivi. Strumentali e squisitamente culturali. È grazie, per esempio, alle possibilità offerte da un nuovo strumento tecnologico, il già citato microscopio, che gli anatomisti possono «vedere da vicino le cose minime», come scrive Galileo in una lettera a Federico Cesi del 23 settembre 1624. Ed è grazie al nuovo clima culturale che si respira nel Seicento e in cui questi studi avvengono che i medesimi anatomisti possono battere piste d'indagine prima proibite. Un clima culturale che coinvolge l'intera società e potremmo definire partecipativo: il medico e naturalista inglese Thomas Willis ricorda, nel *Patologia cerebri et nervosi generis* pubblicato nel 1667, che sono i suoi stessi pazienti privati a chiedere, nel testamento, di essere dissezionati una volta morti. In questo modo non solo l'anatomia e l'anatomia patologica hanno un enorme sviluppo, ma nella società europea cresce l'aspettativa di nuove conoscenze (preludio, peraltro, ad una prima disillusione, come vedremo).

Ma dicevamo del microscopio. I suoi effetti non riguardano solo l'anatomia umana (otre che quella animale e vegetale). Il nuovo strumento consente di iniziare lo studio degli *animacula*. Ovvero degli organismi microscopici che sono e iniziano a essere riconosciuti come la causa prossima di molte malattie. Non è che nel Seicento nasca la batteriologia, sebbene l'olandese Antoni van Leeuwenhoek individui e battezzi «batteri» alcuni di quegli *animacula*, i più simili a bastoncini (*baktérion* in greco significa, appunto, bastoncino), che appaiono, numcrosissimi e mobilissimi, sotto le lenti sempre più potenti del suo microscopio. E sebbene il tedesco Athanasius Kircher, dopo aver osservato l'*animata putredine*, la presenza di bacilli nella carne in decomposizione, avanzi l'ipotesi del *contagium vivum*: non è per caso, sostiene il dotto gesuita, che sono *animacula* simili a quelli della carne alterata gli agenti che portano la peste? Kircher non osserva (né poteva) l'agente patogeno della peste. Il suo è un ragionamento per analogia (Parodi, 2002). E tuttavia è un ragionamento analogico che ha una base nel «nuovo mondo» scoperto al microscopio.

Non bisogna davvero sottovalutarla, l'importanza del ragionamento analogico[2]. Dopo che Francesco Redi ha dimostrato che gli insetti e i vermi non nascono per *generatio aequivoca*, ovvero per generazione spontanea, ma vengono generati per via parentale da individui della loro stessa specie, molti si chiedono, ragionando per analogie: non è che anche gli *animacula*, come gli insetti e come i vermi, si riproducano di madre e padre in figlio e, riproducendosi, diffondano le malattie di cui sono causa?

Agenti microscopici, causalità, malattie. Stiamo forse correndo troppo. È vero che il microscopio apre a «nuovi mondi» dove si trovano le basi della moderna visione del corpo umano (van Leeuwenhoek, per esempio, col nuovo strumento individua gli spermatozoi), tuttavia accettiamo l'ammonimento di Alessandra Parodi: la ricerca microscopica degli *animacula* è un aspetto importante, ma non è il lato più forte della medicina del Seicento (e neppure di quella del Settecento).

Il fatto è che nel Seicento, oltre la già citata anatomia microscopica, nascono e la iatrofisica e la iatrochimica che concorrono, ben oltre lo studio pionieristico degli organismi microscopici, alla prima frattura epistemologica delle scienze della vita.

Evento primario di questa frattura è la pubblicazione, nel 1628, della *Exercitatio anatomica de motu cordis et sanguinis in animalibus*, il libro con cui l'inglese William Harvey annuncia di avere scoperto il sistema continuo mediante il quale il sangue circola dal cuore alla periferia del corpo degli animali e viceversa.

Nelle 72 pagine di quel libro non c'è condensata solo una scoperta nuova e decisiva per iniziare a comprendere come funziona dinamicamente la macchina di carne dell'uomo, ma c'è «un modello essenziale e vigoroso di metodologia quantitativa» (Bernabeo, 1996). Non è un caso: Harvey ha soggiornato e ha studiato a lungo a Padova. Ed è stato allievo, tra il 1600 e il 1602, di Girolamo Fabrizi d'Acquapendente, che è legato da stretta amicizia e comuni vedute con Galileo e Paolo Sarpi. Ora, non solo è «difficile peccare di esagerazione nel sottolineare l'influsso della scuola padovana nella vita e sull'opera di Harvey», come nota Walter Pagel (Pagel, 1979), ma non è esagerato affermare, con Giorgio Cosmacini, che «la nascita della medicina moderna risulta registrata all'anagrafe di Padova» (Cosmacini, 1995). La verità è che Harvey rivoluziona il modo di guardare il corpo umano. E mentre opera questa rivoluzione appare chiaramente imbevuto dello spirito galileiano (oltre che di una fiera avversione per quello paracelsiano). Ovvero della convinzione che in natura esista una profonda uniformità, che coinvolge anche il corpo degli animali e dell'uomo stesso.

In ogni caso, molti dopo il suo libro iniziano a pensare che gli organismi viventi non possono sottrarsi alle leggi della meccanica. René Descartes, col *De nomine* (pubblicato postumo nel 1664) propone un modello teorico generale del corpo umano. Un modello che è parte integrante della sua visione, meccanicistica, del mondo. Il corpo dell'uomo come di ogni animale è una macchina, sostiene il francese, che come una macchina agisce. Obbedendo alle leggi della meccanica, appunto (anche se poi, precisa il francese, l'uomo è dotato di un'anima che ne governa la dimensione spirituale).

Ma, Descartes a parte, i fisici del Seicento non si occupano tanto di visioni generali dell'uomo, bensì cercano, per così dire, di costruire una iatromeccanica pratica (Parodi, 2002). Dedicandosi con un'ottica affatto nuova a problemi molto più circoscritti: per esempio, come si spostano il corpo umano e le sue singole componenti nello spazio e nel tempo.

Personaggio chiave nell'affermazione di questo punto di vista proposto da Harvey è, manco a dirlo, lo stesso Galileo Galilei (Bernabeo, 1996). Il quale sia nel *Dialogo* (1632) sia, poi, nei *Discorsi* (1638) applica appunto le leggi della meccanica ad alcune funzioni tipiche del corpo umano come i movimenti articolari, l'azione muscolare, l'equilibrio, la deambulazione. Galileo non è una voce nel deserto. La verità è che a Padova all'inizio del Seicento sono ormai maturi i tempi di una rivoluzione in medicina. Scuserete l'abuso del concetto, ma non ci sono molti altri termini per definire ciò che avviene. Santorio Santorio, per esempio, un filosofo naturale che, per dirla con Alessandra Parodi, appartiene alla «cerchia di Galilei», passerà alla storia per essere «il primo medico interessato al calcolo di grandezze fisiologiche» (Parodi, 2002). E, per effettuare le sue misure di quelle grandezze fisiologiche, Santorio usa il termometro e il *pulsilogium*. Ma il suo esperimento più famoso consiste nell'uso di una bilancia per calcolare le variazioni del peso corporeo nell'arco della giornata in relazione alla quantità di cibo assunto. Dalle differenze tra questa quantità, il peso corporeo e il peso degli escrementi, Sartorio dimostra che deve esistere una *perspiratio insensibilis*, una impercettibile sudorazione, attraverso cui l'organismo espelle parte della materia ingerita.

Sulle fondamenta biomeccaniche gettate da Galileo viene dunque a poggiarsi quella scuola di pensiero (e di ricerca) chiamata iatrofisica che ottiene successi enormi nel corso del Seicento e che ha in Niels Stensen, noto come Stenone, il suo antesignano. Stenone nel 1667 pubblica il suo *Elementorum myologiae specimen, seu musculorum descriptio geometrica*, considerato un testo base nella storia della meccanica muscolare. In questo testo Stenone dimostra che il cuore è un muscolo del tutto simile ai muscoli scheletrici e quindi, sostiene, non è affatto la sede dell'anima né, tanto meno, la sede degli *spiritus vitales* (Rudolph, 1996).

Due anni dopo, nel 1669, Stenone pubblica il *Discours sur l'anatomie du cerveau*, che non rappresenta solo una confutazione delle idee che René Descartes ha del cervello, ma anche e soprattutto un «valido programma di base per un nuovo metodo di studio dell'encefalo» (Bernabeo, 1996). Anche sull'onda di questi studi, nel 1680 Giovanni Alfonso Borelli pubblica il *De motu animalium*, libro in cui il medico e matematico italiano propone un modello di spiegazione sulle modalità con cui il cervello, attraverso i nervi, mette in moto i muscoli. Il testo, fondato su precise misure, è considerato il punto d'avvio della moderna fisiologia articolare.

In realtà Borelli «ingegnosamente introduce la geometria nelle disquisizioni della fisiologia» e apre la strada a quel suo allievo, Giorgio Baglivi, che spinge in avanti il concetto dell'organismo come macchina formata da organi che, a loro volta, sono macchine semplici (*De praxi medica*, 1696). Mentre un altro allievo di Borelli, Lorenzo Bellini, propone l'idea che l'organismo umano, come ogni organismo vivente, altro non sia che un sistema costituito di atomi. Un sistema dinamico, in continuo disfacimento e ricomposizione.

In definitiva, come scrive Baglivi: quando «i medici [iniziano] a esaminare la struttura e gli effetti dei corpi animati, avvalendosi di principi geometrico-meccanici nonché di esperimenti fisico-meccanici e chimici, essi non solo [scoprono] un gran numero di fatti ignoti ai secoli passati, ma anche [capiscono] che le azioni della natura altro non sono che un complesso di moti chimico-meccanici che dipendono da principi puramente matematici» (citato in Rudolph, 1996).

In realtà l'approccio meccanicista e quello chimico sono tutt'altro che integrabili. Anzi, come rileva Allen Debus, l'indubbio successo della geometria e del calcolo nelle scienze naturali induce molti a credere che debba essere quello fisico e non quello chimico l'approccio più adatto per lo sviluppo della medicina (Debus, 1996). Per Robert Boyle non c'è dubbio alcuno: fisica e fisiologia sono, per loro intrinseca natura, identiche.

Ancora una volta, il processo non è privo di contraddizioni. Spesso la medicina del Seicento, soprattutto quando non si affianca in maniera sistematica alla fisica, resta nell'ambito della pura descrizione, se non dell'attenzione al caso particolare e alla «mostruosità» (Rudolph, 1996). Talvolta non è semplice distinguere tra medico e ciarlatano. E tra persecuzione della nuova scienza e persecuzione della ciarlataneria. Ne sa qualcosa lo iatrochimico Francesco Giuseppe Borri, che nella chiesa della Minerva a Roma in un domenica del gennaio 1661 è costretto alla «abiuratione dall'Inquisitione [per] eretica pavità». In mancanza del medico in carne e ossa, accusato di essere un ciarlatano, s'espone «sopra d'un palcho a vista di tutti un quadro con il ritratto al naturale» del medesimo. La messa in scena prosegue il giorno dopo in Campo de' Fiori, dove la statua e il ritratto del povero Borri sono impiccati e arsi. Con un successo di popolo, sostiene Giorgio Cosmacini, non inferiore a quello conseguito sessantun'anni prima con la salita sul rogo di Giordano Bruno (Cosmacini, 1998).

Il bello è che il povero Borri viene riarso in immagine tre mesi dopo in Piazza del Duomo a Milano, alla presenza dell'Arcivescovo. Proprio mentre a Strasburgo esce un libro a lui dedicato, il *Francisco Josepho Burro sacrum*, in cui vengono esaltate le straordinarie capacità di quel medico che ama definirsi «filosofo aereo». Le messe in scena di Roma e Milano saranno anche macabre. Borri sarà anche sospeso tra la ciarlataneria e la nuova medicina antiaristotelica. Ma il messaggio è chiaro. E rende bene il clima in cui gli uomini del Seicento operano.

Ma, tornando alla medicina in senso stretto, occorre ricordare che tutti gli studi scientifici e le grandi innovazioni concettuali di cui abbiamo parlato non apportano alcuna sostanziale novità dal punto di vista clinico, quello del medico sul campo. Tanto che da un lato Giorgio Baglivi a fine secolo a Roma proporrà di separare le spiegazioni anatomiche, fisiologiche e patologiche dalla clinica, teoria e pratica, settore in cui consiglia di «tornare a Ippocrate», con umiltà (Grmek, 1996b). E dall'altro si registra una sorta di delusione sociale, con relativo trionfo dei ciarlatani, perché: «l'utenza popolare, ma anche quella signorile, nelle strette della malattia e dell'angoscia, del dolore e della paura, della speranza e della disperazione, [cerca] nelle medicine del miracolo quel che non [riesce] a trovare nei farmaci della medicina» (Cosmacini, 1998). Ma è anche vero che a fronte di queste delusioni è sempre nel Seicento che nasce la moderna medicina clinica, grazie agli studi sistematici dei sintomi delle malattie e dei loro trattamenti realizzati, nella seconda parte del secolo, dall'inglese Thomas Sydenham e da altri. Il «ritorno a Ippocrate», commenta Mirko Grmek, non è altro che un astuto slogan (Grmek, 1996b). Mentre la delusione e la relativa proliferazione di ciarlatani è questione attualissima ancora ai nostri giorni.

In definitiva, non c'è dubbio: nel Seicento anche gli studiosi delle scienze della vita indossano occhiali nuovi per guardare il mondo. E questa sensazione di travolgente novità è ben viva fin dall'inizio. Quando, nel 1777, Albrecht von Haller redige una storia della fisiologia per il *Supplément* dell'*Encyclopédie*, cita solo 29 autori dell'antichità e del Medioevo, ma ben 340 dell'età moderna (Seicento e Settecento): «tale proporzione corrisponde alla sua visione del progresso realmente compiuto dalla scienza» (Rudolph, 1996).

In tale proporzione è contenuto il concetto di rivoluzione.

2.1.6 L'epistemologia

Proviamo, dunque, a riassumere. Nel Seicento c'è un flusso di «nuove conoscenze» in tutti gli ambiti degli studi della natura che non ha analoghi nei secoli precedenti. E, in più, queste nuove conoscenze costituiscono una frattura netta rispetto al «sistema mondo» del passato. Una frattura, ancora una volta, senza precedenti per portata e radicalità. Nel Cinquecento Andrea Vesalio e Paracelso avevano superato sì il sistema galenico, ma in modo incompleto. E Niccolò Copernico aveva rotto sì col sistema aristotelico-tolemaico, ma solo in parte. Come sostiene Alessandra Parodi, quella del Cinquecento era stata una rivoluzione a metà (Parodi, 2002). Mentre quella del Seicento è una rivoluzione piena.

Anche perché non si limita a proporre nuove conoscenze (e non sarebbe davvero poco), ma elabora nuovi modi di produrre conoscenza. Ancora una volta non è che il Seicento scopra all'improvviso la luce della ragione dopo una successione infinita di «secoli bui». Il pensiero razionale e il pensiero scientifico e, quindi, i metodi adatti per svilupparli sono presenti anche nel Rinascimento e nel Medioevo. Tuttavia il Seicento elabora i metodi del passato e propone novità radicali anche nel modo in cui gli uomini di scienza interrogano la natura. Questi «sistemi novi» che appaiono solo nel XVII secolo sono almeno quattro.

Il Seicento è il secolo in cui la scienza ingaggia la tecnica.
Certo, è ormai dimostrato che, in realtà, è il Medioevo l'epoca in cui l'Europa (ri)scopre la tecnica e valorizza, infine, l'arte dei «vili meccanici». Tuttavia è solo nel Seicento che gli strumenti meccanici, le macchine, vengono utilizzate per «ingannare» la natura e strapparle i suoi segreti (Israel, 1996). L'uso che Galileo fa del cannocchiale è solo un esempio, il più clamoroso, di come i filosofi naturali del Seicento iniziano in modo sistematico a migliorare o a progettare *ex novo* strumenti tecnici per «ingannare» la natura e realizzare nuove osservazioni e nuovi esperimenti.

Il Seicento è, appunto, il secolo della sperimentazione sistematica.
Non a caso si apre con l'inglese William Gilbert che, nell'anno 1600, invita i suoi contemporanei a cercare il sapere «non nei libri, ma nelle cose stesse». Concetto ribadito più tardi, con la solita maestria letteraria, da Galileo ne *Il Saggiatore*: «Signor Simplicio, venite pure con le ragioni e con le dimostrazioni, vostre o di Aristotele, e non con testi e nude autorità, perché i discorsi nostri hanno a essere intorno al mondo sensibile, e non sopra un mondo di carta» (Galileo, 1632). Certo, lo ripetiamo ancora una volta, l'attività della sperimentazione e dell'osservazione non viene inventata dagli uomini del XVII secolo. Ma viene da essi esercitata con un «entusiasmo quasi sfrenato» che è, questo sì, davvero inedito (Rudolph, 1996). È solo nel Seicento, infatti, che le «sensate esperienze» diventano un'attività sistematica. Ed è solo nel XVII secolo che la sperimentazione viene legata, quando possibile, alle «certe dimostrazioni» della matematica e del ragionamento ipotetico-deduttivo inaugurando, appunto, un modo nuovo di produrre conoscenza.

Il Seicento è, anche, il secolo della matematizzazione.
Galileo, come abbiamo visto, esprime, con poche pennellate sublimi, la sua visione matematica del mondo quando, nel 1623, pubblica *Il Saggiatore*:

> La filosofia è scritta in questo grandissimo libro che continuamente ci sta aperto innanzi a gli occhi (io dico l'universo), ma non si può intender se prima non s'impara a intender la lingua, e conoscere i caratteri, ne' quali è scritto. Egli è scritto in lingua matematica, e i caratteri sono triangoli, cerchi ed altre figure geometriche, senza i quali mezi è impossibile a intenderne umanamente parola; senza questi è un aggirarsi vanamente per un oscuro laberinto (Galilei, 1623).

Ma il fiorentino non è il solo e neppure il più radicale sostenitore di questo nuovo *Weltbild*. Nello stesso anno in cui l'Accademia dei Lincei a Roma pubblica *Il Saggiatore*, nel 1623, il francese Marin Mersenne dà alle stampe il suo *Quaestiones celeberrimae in Genesim*, dove la «nuova» visione matematica del mondo viene proposta come elemento di secca e decisiva rottura col passato. Anche col recente passato. Come sostiene Frances Yates, nell'universo di Mersenne: «la matematica sostituisce la numerologia [...] la magia è bandita, è arrivato il secolo XVII» (Yates, 1982). E come nota Giorgio Israel: «la sostituzione dalla visione numerologica del mondo con la visione matematica è stimolata da una tendenza legata allo spirito dell'epoca, al clima generale della società, che attribuisce un'importanza sempre più grande all'esigenza di misurare i fenomeni e non si accontenta di descriverli in modo puramente qualitativo» (Israel, 1996). Come sostiene Yves Gingras, la matematizzazione è all'origine di una serie di svariati fenomeni convergenti che tendono a rafforzare l'autonomia dell'impresa scientifica (Gingras, 2002).

Il Seicento è il secolo in cui vengono scoperte (o inventate) le leggi della natura.

L'idea, forte, di misurare in termini quantitativi consente e, anzi, favorisce un ulteriore e determinante passaggio epistemico. L'analisi quantitativa dei fatti, separata dalle speculazioni filosofiche e/o teologiche e abbinata alla visione matematica del mondo, porta i filosofi naturali del Seicento a formulare leggi fisico-matematiche universali, « atte a consentire non solo la comprensione, ma anche la riproduzione degli eventi stessi » (Bernabeo, 1996). Possiamo prendere a esempio una delle formule più note della fisica:

$$F = m \cdot a$$

In questa equazione non c'è solo l'indicazione che la forza (*F*) agente su un corpo è pari alla massa (*m*) per l'accelerazione (*a*) subita dal corpo stesso, ma anche che questa indicazione ha un carattere universale, vale in ogni luogo e in ogni tempo, qui sulla Terra e lì nello spazio, ed è in grado di prevedere come varierà la velocità della mia matita poggiata sul tavolo o di un razzo interplanetario nel momento in cui conferisco loro una certa spinta. Questa formula matematica semplice, ma dotata di una straordinaria capacità predittiva, esprime una legge. Una legge fisica, generale e necessaria (Greco, 2002). Questa formula è a noi nota come la « legge di Newton ».

Questa formula è stata elaborata nel Seicento, da Isaac Newton appunto. E nulla di simile è stato realizzato nei secoli precedenti.

Queste quattro novità e altre ancora costituiscono la rivoluzione epistemologica del XVII secolo. Ciò non significa che, nel Seicento, i filosofi naturali si dotino di un « metodo », definito e inderogabile, per produrre nuove conoscenze intorno alla natura. Malgrado gli espliciti tentativi di René Descartes di fondarlo, il « metodo » scientifico, formalizzato o formalizzabile, non esiste. Gli scienziati, anzi i filosofi naturali, del Seicento (e delle epoche successive) sono e restano degli inguaribili opportunisti metodologici ed epistemologici.

D'altra parte, persino le indicazioni esplicite di una metodologia scientifica sono diverse. Francis Bacon, capofila dell'empirismo inglese, propugna per esempio un metodo induttivo, che dai fatti osservati ricostruisca le leggi di natura. L'esperimento, sostiene Bacon nel suo *Novum organum* del 1620, è una domanda mirata rivolta alla natura che, nel rispondere, è costretta a disvelare i suoi segreti.

René Descartes, capofila del razionalismo francese, propugna invece, come abbiamo già ricordato, il metodo deduttivo. È l'uomo che applica la sua logica geometrica a partire da poche verità autoevidenti e scopre non solo il « come » ma anche il « perché » dei fenomeni naturali. Descartes, come Aristotele, è convinto che l'uomo deve cercare di comprendere le cause dei fenomeni naturali. E, proprio come lo Stagirita, è convinto che esista una procedura logica attraverso cui le cause dei fenomeni naturali possono essere comprese.

Galileo, invece, teorizza e, soprattutto, opera in altra maniera. Lui non è né un empirista, né un razionalista. Interessato solo al «come» e non ai «perché», proclama da filosofo della scienza ne *Il Saggiatore* l'uso sia delle «certe dimostrazioni» sia delle «sensate esperienze», ma opera da scienziato per tutta la vita con una assoluta spregiudicatezza epistemologica.

Cosicché possiamo dire che con Bacon, Descartes, Galileo e tutti gli altri filosofi naturali il Seicento non ci propone (non riesce a proporci) un e tanto meno «il» metodo scientifico, né nell'esperienza pratica della ricerca né nella sua elaborazione teorica.

Tuttavia, lo ribadiamo, esiste nel XVII secolo una epistemologia caratteristica. Un processo non privo di contraddizioni eppure dirompente che consiste, per dirla con Giorgio Israel, nel passaggio da una forma di conoscenza della natura di tipo *qualitativo*, *concreto* e *materiale* a una forma di conoscenza della natura di tipo *quantitativo*, *generale* e *astratto* (Israel, 1996). La verità è, scrive Mirko Grmek, che nel Seicento «la mentalità degli scienziati occidentali cambia radicalmente. Galileo, Newton e i loro discepoli predicano la quantificazione dell'osservabile, la matematizzazione dei fenomeni naturali e il ricorso ai modelli meccanici, elaborano il nuovo concetto di legge naturale e enunciano i princìpi del cosiddetto metodo ipotetico-deduttivo» (Grmek, 1996a). E questo processo, pur non essendo puntuale e pur essendo innervato di contraddizioni, ha il carattere della straordinarietà. Né esso si limita alle scienze fisiche. La nuova mentalità, come abbiamo visto, penetra anche nel campo dei chimici, dei naturalisti, dei medici. Insomma, nel Seicento si consuma, anche e soprattutto, una rivoluzione epistemologica. E, quindi, culturale. Perché, come sostiene Kuhn, quando mutano «i paradigmi, il mondo stesso cambia con essi» (Kuhn, 1978).

In definitiva: il Seicento costituisce il primo e, forse, il più esteso e insieme il più profondo mutamento del paradigma culturale nell'era moderna.

2.2 La Repubblica autonoma della Scienza

Ma, in realtà, quello che all'inizio del XVII secolo sta nascendo in Europa – e a cui il *Sidereus Nuncius* di Galileo Galilei fornisce un nuovo, potentissimo e forse decisivo impulso – è davvero qualcosa di straordinario, nel senso proprio di fuori dall'ordinario, non solo sul piano culturale, ma anche sociale. Comincia, infatti, a formarsi una comunità ideale e affatto originale: la comunità degli scienziati. O meglio, dei filosofi naturali (come verranno chiamati almeno fino all'Ottocento). Si tratta di una comunità transnazionale. Una sorta di repubblica senza confini. Con una chiara aspirazione universalistica. A questa comunità – nota Paolo Rossi – partecipa gente originaria di ogni paese: inglesi, come Bacon, Harvey e Newton; francesi, come Descartes, Fermat e Pascal; tedeschi, come Paracelso, Kepler e Leibniz; olandesi, come Huygens; danesi, come Tycho Brahe; belgi, come van Helmont; polacchi, come Copernico; italiani, come Torricelli, Malpighi, Redi e, naturalmente, Galileo. E tanti altri (non tantissimi, qualche centinaio), alcuni dei quali abbiamo già avuto modo di citare. «Il discorso di ciascuno di questi personaggi [è] legato a quello degli altri, in una realtà artificiale e ideale, priva di frontiere, in una Repubblica della Scienza che [costruisce] faticosamente un suo spazio in situazioni sociali e politiche sempre difficili, spesso drammatiche, talora tragiche» (Rossi, 1997).

Dunque, non sono solo e non sono tanto le nuove scoperte a determinare la rivoluzione del Seicento, quanto il fatto che «da una scienza senza scienziati», qual è stata definita quella del Medioevo, si passa finalmente e piuttosto brutalmente a una «scienza fatta dagli scienziati». Ovvero, per dirla con Paolo Rossi, a «una specifica forma del sapere destinata a condurre all'identificazione dell'attività di ricerca scientifica con una professione» (Rossi, 1998). Gli scienziati europei del Seicento tendono a riconoscersi reciprocamente e a essere riconosciuti come membri di una comunità, perché hanno un'epistemologia comune (che prevede l'integrazione tra teorie ed esperimenti), istituzioni comuni (le Accademie), un linguaggio comune, valori comuni[3].

Insomma, come rileva Richard S. Westfall, nel Seicento nasce «la scienza in quanto attività sociale organizzata». Gli scienziati del XVII secolo, infatti, «non lavorano isolatamente come individui, ma in società organizzate che li [pongono] realmente in comunicazione con un gran numero di ricercatori impegnati nel medesimo settore. Sul terreno un tempo calcato dai profeti si [innalza] ora una chiesa organizzata» (Westfall, 1999).

I filosofi naturali del Seicento (e, in parte, del tardo Cinquecento) formano, dunque, una società particolare: una Repubblica della Scienza. Una repubblica transnazionale. E sì che il Seicento non è un secolo facile per i popoli d'Europa. Il continente è attraversato in lungo e in largo fino a esserne squassato dalla peste, da eserciti scorazzanti, da guerre di religione. Eppure un gruppo non esteso ma significativo di persone, in maniera del tutto informale, riesce come a estraniarsi da questa rappresentazione tragica e a formare una comunità che supera il *particulare* (degli interessi economici, politici, nazionali, religiosi) e tende all'universale. Davvero «stra ordinario».

Ecco come il chirurgo inglese William Clowes manifesta, in *Treatise for the Artificial Cure of Struma* edito nel 1602, la capacità dei nuovi filosofi naturali di andare oltre le barriere di religione e di razza: « [...] se io trovo (vuoi con la ragione vuoi con l'esperienza) qualsiasi cosa che possa recare giovamento ai pazienti, e migliorare la mia conoscenza ed abilità nell'arte della chirurgia, sia esso in Galeno o in Paracelso, sia Turco, Ebreo, o qualsiasi altro infedele: io non lo rifiuterò, ma renderò grazie a Dio egualmente. Come che sia, io non mi immischierò con il loro stato di infedeli, pur accettando la loro conoscenza ed abilità nelle verità e nelle invenzioni umane» (Clowes, 1602).

Queste persone sono, dunque, pienamente consapevoli che, grazie a loro, un «secolo novo» è iniziato. Come testimonia Tommaso Campanella e come, d'altra parte, lo stesso Steven Shapin riconosce. Gli uomini del «secolo novo» non solo sanno di vivere in un «secolo novo», ma sanno di essere il lievito del cambiamento. Infatti identificano se stessi come «moderni» in opposizione al «vecchio» modo di pensare e di agire. Johann Baptist van Helmont ha chiaro qual è il compito cui assolve un uomo del Seicento e lo scrive nel suo *Œuvres traitant des principes de médicine et physique* pubblicato, postumo, nel 1648: «distruggere tutta la filosofia naturale degli antichi, e rinnovare le dottrine delle scuole di filosofia naturale» (citato in Grmek, 1996a). La sensazione di un cambiamento radicale in corso «ci viene direttamente da loro (e da quelli che [costituiscono] l'oggetto dei loro attacchi) e non è semplicemente un'invenzione degli storici del XX secolo» (Shapin, 2003). Questa consapevolezza, da sola, non basta, forse, a realizzare una rivoluzione. Ma certo è sufficiente a definire una comunità intellettuale.

Una prova che questa comunità nasce con moto rivoluzionario, abbattendo i vecchi paradigmi culturali, sta nel fatto che essa si sviluppa fuori dai centri tradizionali del sapere, le università. Infatti, benché molti degli scienziati, anzi dei filosofi naturali, le avessero frequentate: «le università *non* [sono] al centro della ricerca scientifica. La scienza moderna [nasce] fuori dalla università, spesso in polemica con esse e si [trasforma], nel corso del Seicento e più ancora nei due secoli successivi, in una attività sociale organizzata in grado di darsi sue proprie istituzioni» (Rossi, 1997). La comunità dei filosofi naturali non è, dunque, interna agli atenei. E le sue istituzioni sociali non sono quelle delle università. Sono istituzioni sociali affatto nuove.

Ha, questa rivoluzionaria comunità, altri caratteri e valori distintivi, oltre la consapevolezza di essere portatrice di novità e la capacità di produrle, queste novità, fuori dai luoghi tradizionali di produzione del sapere? Se concordiamo sull'ipotesi che la nascita della scienza moderna nel Seicento rappresenti più una rottura che una evoluzione lineare, più una discontinuità che una continuità di processo, che rappresenti, appunto, una rivoluzione, allora diventa non solo lecito ma necessario porsi questa domanda e chiedersi quali siano i reali fattori di discontinuità, sociali oltre che culturali, che segnano il passaggio dall'era non ancora scientifica o prescientifica all'era scientifica.

Questi fattori sociali sono molti, anche se non tutti sono ben delineabili.

Un carattere decisivo della *nuova scienza* e della società degli scienziati che si è formata è certo quello dell'internazionalismo. Anzi, dell'aspirazione all'universalismo. Come scrive esplicitamente uno dei protagonisti della rivoluzione, Francis Bacon: il globo intellettuale dei filosofi naturali deve coincidere, al limite, con il *globus mundi*, ovvero con l'intero globo terracqueo. La natura, sostiene Thomas Sprat, il baconiano portavoce della Royal Society, deve essere studiata «per l'utilità della società umana» (Feuer, 1969). Tutto ciò non è affatto scontato. Perché, incalza Francis Bacon, una scienza che si ponga al servizio della gloria e della potenza del proprio paese sarebbe possibile. Ma l'opzione della scienza al servizio della nazione o di una religione deve essere scartata – e viene effettivamente scartata dalla comunità nascente degli scienziati – perché moralmente meno nobile della scienza che si pone al servizio dell'intera specie umana (Bacon, 1612).

La Repubblica della Scienza – o, come la chiama l'inglese Robert Boyle, l'*Invisible College*, il collegio invisibile – non è solo autonoma dal potere religioso e dal potere politico. Ma è custode attenta e orgogliosa di questa sua autonomia. Nei luoghi in cui gli scienziati, anzi i filosofi naturali, si riuniscono, le Accademie – come la Royal Society a Londra o l'Accademia dei Lincei a Roma – viene stabilito un patto preciso: in questo luogo non si parla né di politica né di religione (Rossi, 2003). Per Joseph Ben-David l'autonomia – ovvero «fare della scienza un'attività intellettuale separata, sotto il controllo delle sue sole norme» (Ben-David, 1975) – è il fine istituzionale della rivoluzione scientifica. E questo obiettivo viene raggiunto proprio nel Seicento.

Universalismo, dunque, e forte rivendicazione di autonomia. Ma vi sono altri valori e comportamenti che identificano la comunità nascente e che sanciscono altrettante soluzioni di continuità. Ci sono, per esempio, i valori e i comportamenti enunciati da Paolo Rossi: lo scetticismo sistematico; la valorizzazione della tecnica e dei «vili meccanici»; l'opportunismo metodologico; una nuova visione della natura (Rossi, 2003). Una fiducia nel progresso e la consapevolezza di aver attraversato le colonne d'Ercole della cultura e di essere andati oltre gli antichi, come rivendica Joseph Galvill nel suo *Plus Ultra* del 1668. Una fiducia così radicata nella possibilità di costruire un futuro migliore grazie alle nuove conoscenze da spingere uno dei protagonisti, Constantijn Huygens, a scrivere un giorno a René Descartes: «Cette fâcheûse coutume de mourir prendra fin un jour (avrà pur fine un giorno questa irritante abitudine di morire)».

Insieme, questi valori e questi comportamenti, formano la nuova e rivoluzionaria società scientifica. Anche se, in questo elenco, manca ancora qualcosa di determinante per caratterizzare il fenomeno sia da un punto di vista culturale che sociale.

2.3 L'attacco al paradigma della segretezza

> Solo per voi, figli della dottrina e della sapienza abbiamo scritto quest'opera. Scrutate il libro, raccogliete il sapere che abbiamo disperso in più luoghi. Ciò che abbiamo occultato in un luogo lo abbiamo manifestato in un altro [...]. Non abbiamo scritto che per voi, che avete lo spirito puro, la cui mente è casta e pudica, la cui fede illibata teme e riverisce Iddio [...]. Voi solo troverete la dottrina che solo a voi abbiamo riservato. Gli arcani, velati dai molti enigmi, non possono essere resi trasparenti senza l'intelligenza occulta. Se voi conquistate questa intelligenza, allora l'intera scienza magica penetrerà in voi e in voi si manifesteranno quelle virtù già acquisite da Ermete, da Zoroastro, da Apollonio e dagli altri operatori di cose meravigliose.

Quando Cornelio Agrippa, medico e filosofo tedesco, cultore della magia, la più grande a suo dire delle scienze, scrive queste parole nel suo *De occulta philosophia* del 1550, opera una chiara e netta distinzione tra il genere umano: da un lato i «figli della dottrina e della sapienza», che hanno uno «spirito puro, la cui mente è casta e pudica, la cui fede illibata teme e riverisce Iddio»; dall'altro il resto dell'umanità, il *promiscuum hominum genus*, la grande massa delle persone indegne. I primi, gli eletti, possono e devono leggere il suo libro, per farsi penetrare dall'intera scienza magica e acquisire le virtù di Ermete, Zoroastro,

Apollonio e degli altri operatori di «cose meravigliose». I secondi, i negletti, possono e devono continuare a vivere nella loro strutturale e irreversibile condizione di ignoranza.

La distinzione irreversibile tra il gruppo eletto dei dotti e la massa negletta degli ignoranti non appartiene solo ad Agrippa, ma ha origini antiche nello gnosticismo, nell'averroismo e nell'insieme delle culture ermetiche.

Ebbene tra le soluzioni di continuità che caratterizzano la rivoluzione scientifica del Seicento ce n'è almeno un'altra di nostro specifico interesse: l'abbattimento di quello che Paolo Rossi chiama il «paradigma della segretezza», tanto caro a Cornelio Agrippa, e il ruolo essenziale cui, di conseguenza, assurge il processo di comunicazione. Un ruolo essenziale sia dal punto di vista sociale che epistemico.

Nell'ambito della nascente comunità dei filosofi naturali, infatti, si affermano una convinzione e una prassi: «Ogni affermazione deve essere pubblica, cioè legata al controllo di altri, deve essere presentata e dimostrata ad altri, discussa e soggetta a possibili confutazioni» (Rossi, 1997).

E questa semplice proposizione costituisce un atto rivoluzionario. Proprio perché la cultura prevalente in quel periodo è quella, ermetica, cui appartiene Cornelio Agrippa.

L'esigenza avvertita spontaneamente dai membri della Repubblica della Scienza di comunicare pubblicamente tutte le nuove conoscenze acquisite e di chiamare tutti e non solo gli iniziati a giudici, come fa Galileo col *Sidereus Nuncius*, costituisce un carattere di forte discontinuità – forse il maggiore carattere di discontinuità – rispetto al passato. Anche al recente passato. Da molto tempo nella cultura europea è presente e in alcuni settori domina, infatti, l'altra tesi. Quella degli *arcana imperii*, della necessità di mantenere segreti i saperi essenziali, disponibili solo a una cerchia ristretta di dotti, perché la loro divulgazione avrebbe conseguenze nefaste. Come è scritto nella calda perorazione all'uomo saggio dei *Picatrix latinus*: «Rivolgiamo le nostre preghiere a Dio non solo perché illumini il tuo cuore e il tuo spirito, perché ti protegga e ti difenda dalle insidie degli uomini nocivi, ma affinché tu non riveli i tuoi segreti a nessuno che non sa, perché ciò provocherebbe la distruzione dei Santi e dei Profeti» (Anonimo, XI secolo, citato in Rossi, 1998).

Contro questa visione elitaria della cultura ermetica intervengono molti, già in età Rinascimentale. «Fu opinione degli antichi teologi – scrive per esempio Gian Francesco Pico della Mirandola – non si dovere temerariamente pubblicare le cose divine e e' misteri. Né per altra ragione gli Egizii in tutti e' loro templi aveano sculte le Sfinge, se non per dichiarare doversi le cose divine, quando pure si scrivono, sotto enigmatici velamenti e poetica dissimulazione coprire» (citato in Garin, 2001). Il fatto è che, mentre Pico scrive, sul finire del Quattrocento, quel sapere segreto è tornato prepotentemente alla ribalta insieme alla figura del suo virtuale teoreta: Ermete Trismegisto.

Il tre volte grandissimo Ermete, il Trismegisto, è figura leggendaria, sunto ellenistico del dio greco Hermes (Mercurio) e, soprattutto, del dio egizio Theuth. Ermete è però un egiziano. Anzi, è il fondatore (leggendario) della religione egizia. A lui, contemporaneo di Mosé, si attribuisce una profonda influenza sui filosofi greci, da Pitagora a Platone, e si attribuiscono una serie di scritti che, come rileva Giamblico nel *De Mysteriis Aegyptiorum, Chaldaeorum et Assyriorum*, «contengono dottrine ermetiche» che si interessano dell'intero scibile umano ma «che sono spesso esposte in termini filosofici in quanto tradotte dall'egiziano da studiosi dediti alla filosofia». I filosofi traduttori cui si riferisce Giamblico sono greci.

Ermete Trismegisto ritorna di attualità in Europa nella seconda metà del XV secolo, quando tra il 1463 e il 1464 i quattordici trattati del *Chorpus hermeticum*, che risalgono al secondo secolo dopo Cristo, sono tradotti da Marsilio Ficino con il titolo di *Primander*. Nell'*Argomentum* con cui introduce il *Primander*, Marsilio Ficino ci dà conto dell'appellativo di Ermete: «Trismegisto è detto tale, cioè tre volte grandissimo, perché fu grandissimo filosofo, grandissimo sacerdote e grandissimo re». L'opera di Marsilio Ficino diffusa come manoscritto ha un grande successo (Garin, 1978). Un successo che diventa enorme quando viene ripubblicato a mezzo stampa. Tra il 1471 e la fine del Cinquecento il *Primander* viene stampato in sedici diverse edizioni: un autentico best seller.

Come sostiene Garin, «dell'importanza e della risonanza enorme della traduzione ermetica del Ficino non si dirà mai abbastanza» (Garin, 1982). Infatti, dopo questa opera di traduzione, in molti ambienti culturali europei Ermete Trismegisto diventa sinonimo di autorità culturale: l'ispiratore di tutto il pensiero filosofico e teologico noto, da Pitagora ai profeti della Bibbia.

La cultura ermetica d'altra parte non si fonda, solo, sulla traduzione e la diffusione del *Chorpus hermeticum* e del neoplatonismo. Anzi pare che il testo più popolare del Medioevo, con oltre 500 manoscritti conservati in altrettante biblioteche, sia stato il *Secreta secretorum*, attribuito ad Aristotele, che, con una lettera, inizia il discepolo Alessandro il Grande ai segreti più riposti di medicina, astrologia, alchimia, magia. Segreti accessibili solo ai discepoli più intimi dello Stagirita. Inoltre l'ermetismo si congiunge con quella che Eugenio Garin chiama «la moda della cabala» (Garin, 2001).

In epoca medievale e rinascimentale e ancora nel Seicento sono più vivi che mai, anzi sono ritornati prepotentemente alla ribalta, il pensiero magico-astrologico e il pensiero alchemico. La verità è, sostiene ancora Eugenio Garin, che all'alba della cultura moderna il tema magico ed ermetico passa dal sottosuolo culturale, ove aveva vissuto e prosperato nel Medioevo, alla luce del sole, e diventa comune a tutti i pensatori e gli scienziati, anche i più innovatori: da Marsilio Ficino e Giordano Bruno fino a Francis Bacon e Johannes Kepler, Isaac Newton e Gottfried Leibniz. Per non parlare dei Cardano e dei Paracelso e di tutti coloro che intendono realizzare il progetto di Tommaso Campanella: ridurre la magia a scienza. Il Rinascimento non è l'era in cui viene sancito il divorzio tra la limpida ragione e le forze dell'occulto, ma, anzi, è il periodo in cui si cerca una nuova sintesi nella speranza, proprio, di evitare la separazione (Garin, 1980).

Il paradigma della segretezza non coinvolge solo i neoplatonici. Il sapere ermetico, con tutte le sue propaggini, è cultura trasversale, diffusa e dominante. Persino Ruggero Bacone, nel XIII secolo, teorizza una *scientia experimentalis* per soli iniziati perché: « Come hanno insegnato Aristotele nel suo libro sui segreti e il suo maestro Socrate, i segreti delle scienze non sono scritti su pelli di capra o di pecora in modo da poter essere accessibili alle moltitudini » (citato in Rossi, 1997).

Insomma, nella cultura europea di quel lungo periodo, del Medioevo e del Rinascimento, il segreto è il valore e la comunicazione pubblica il disvalore. Ermete Trismegisto, infatti, non è solo un punto di riferimento per la rinascita del pensiero magico che si ha in Europa tra il Quattrocento e il Cinquecento, è l'emblema di una cultura che non a caso viene chiamata ermetica. Di più: è l'emblema di una epistemologia – di un modo di guardare ai processi che generano conoscenza – che delega solo a pochi eletti in grado di cogliere la verità misteriosa che si nasconde dietro lettere e simboli – dietro un sapere – che i semplici non possono afferrare. Il carattere del sapere segreto è la sua immutabilità. La sua indifferenza al tempo.

Il linguaggio con cui si esprimono gli esponenti del pensiero magico – persino quegli esponenti di confine che, come Giordano Bruno o Tommaso Campanella, propongono un radicale rinnovamento della cultura e della politica – è un linguaggio pieno di oscuri rimandi e intriso di ambiguità. Un linguaggio, per dirla con Paolo Rossi: « strutturalmente e non accidentalmente pieno di slittamenti semantici, di metafore, analogie, allusioni » (Rossi, 1997).

Sennonché, a un certo punto, come nota Eugenio Garin, tutto questo inizia a venire meno: « la teologia poetica [tende] a farsi poesia; le immagini s'[avviano] a valere per sé [...] mentre la nuova scienza [dichiara] in formule matematiche il segreto non più segreto della natura » (Garin, 2001).

Il processo non è affatto lineare e limpido. Non è che, all'improvviso, Ermete Trismegisto si eclissi e sulla scena resti solo il razionalismo trasparente della *nuova scienza*. I processi storici sono molto più complicati. O, se volete, più opachi. Cosicché possiamo cogliere il perdurare dell'influenza del « tre volte grandissimo » in una lunga stagione a cavallo dalla rivoluzione scientifica e persino tra i grandi protagonisti della « crisi di coscienza dell'Europa ». Copernico, per esempio, chiama in causa l'autorità del Trismegisto per affermare la bontà superiore del suo modello eliocentrico. Ma l'elenco dei nuovi filosofi che pagano ancora pegno alla cultura ermetica, come abbiamo detto, è piuttosto lungo. Paolo Rossi ritiene che tra questi vi siano William Gilbert, Johannes Kepler, e finanche Francis Bacon, William Harvey, René Descartes, Gottfried Leibniz (Rossi, 1997). E, naturalmente, Isaac Newton, di cui è noto il fatto che abbia dedicato più ore alle pratiche alchemiche che non a quelle (che noi oggi consideriamo) scientifiche. La contaminazione tra scienza e alchimia, in Newton, è frequente. Non voleva, forse, il più grande fisico inglese di tutti i tempi « provare » la *prisca theologia* (ovvero, il nucleo dell'ermetismo) mediante i processi della nuova scienza sperimentale?

La verità, sostiene Eugenio Garin, è che chiunque volesse « dividere nettamente la scienza di Kepler, e la filosofia o la religione di Mersenne e di Gassendi, dai sogni ermetici dei Rosacroce; chi, insomma, credesse di potere operare a un certo punto un taglio preciso fra "ragione" e "superstizione", non solo si lascerebbe sfuggire un aspetto importante della realtà storica di un tempo, ma le componenti medesime di aspetti essenziali del pensiero scientifico e filosofico» (Garin, 2001).

Al netto di queste considerazioni, resta il fatto che la *nuova scienza* rappresenta un momento di clamorosa rottura con quel sapere ermetico dominante, fantastico e superstizioso (per dirla con Francis Bacon), e propone con forza inaudita la necessità, il valore di un nuovo sapere, un «sapere pubblico». Kepler, che pure aderisce, come la gran parte degli uomini di scienza del periodo, alla visione dell'*harmonia mundi* cara all'ermetismo e frequenta le pratiche astrologiche, non esita a opporre il rigore trasparente della matematica alle opache e segrete logiche dell'ermetismo in un'aperta polemica con Robert Fludd.

Come scrive Lewis Feuer:

> Gli scienziati del diciassettesimo secolo [eliminano] il miserabile universo di morte e di carestia e di tormenti inflitti agli esseri umani in nome di Dio. Essi [prendono] un mondo popolato di demoni e di diavoli, un mondo che la superstizione aveva affollato in ogni punto di invisibile terrore, e lo [puliscono] utilizzando parole chiare e semplici esperimenti (Feuer, 1969).

Nella *nuova scienza*, anche quando si aderisce alla visione ionica dell'intima e armonica unità del mondo, la spiegazione o, se volete, la teoria deve essere agganciata ai fatti. E i fatti, come abbiamo detto, vanno interpretati ove possibile con il linguaggio trasparente della matematica.

Certo il linguaggio matematico non è facile. Ma differisce dal linguaggio ermetico, perché chiunque può in linea di principio impossessarsene e leggere il libro della natura. Scrive William Gilbert, medico personale della regina Elisabetta, filosofo naturale e fisico inglese (1544-1603), autore di un'opera, *Sul magnete e i corpi magnetici con particolare riguardo al grande magnete che è la Terra; una nuova fisiologia* (1600), considerata il primo grande contributo originale alla scienza apparso in Inghilterra nel XVI secolo (Singer, 1961): «Impieghiamo talvolta parole nuove. Ma non, come fanno gli alchimisti, per velare le cose, ma perché le cose nascoste risultino appieno comprensibili». E, infatti, nella scuola che Gilbert fonda per formare i rampolli dell'aristocrazia britannica, si parla in inglese, si indaga la natura «in tutti i modi possibili» e si riferiscono i risultati degli esperimenti «senza frasi enigmatiche e oscure» (Rossi, 2002).

Non bastano, dunque, sensate esperienze e certe dimostrazioni per produrre scienza. Occorre un ulteriore elemento. Occorre che la spiegazione o, se volete, le proposizioni e le teorie siano, per dirla ancora con Paolo Rossi, «integralmente comunicabili».

La scienza del Seicento si afferma dunque come un «sapere universale, comprensibile a tutti perché da tutti comunicabile e da tutti costruibile» (Rossi, 1997). Di più. La comunicazione pubblica, integralmente pubblica, della nuova conoscenza assume un valore epistemologico fondante. La verità scientifica non solo è una verità comunicabile tutta e per intero, ma è una verità che «deve» essere comunicata tutta e per intero. Una verità segreta non è – e non può ambire a essere – una verità scientifica.

«Le teorie devono essere integralmente comunicabili e gli esperimenti continuamente rinnovabili» (Rossi, 1997). Non c'è scienza, almeno non c'è scienza come la intendiamo da quattrocento anni a questa parte, senza la possibilità di ripetere gli esperimenti (o le osservazioni) e senza la comunicazione pubblica integrale delle conoscenze acquisite. Diventa allora rilevante, per gli uomini che realizzano la rivoluzione scientifica, non solo produrre nuove conoscenze intorno ai fatti della natura, ma come giustamente rileva Steven Shapin, «comunicare in modo persuasivo» queste conoscenze (Shapin, 2003). Raggiungere un consenso razionale d'opinione intorno alle idee scientifiche proposte.

Ha dunque ragione Paolo Rossi, quella che opera la scienza nel Seicento è una rivoluzione culturale anche perché attacca e infine sgretola il paradigma della segretezza: «La comunicazione e la diffusione del sapere nonché la pubblica discussione delle teorie (che sono per noi pratiche correnti) non sono state sempre avvertite come valori. Sono invece *diventate* valori» (Rossi, 1997).

Il ruolo, affatto nuovo, che acquista la comunicazione pubblica e trasparente della scienza determina, anche, un cambiamento del linguaggio con cui si comunica. Galileo non usa lo stile ambiguo, allusivo, ricco di incisi, di metafore, di analogie, di oscuri rimandi dello scrittore alchemico. Usa un nuovo linguaggio, diretto, incisivo, trasparente. Per questo a molti appare *aridus*, mentre in realtà quello che propone è uno stile letterario nuovo. Finalmente moderno.

Galileo è un genio, anche della letteratura. Ma non è il solo a proporre e a usare un nuovo modo di esprimersi. In Inghilterra, per esempio, la Royal Society ai suoi membri «chiede un modo di parlare discreto, nudo, naturale, significati chiari, una preferenza per il linguaggio degli artigiani e dei mercanti piuttosto che per quello dei filosofi» (citato in Rossi, 1997). Ai membri di quella accademia scientifica viene chiesto di abbandonare le «frasi forestiere» e i «termini fantastici introdotti dalle nostre sette religiose». L'eloquenza fine a se stessa dovrebbe essere bandita, sostiene il portavoce della società inglese Thomas Sprat, a favore di «una maniera di parlare aderente, scarna, naturale» con «espressioni positive, significati chiari, una flessibilità naturale, avvicinando tutte le cose per quanto possibile all'immediatezza della matematica» (Feuer, 1969). In realtà tutti gli esponenti della *nuova scienza* prendono posizione a favore «del rigore linguistico e del carattere non allusivo della terminologia» (Rossi, 1997).

Lo stile di comunicazione, aperto e senza segreti, è parte determinante dell'immagine del filosofo naturale del XVII secolo. Un'immagine che si contrappone a quella del sacerdote di una sapienza iniziatica. Come ricorda Paolo Rossi, il «sapiente giunto da lontano» che nelle *Redargutio philosophiarum* Francis Bacon fa parlare agli intellettuali e ai politici riuniti in assemblea, i protagonisti della discussione che René Descartes pone al centro della *Recherche de la vérité*, i dotti Salviati e Sagredo che Galileo pone a discutere di filosofia naturale con Simplicio nei *Dialoghi* non hanno nulla né di iniziatico, né di rituale. Il tono è quello familiare, delle «oneste conversazioni» che si hanno tra amici o, comunque, tra pari (Rossi, 1998).

Naturalmente lo sgretolamento del paradigma della segretezza non sarebbe stato possibile se gli scienziati del Seicento non avessero avuto a disposizione un *medium* rapido, economico ed efficace per comunicare: il libro. Come abbiamo visto, Galileo cerca di diffondere le nuove conoscenze acquisite puntando il cannocchiale verso il cielo in molti modi, utilizzando molti strumenti: dalla conferenze alle lettere. Tuttavia il libro, il *Sidereus Nuncius*, si rivela di gran lunga lo strumento più efficace per diffondere in modo rapido l'annuncio sidereo in tutta Europa. Non solo. Galileo organizza il suo lavoro di ricerca e di osservazione del cielo in funzione del libro che dovrà pubblicare. La notte osserva e di giorno scrive. E la scrittura diurna informa di sé le osservazioni notturne allo stesso modo in cui quelle stesse informazioni riempiono di contenuti le pagine del manoscritto. Nella stesura del *Sidereus* forse per la prima volta ricerca e comunicazione della ricerca formano un tutt'uno epistemico.

Molti critici fanno notare che i membri della Repubblica autonoma della Scienza non sono i primi a muovere un attacco al «paradigma della segretezza». Sono stati anticipati da altri. Come, a esempio, gli ingegneri. I vili meccanici.

Prima del Seicento, tra il XV e il XVI secolo iniziò, come abbiamo già ricordato, una vigorosa opera di valorizzazione delle arti meccaniche, cui finalmente si riconosce un portato culturale non inferiore a quello delle arti liberali del *trivio* (grammatica, retorica e dialettica) e del *quadrivio* (aritmetica, geometria, musica, astronomia). Quest'opera è iniziata e portata avanti da vari gruppi, uno dei quali è costituito da quelli che sono direttamente impegnati nell'arte meccanica e che oggi chiameremmo gli ingegneri. Tra la metà del Cinquecento e la metà del Seicento vengono pubblicati in Europa una serie di «libri di macchine» con lo scopo non solo di descrivere, finalmente, le tecnologie meccaniche esistenti ma anche di proporre progetti di nuove macchine, talvolta irrealizzabili (Rossi, 2002). In quei libri, i vili meccanici non affermano solo la dignità culturale della loro opera – diventando, a un tempo, effetto e causa del processo di valorizzazione della loro arte, l'arte meccanica. Affermano un altro approccio al sapere. Ecco, dunque, Niccolò Fontana detto Tartaglia, che nel 1537 pubblica un'opera di balistica niente affatto ermetica, ma assolutamente chiara. Ed ecco, dunque, Vannoccio Biringuccio che, nel suo *Pirotechnia*, il primo libro a stampa dedicato alla metallurgia, pubblicato un anno dopo la sua morte, nel 1540, portare a fondo l'attacco contro gli alchimisti, tutti proiettati a celebrare i fini e incapaci di *codificare i mezzi*, mentre nelle loro argomentazioni adducono: «più autorità di testimonianze che ragioni di possibilità ovvero effetti che dimostrar possino» (citato in Rossi, 2002).

E ancora più duro è l'affondo contro la cultura ermetica che muove Giorgio Agricola, nel suo *De re metallica* del 1556: «Molti libri si truovano di questa cosa, ma tutti scuri; perché questi scrittori non chiamano le cose con li propri nomi e vocaboli, ma con istrani e trovati di lor capo et chi l'uno et chi l'altro se n'è finto d'una stessa cosa» (citato in Rossi, 1997). Giorgio Agricola non solo polemizza in modo forte e diretto contro quella degenerazione del linguaggio tecnico, che – chiaro in epoca classica – è successivamente diventato un gergo per pochi iniziati incomprensibile a tutti gli altri. Ma si chiede quali fondamenti possa avere un sapere incapace di comunicare a tutti (Rossi, 2002). Da notare, a proposito del nuovo valore che va assumendo il sapere pubblico e trasparente, che il *De re metallica* – tradotto in tre diverse lingue, stampato in quattro diverse edizioni per una tiratura totale di 2.700 copie – verrà incatenato agli altari di molte chiese del Nuovo Mondo, perché possa essere letto e utilizzato da tutti. Non sfugge, infatti, che quel sapere tecnico e trasparente proposto da Tartaglia, Biringuccio, Agricola e molti altri ancora è funzionale ai fermenti sociali ed economici che caratterizzano l'Europa uscita dal Medioevo ed entrata nel suo Rinascimento.

È un'intera società che è coinvolta in una formidabile transizione culturale. E la comunicazione trasparente non appartiene solo ai «vili meccanici», ma la troviamo anche nell'opera di alcuni ingegneri-artisti. Un'opera, ancora una volta straordinaria, iniziata addirittura molti decenni prima da Filippo Brunelleschi (1377-1446), da Piero della Francesca (1406-1492); da Leon Battista Alberti (1404-1472), da Leonardo da Vinci (1452-1519). E la ritroviamo nell'opera di alcuni esponenti dell'«arte medica», come Andrea Vesalio, l'autore già più volte citato di uno dei grandi testi che hanno preceduto e favorito l'avvento della *nuova scienza*, il *De corporis humani fabrica*.

Quanto al *medium*, lo strumento principale è certo il libro finalmente stampato e riproducibile in centinaia e centinaia di copie. Ma non vanno affatto trascurate le *gazzette*, le prime forme di notizie regolarmente trasmesse o, se volete, i progenitori dei giornali (Infelise, 2002). Nel Cinquecento le gazzette sono ancora, essenzialmente, manoscritte. Ma esse si affermano grazie al fatto che il servizio postale è diventato stabile e sistematico (tra i benefici che Galileo ottiene trasferendosi da Padova a Firenze nel settembre del 1610 c'è, importante, anche l'accesso al servizio postale di Cosimo II de' Medici). Cosicché tutta l'Europa, o almeno tutte gli ambienti urbani d'Europa, sono regolarmente e rapidamente informati di ciò che avviene nel continente. Con la possibilità di soddisfarla, cresce insaziabile la fame di notizie. E con essa il bisogno diffuso di informazione limpida e totale.

Ma, per quanto innovativo e a tratti impetuoso, non è che il processo della comunicazione aperta e trasparente sia generale. Persino nel mondo dei meccanici e degli ingegneri-artisti ci si trova spesso a navigare contro la corrente. E non solo contro le correnti che vengono dal passato. In molte imprese artigiane e artistiche, per esempio, va assumendo forma e corpo un nuovo valore del sapere segreto, il valore economico. All'inizio del Quattrocento, infatti, vengono rilasciate le prime patenti, quelle che noi oggi chiamiamo brevetti, a tutela della proprietà intellettuale su prodotti e processi che hanno un mercato. Le patenti esploderanno nel corso del XVI secolo.

Resta il fatto, però, che: «negli scritti degli artisti e degli sperimentatori del Quattrocento e poi nei trattati di ingegneria mineraria, di arte della navigazione, di balistica, di arte delle fortificazioni del secolo successivo, si fa strada non solo (come si è visto) una nuova considerazione del lavoro manuale e della funzione culturale delle arti meccaniche, ma si affaccia anche *l'immagine del sapere come costruzione progressiva* (il corsivo è nostro, *nda*), dato che esso è costituito da una serie di risultati che si collocano, l'uno dopo l'altro, a un livello di complessità o di perfezione sempre maggiore» (Rossi, 1997).

I meccanici e gli ingegneri-artisti, dunque, concorrono con i loro scritti e le loro opere – ovvero, con la loro comunicazione – a creare in Europa un *humus* culturale che diventerà quello proprio degli scienziati del Seicento e, al tempo stesso, ne favorirà l'affermazione.

2.4 Le Accademie e la costruzione della «torre d'avorio»

I filosofi naturali del Seicento, abbiamo detto, formano un gruppo sociale nuovo, affatto originale e abbastanza coeso. Abbiamo parlato, addirittura, di una Repubblica della Scienza che nasce nel Seicento. E abbiamo anche accennato al fatto che questa comunità si forma fuori dalle università. Totalmente fuori. Tanto che John Hall nel 1649 presenta una mozione al Parlamento inglese per chiedere come mai nei pubblici atenei non si insegnino la chimica, l'astronomia, le scienze sperimentali e neppure le lingue, quasi che – scrive Hall – il sapere che i giovani inglesi del XVII secolo possono e devono apprendere sia ancora quello prodotto tremila anni prima in Egitto e mai più aggiornato. E Thomas Hobbes, nel *Leviatano* (1650), rimarca come nelle università la filosofia si identifichi con l'aristotelismo, la geometria non viene presa in considerazione e la fisica offra solo vaniloqui e nessuna spiegazione.

Situazione analoga a quella inglese denunciata da Hall e da Hobbes (ma anche da John Milton, da John Dury, da John Webster) si registra nelle università italiane e tedesche. Gottfried Wilhelm Leibniz tuona a lungo contro quei luoghi della cultura che considera lontani dalla realtà, antiquati, sclerotizzati. Per ottant'anni, dopo la pubblicazione del *De Revolutionibus* e fino alla sua messa all'Indice, non sono più di due o tre i professori universitari (nessuno in Italia) che studiano abbastanza il sistema di Copernico da decidere di insegnarlo ai loro studenti.

Le università sono state in passato «il» centro del sapere in Europa. Il loro sviluppo si registra a partire dal XIII secolo, grazie all'acquisizione del corpus della filosofia aristotelica. Ma nelle università è forte la presenza della Chiesa, che nel Medioevo è la principale – se non l'unica – depositaria della cultura. In breve, quasi tutti i professori delle università europee sono ecclesiastici e gran parte degli studenti si prepara alla carriera ecclesiastica. Come scrive Richard S. Westfall: «Nelle università medievali, Aristotele venne battezzato e fatto cristiano» (Westfall, 1999). Lo stagirita diventa in breve «il filosofo». E all'inizio del Seicento la presenza nelle università dell'«Aristotele battezzato e fatto cristiano» e, per di più, fossilizzato è ancora preponderante. In fondo i primi a fare la guerra a Galileo, dopo la pubblicazione del *Sidereus Nuncius*, non sono i teologi, ma gli universitari che vedono nel suo attacco alla visione aristotelica del mondo un attacco alle fondamenta della loro legittimità e, quindi, del loro potere culturale.

Tutto questo non significa che l'istituzione universitaria sia del tutto sclerotizzata, come sostiene Leibniz, e in ogni caso non abbia alcun ruolo nella rivoluzione scientifica. Intanto perché in altre regioni dell'Europa del Seicento, per esempio in Olanda, le università sono luoghi molto più vivi e aperti al nuovo che non in Italia e in Inghilterra. Un po' perché molti degli scienziati del «secolo novo» hanno studiato nelle università, un po' perché la comunità degli scienziati nasce «contro» le università e, quindi, ha in quell'istituzione un costante punto di riferimento.

Resta il fatto che gli scienziati del Seicento hanno dei luoghi propri, esterni alle università, ove si incontrano: le Accademie. Famose sono l'Accademia dei Lincei di Roma, l'Accademia del Cimento di Firenze, la Royal Society di Londra e l'Académie des Sciences di Parigi.

Non si tratta di centri di ricerca scientifica così come noi li intendiamo oggi. Ma certo sono luoghi in cui gli scienziati rinunciano al lavoro in solitudine e accettano un confronto sistematico se non, talvolta, la ricerca di gruppo. Sono i luoghi in cui nasce un nuovo soggetto collettivo. Sono i luoghi di una nuova comunità sociale, la comunità degli scienziati.

Queste e altre accademie scientifiche che nascono un po' ovunque in Europa si danno regole abbastanza simili e abbastanza rigide, tra cui le principali, oltre alla ricerca e alla rivendicazione dell'autonomia, sono: qui non vale l'*ipse dixit*, la verità non discende dall'autorità di chi la propone ma solo e unicamente dalla evidenza di esperienze sensibili ripetibili e dalla coerenza logica delle dimostrazioni (principio dell'universalismo); tutte le affermazioni sono sottoposte a vaglio critico e non sono accettate finché non sono rese evidenti da esperienze sensibili ripetibili e da dimostrazioni logicamente coerenti (principio dello scetticismo sistematico); chi frequenta le accademie non lo fa per interesse personale ma per promuovere lo sviluppo della conoscenza (principio del disinteresse); tutte le affermazioni, per essere accettate, devono essere integralmente comunicate (principio del comunitarismo).

Questi principi sono, sostanzialmente, i medesimi che il sociologo Robert Merton individuerà come caratteri distintivi della cosiddetta «scienza accademica», ovvero della attività di ricerca istituzionalizzata che si afferma a partire dal XIX secolo (Merton, 1973). Non è davvero un caso che quelle norme siano presenti già all'atto di nascita della scienza moderna, nel XVII secolo. Perché è proprio l'insieme di queste regole che consente ai filosofi naturali di tutt'Europa di creare una società scientifica. Una società abbastanza chiusa rispetto all'esterno (ma del tutto aperta all'interno) e per lo più impermeabile alle tempeste politiche, religiose, militari del tempo. Una società che è come una torre d'avorio entro la quale gli scienziati possono perseguire il loro intento: quello che a Londra chiamano l'*advancement of learning*, lo sviluppo delle conoscenze.

Ancora una volta uno storico potrebbe obiettare che le Accademie non sono un'«invenzione» del Seicento. Che le prime forme del sapere organizzato fuori dalle università – e in polemica con le università – risalgono, addirittura, a due secoli prima. Già nel 1459, per esempio, Marsilio Ficino, su sollecitazione di Cosimo il Vecchio, fonda a Firenze l'Accademia Platonica con l'intento di studiare e diffondere non solo le opere del filosofo greco e dei suoi seguaci – in polemica con la cultura aristotelica delle università – ma anche di promuovere la lettura dei testi scientifici antichi. L'Accademia Platonica – di cui saranno soci tra gli altri Pico della Mirandola, Machiavelli, Alberti, Poliziano – ritrova e diffonde i testi di Archimede, di Ippocrate, di Plinio il Vecchio. Ed è nel 1464 che Giulio Pomponio Leto (al secolo Giulio Sanseverino) sulle rive del Tevere fonda l'Accademia Romana, vagamente paganeggiante e dedita allo studio delle lettere, rapidamente chiusa dal Vaticano.

Per quasi un secolo le Accademie riuniscono gruppi, più o meno protetti dalle autorità politiche, che hanno un progetto culturale che oggi definiremmo generalista. Si occupano un po' di tutto. Le sei Accademie conosciute fino al 1500 sono tutte generaliste. Alla metà del Cinquecento si contano in Italia almeno 27 accademie, distribuite soprattutto tra Firenze, Roma e Napoli (in Europa, soprattutto a Parigi e Londra, le Accademie fioriscono a imitazione di quelle italiane). Tra le Accademie italiane solo 9 sono generaliste, mentre 14 sono dedite specificamente alle lettere, due al teatro e una alla scienza. Insomma, sono nate e iniziano ad affermarsi le Accademie specializzate. È proprio in questo momento che si organizzano Accademie dedicate in modo specifico agli studi scientifici. La gran parte dei membri di queste Accademie è costituita da nobili dilettanti, piuttosto che da studiosi professionisti.

Le Accademie nascono in opposizione alla «cultura ufficiale» delle università. E, spesso, in opposizione al centro che esercita l'egemonia culturale: la Chiesa. Come rileva Joseph Ben-David, la natura «contro» delle Accademie si evince dai nomi che queste assumono nel Cinquecento: *degli Incogniti* a Napoli; *degli Animosi* a Bologna; *degli Affidati* a Bologna, Siena, Pavia, Padova; *dei Segreti* a Napoli, Vicenza, Padova, Siena (Ben-David, 1975). Le denominazioni indicano sostanza. E la sostanza è che mettersi in contrasto con la Chiesa di Roma, non solo per dei «semplici» studiosi ma anche per dei nobili, non è impresa né facile né esente da pericoli. Il fatto che le Accademie di diverse città assumano il medesimo nome, indica che c'è un contatto tra loro. Le Accademie, già nel Cinquecento, costituiscono in qualche modo una rete.

Tra i nodi intorno a cui divampa il conflitto che vede opposte le Accademie italiane e la Chiesa di Roma c'è la nuova visione copernicana dell'universo. Un nodo che certo si aggroviglia ulteriormente con l'*affaire* Galileo, ma che precede di molto la vicenda del fisico fiorentino (Rossi, 1997). Gli scienziati che frequentano le Accademie e che iniziano a rivendicare la loro autonomia, si trovano – immediatamente e loro malgrado – al centro di un conflitto religioso, culturale e politico di inusitata intensità.

2.4.1 L'Accademia dei Lincei

La prima accademia specificamente dedicata alla scienza è quell'Accademia dei Lincei che nasce a Roma il 17 agosto 1603, quando il diciottenne marchese Federico Cesi riunisce nel palazzo di famiglia, in via della Maschera d'Oro, gli amici Anastasio de Filiis, Francesco Stelluti e il medico olandese Johannes van Heeck. Quei primi accademici, che adottano come emblema la lince, si proclamano «discepoli della natura al fine di ammirarne i portenti e ricercarne le cause». E, come abbiamo detto, «hanno per costituzion particolare sbandita da' loro studii ogni controversia fuor che naturale e matematica, e rimosse le cose politiche». A partire dal 1609 i Lincei pubblicano gli atti dei loro convegni, i *Gesta Lynceorum*, che costituiscono la prima pubblicazione in assoluto di una società scientifica. La comunicazione diventa una delle attività strategiche dei Lincei, che presto inizierà a pubblicare anche libri, tra cui due di Galileo Galilei, socio linceo a partire dal 1611.

Un'iscrizione, quella di Galileo, niente affatto formale. Il fatto è che il fiorentino, essendosi spostato dall'università di Padova alla corte di Cosimo II, ha visto rallentare e rarefarsi le informazioni sullo sviluppo della scienza. L'iscrizione ai Lincei e l'ingresso nella sua fitta rete di corrispondenza che si estende in Italia e all'estero lo tengono ora «informato anche meglio di prima» (Drake, 1981).

Anche l'Accademia dei Lincei ha qualche difficoltà con la Chiesa. Non fosse altro perché frequentata da «gente sospetta». Come quei membri dell'Accademia degli Affidati, fondata nel 1573 dall'Abate Ascanio Martinengo a Padova e quasi subito chiusa, che si sono trasferiti a Roma e sono entrati appunto nell'Accademia di Cesi. O come il napoletano Giovanbattista della Porta, che diventa membro linceo nel 1610, dopo che l'*Academia Secretorum Naturae*, da lui fondata nella città partenopea, è stata chiusa per ordine della Curia di Roma. E poi c'è Galileo Galilei, entrato nell'Accademia nel corso della sua visita a Roma nel 1611. Le difficoltà con la Chiesa sono, a tratti, tangibili: il primo tentativo di mettere a tacere il fisico fiorentino nel 1616 si risolverà, anche, in una serie di vincoli che la Curia impone all'attività dell'Accademia. Ma i Lincei, che comunque non esitano a pubblicare *Il Saggiatore* nel 1623, superano la tempesta e nel 1657 concorrono addirittura alla fondazione di un'altra Accademia, quella del Cimento.

L'indirizzo scientifico dell'Accademia dei Lincei non è sempre ben definito, come mostra la contemporanea presenza di personaggi così diversi tra loro come il paracelsiano van Heeck, l'ermetico Della Porta e il filosofo naturale Galileo. Tuttavia, sostiene Paolo Rossi, punti di vista così diversi «non bastano a togliere significato agli intenti di Cesi di "leggere questo grande, veridico et universal libro del mondo" per "rappresentarsi le cose come sono" e di "sperimentare per alterarle et variarle"» (Rossi, 1998).

Sebbene Federico Cesi non riesca a pubblicare e, soprattutto, ad applicare, come invece vorrebbe, un dettagliato statuto per regolare l'ammissione nell'Accademia e le attività dei suoi membri, il *Linceografo*, i valori scientifici tipici del Seicento ci sono già tutti e, anzi, si offrono da esempio a tutti. E poco male se il momento progettuale, come rileva ancora Paolo Rossi, risulta molto più intenso delle esecuzioni effettive (Rossi, 1998).

2.4.2 La Royal Society

La Royal Society nasce molti anni dopo, il 28 novembre del 1660, grazie a 12 persone che da tempo si riuniscono al Gresham College. Il College si era formato a Londra a partire dal 1645 grazie a sir Thomas Gresham, un mercante che nel 1597 inizia a ospitare riunioni culturali nella sua casa e a finanziarle con le rendite delle sue proprietà. I dodici pionieri della Royal Society intendono recuperare la lacuna universitaria e istituire studi superiori anche di scienza della natura in Inghilterra. E, infatti, al Gresham College tengono lezioni matematici come Isaac Barrow e Henry Briggs; astronomi come Christopher Wren; chimici come Robert Boyle; filosofi naturali piuttosto eclettici, come Robert Hooke. Tuttavia a molti, tra questi uomini, la funzione didattica non basta. Loro vogliono acquisire nuove conoscenze sulla natura e dibattere le questioni di filosofia naturale che sono sul tappeto.

Insomma, in casa Gresham nasce un'Accademia, sia pure molto informale: l'*Invisible College* secondo una definizione di Boyle. Le vicende del gruppo si intrecciano, però, con la storia burrascosa dell'Inghilterra del periodo e si complicano. Nel 1649 molti membri del Gresham College preferiscono trasferirsi a Oxford, città più che mai realista, dove ricevono incarichi presso la locale università. A Oxford quegli scienziati danno vita a un'altra iniziativa sociale e culturale, il Wadham College, sotto la direzione di John Wilkins. Per una decina di anni, durante il cosiddetto Interregno, sarà lì a Oxford, presso il Wadham College, che sarà localizzato il centro più dinamico della scienza inglese. Ma il quadro politico muta ancora una volta. Nel 1660 gli Stuart tornano sul trono inglese. E con loro ritornano a Londra molti dei profughi oxfordiani. Con, rinnovata, la voglia di fare scienza. In breve, nella capitale i filosofi naturali che decidono di ricominciare a incontrarsi regolarmente, di riconoscersi come comunità o, se volete, come collegio invisibile, sono una trentina.

Secondo Lewis Feuer si tratta di un gruppo di «gioviali bevitori di caffè, che non amano le sottigliezze della teologia e delle dispute settarie, bensì la libertà di «indagare, divertirsi, ed al tempo stesso lavorare per la felicità dell'Inghilterra». Sono «sopravvissuti a Cromwell» e «più che in pace con la monarchia restauratrice e amante del piacere di Carlo II» (Feuer, 1969). Ben presto, però, i trenta avvertono i limiti della informalità e della invisibilità, nonché la necessità di una maggiore stabilità e sicurezza per la loro combriccola. Così una sera del 1661, dopo aver ascoltato una conferenza dell'astronomo e «Gresham professor» Christopher Wren, si riuniscono in un caffè e decidono di fondare un formale e visibile «Collegio per promuovere la conoscenza sperimentale fisico-matematica». Nel corso delle riunioni, che si svolgeranno con cadenza settimanale, verranno effettuati esperimenti pubblici e pubblicamente discussi i problemi scientifici d'attualità. Gli esperimenti saranno finanziati con il metodo, volontaristico, dell'autotassazione. L'intenzione del gruppo è chiara: costituire «una società nazionale tesa a promuovere – e soprattutto "comunicare" – ciò che [chiamano] la "Nuova Filosofia" o "Filosofia Sperimentale"» (Gleick, 2004).

È proprio Christopher Wren, professore di astronomia al Gresham College e poi titolare della cattedra Saville a Oxford, a stilare il preambolo dello statuto della Società. Wren è destinato a diventare il più grande architetto della Gran Bretagna.

Oltre a Wren, fanno parte del rinnovato Collegio John Wilkins, Robert Moray, Henry More e William, visconte di Broucker. Robert Hooke è il primo geniale «Curatore degli Esperimenti». Il tedesco Henry Oldenburg è il primo, puntuale, segretario. Robert Boyle è il centro motore.

Il gruppo è variegato. Ma i suoi membri sono piuttosto influenti. John Wilkins, per esempio, non è un personaggio qualsiasi. Ha una storia politica importante e piuttosto controversa. Che risale al 1647, quando il Parlamento inglese esegue un'ispezione a Oxford e chiede a tutti i docenti di quell'università un formale atto di sottomissione. In quattrocento rispondono di no. John Wilkins, invece acconsente. Diventa così rettore di Wadham e, infine, sposa la sorella di Cromwell. Anche se poi usa tutta la sua influenza per proteggere i nemici del cognato, gli intellettuali realisti. Oggi a noi Wilkins è noto per la sua ricerca di un linguaggio universale che, come ha scritto nel *Saggio su un carattere naturale e un linguaggio filosofico*, è «il rimedio più sicuro per opporsi alla maledizione della confusione».

Henry More, che diventa membro della Società nel 1664 e sarà tra i pochi amici di Newton, è un filosofo e un teologo, razionalista cartesiano ma con qualche vena mistica e una passione per la magia e l'occultismo, nonché autore di un poema, il *Democritus Platonissans: ossia un saggio sull'infinità dei mondi*, pubblicato nel 1646 i cui versi sono così intensi da spingere Mariorje Nicolson a definirli una esplosione di «lode della nuova libertà che perviene all'uomo dalla concezione [dell'infinito]» (Feuer, 1969).

Robert Moray è uno statista e diplomatico inglese, che ama la scienza sperimentale e realizza innumerevoli esperimenti chimici. Sarà il primo presidente della Società.

Anche il tedesco Oldenburg è un diplomatico, con formazione filosofica e una forte amicizia con Robert Boyle. All'atto della fondazione della Society, ne diventa uno dei due segretari. Avrà, come vedremo, un ruolo decisivo nella nostra storia.

Robert Hooke, assistente di Robert Boyle, è fisico, matematico, naturalista, microscopista, biofisico, meteorologo, inventore e architetto (Dragoni, 1999). Personaggio geniale, sarà prima *Curator of Experiments* (geniale, appunto) e, poi, dal 1677 segretario della società. Incarico da cui si dimetterà nel 1682 in polemica con i due più grandi scienziati del tempo, Isaac Newton e Christiaan Huygens, che Hooke accusa, addirittura, di plagio delle sue idee.

Robert Boyle, che da giovane ha avuto come *tutor* Henry Wotton, l'ambasciatore inglese che a Venezia, il 12 marzo 1610, ha colto immediatamente le novità contenute nel *Sidereus Nuncius*, non è solo il gran personaggio cui abbiamo già accennato. Il filosofo naturale che attacca sia la visione chimica di Aristotele, sia quella di Paracelso, contribuendo a portare la chimica nell'alveo della visione meccanica e corpuscolare del mondo. Boyle è anche l'anima della Royal Society. Condizioni, le due, niente affatto incompatibili. Anzi, probabilmente sinergiche. Visto che Boyle, i suoi formidabili attacchi ad Aristotele e a Paracelso, li porta a fondo in una serie di opere (nei *Physiological Essays* del 1661; nello *Sceptical Chymist* del 1662; nella *Experimental History of Colours* del1664) pubblicate proprio mentre sta fondando e organizzando la nuova accademia.

Naturalmente, oltre quelli appena menzionati ci sono tanti e tanti altri personaggi tra i fondatori della reale Società. La loro formazione è la più varia: matematica e astronomica, chimico medica, tecnologica (Rossi, 1998). E tuttavia il gruppo ha una guida certa, sia pure virtuale. Un autentico faro. Quella guida virtuale, quel faro è Francis Bacon. Il filosofo e statista, sebbene sia venuto a mancare nell'ormai lontano 1626, costituisce un punto di riferimento davvero formidabile per la Royal Society. È al pensiero di Francis Bacon, per esempio, che attinge Robert Hooke quando redige lo statuto della Società. Ed è al Lord cancelliere di Giacomo I che si riferisce Robert Boyle nel definire i progetti da un lato della ricerca chimica e dall'altro della Royal Society. Non è un caso, dunque, che sia proprio con un'ode a Francis Bacon – scritta da Abraham Cowley – che Thomas Sprat, futuro vescovo di Rochester, vorrà iniziare la sua storia della Royal Society pubblicata già nel 1667:

> Da questi e da tutti gli errori ripetuti lungo la via
> Sulla quale vagano i nostri predecessori [...]
> Bacone, novello Mosè, ci trasse alfine [...]
> A scandagliare le vaste profondità del mare della natura

Ma qual è il pensiero con cui Francis Bacon, novello Mosè, induce i membri della Royal Society a scandagliare le profondità, invero vaste, del mare della natura? Beh è quello, empirista e induttivo, di cui abbiamo già parlato con, in più, la convinzione che la scienza e la tecnica devono marciare unite, assumere un posto privilegiato nella società, e concorrere così alla libertà e al benessere di ciascun uomo non solo in Inghilterra, ma sull'intero pianeta. Francis Bacon è convinto che la scienza e la tecnica abbiano una funzione sociale da assolvere. Ed è convinto, altresì, che una società lungimirante deve riconoscere nella scienza e nella tecnica due attività della massima utilità sociale.

Questo pensiero e l'influenza che esso ha su Hooke, su Boyle e sugli altri membri della società, sostiene Giorgio Israel, consentono di spiegare molti dei caratteri distintivi della Royal Society (Israel, 1996). In primo luogo il fatto che tra le attività teoriche e pratiche realizzate dei membri della società inglese non c'è una gerarchia a priori e che, in particolare, non c'è una subordinazione sistematica delle seconde rispetto alle prime. In secondo luogo il carattere pubblico e internazionale. I membri della Royal Society immaginano la scienza come «una rete globale, un "impero dell'Apprendimento"» (Gleick, 2004). Un rete trasparente i cui canali sono, soprattutto, canali di comunicazione. La Royal Society nasce «per dedicarsi al flusso delle informazioni», combattere la segretezza, coinvolgere il grande pubblico.

Thomas Sprat delinea la struttura e il senso di questa rete nella sua *The History of the Royal Society*: tutti coloro che cercano di capire come funziona il mondo della natura «dovrebbero avere occhi in ogni dove e ricevere informazioni da ogni angolo della terra, dovrebbero avere una costante intelligenza universale: tutte le scoperte dovrebbero essere portate a loro: i tesori di tutti i tempi precedenti dovrebbero essere esposti dinanzi a loro» (Sprat, 1667).

Alla luce del pensiero di Francis Bacon e potendo contare sull'attivismo di Boyle, Hooke e degli altri, la Society diventa Royal a partire dal 1661 e il 15 luglio 1662 viene ufficialmente costituita e approvata da re Carlo II. Anche se di reale, come nota Paolo Rossi, per molti decenni l'accademia non avrà che il nome (Rossi, 1998). Cosicché la possibilità di fregiarsi dell'aggettivo è «di gran lunga il contributo più ricco che la Royal Society» ottiene da re Carlo II. Insomma, «nonostante il nome e nonostante la sanzione ufficiale data al suo statuto», nonostante re Carlo II «si consideri uno di quei virtuosi» che amano la filosofia naturale, la Royal Society è e resta «un'organizzazione privata nel senso più pieno» (Westfall, 1999).

L'unico aiuto concreto che gli Stuart concedono alla Società, ormai Reale, consiste nella possibilità di avvalersi del servizio postale diplomatico per la corrispondenza, mentre l'accademia a partire dal 1675 si farà carico di gestire l'Osservatorio Reale di Greenwich fondato, appunto, in quell'anno.

Privata e insieme reale, la fondazione della Royal Society rappresenta, secondo molti, «il più grande avvenimento nella storia della scienza in quanto istituzione sociale» (Feuer, 1969). E dunque conviene guardare più da vicino questa storica comunità nel suo modo di funzionare.

In primo luogo, l'accademia è una società aperta e non professionale. Le porte della Royal Society sono virtualmente spalancate a tutti. A quanto se ne sa, nessuno che si candidi a diventarne membro viene respinto nel corso dell'intero XVII secolo. E l'interesse a partecipare è piuttosto forte, negli ambienti culturali londinesi. Tanto che l'ingresso nella Royal Society è «una delle mode della società della Restaurazione» inglese (Westfall, 1999).

Una moda che coinvolge, per la prima volta, anche l'universo femminile. Almeno quello delle classi alte. Certo, le donne sono escluse dalle riunioni della Royal Society, oltre che dalle università e persino dai caffè. Tuttavia non sono del tutto escluse del mondo scientifico. Se loro non possono frequentare i luoghi della scienza, è la scienza che entra nei salotti frequentati dalle donne. Lì la filosofia naturale e le novità che propone sono tra i temi ricorrenti di conversazione. Non è cosa da poco. Perché significa che la cultura scientifica incontra l'interesse delle classi colte. Ma non è tutto. La richiesta di partecipazione femminile alla nuova scienza è molto più diretto ed esplicito. È quasi un movimento. Protagonista ne è la Duchessa di Newcastle, che ha studiato le scienze in Olanda, ove ha riparato col marito durante l'Interregno al seguito del re Carlo II. La signora, che è vicina al re, riesce persino a farsi invitare e a partecipare a una riunione della Royal Society; nel corso della visita le vengono mostrati strumenti ed esperimenti. In ogni caso a partire dal 1663 inizia a battersi in maniera esplicita a favore dell'educazione delle donne. Gli Inglesi, diceva, rischiano di diventare «irrazionali come idioti [...] a causa dell'indifferenza trascurata e del disprezzo per il sesso femminile». Le donne non possono essere confinate «come uccelli in gabbia, a saltellare su e giù nelle case». E se i maschi proprio non capiscono, loro, le donne, «si devono unire per diventare altrettanto libere, felici e famose degli uomini».

La proposta è talmente radicale, che la Duchessa sarà stigmatizzata con l'appellativo, scontato, di Madge la Pazza. Ma la Duchessa non se ne cura granché. E, anzi, continua la sua opera scrivendo sia saggi rivolti alle donne, come le *Osservazioni sulla Filosofia Sperimentale*, sia opere letterarie, come il romanzo utopistico *La descrizione del nuovo mondo fiammeggiante*. Nei saggi come nelle opere letterarie il tema è, naturalmente, la scienza. La Duchessa è, senza dubbio, *vox clamans*, ma non nel deserto. Tra il 1650 e il 1660 in Gran Bretagna agisce un piccolo, ma significativo, nucleo di donne libere impegnate, malgrado le diffidenze maschili, in studi di carattere scientifico. Queste signore sono Mrs. Philips, Mary North, Doroty Osborne, Margaret Blagge, Lady Pakington, la Contessa di Warwick, Mrs. Hutchinson. E testimoniano non solo che la cultura scientifica va rapidamente diffondendosi nella società, ma che si propone come occasione e strumento di libertà e di progresso civile.

Ma torniamo alla Royal Society. Il dilettantistico (nel senso che la scienza si fa, appunto, per diletto) entusiasmo capace di contagiare le masse, almeno le masse colte, fa splendere di fulgida luce la società nei suoi primi anni di vita, ma poi la porta sull'orlo di una crisi mortale. D'altra parte presso la Royal Society non riuscirà ad affermarsi né l'idea di un vero lavoro collettivo di ricerca, né l'idea di una «comunità di professionisti».

Tuttavia all'interno della società le discussioni sono sempre molto critiche e gli esperimenti vengono ripetuti sempre in pubblico. Robert Hooke, che li coordina, è geniale proprio perché riesce a conservare il filo rosso della ricerca scientifica anche quando il dilettantismo assume forme e atteggiamenti pericolosi. Per Hooke la conoscenza scientifica ha una valenza quasi salvifica: «Poiché all'inizio l'umanità cadde per aver assaggiato dall'albero proibito della conoscenza, così noi, sua posterità, possiamo essere in parte risanati nella stessa maniera, non soltanto rimirando e contemplando, ma assaggiando anche di questi frutti della conoscenza naturale, che mai sono stati proibiti finora» (citato in Feuer, 1969). Il gusto della scienza è da provare. Ma anche da trasmettere ad altri. La comunicazione è nelle corde di Hooke. I suoi diari testimoniano che tra il 1672 e il 1680 frequenta almeno 153 diversi caffè e taverne, ove si ritrova con gli amici per parlare di scienza. Oltre che del più e del meno. In questi luoghi si beve caffè, cioccolata, tè o cedro, si fuma e, d'inverno, ci si scalda accanto al fuoco. E si forma una parte, non banale, della cultura scientifica inglese.

Quanto al tedesco Henry (in realtà, Heinrich) Oldenburg, conoscitore delle lingue, egli si pone al centro di una rete piuttosto estesa di contatti epistolari con tutte le grandi città europee, in primo luogo Parigi e Amsterdam. Nel 1665, trovato uno stampatore e un libraio, inizia a pubblicare questa corrispondenza, com'è nello spirito originario della Royal Society, distribuendola in alcune centinaia di copie a Londra, ma anche altrove. Nascono così le «Philosophical Transactions», il primo periodico completamente dedicato alla scienza. Il «primo giornale della Repubblica della Scienza», grazie al quale non solo quella inglese, ma l'intera comunità scientifica internazionale si ritrova e comunica. È, per esempio, sulle «Philosophical Transactions» che l'olandese Antoni van Leeuwenhoek o l'italiano Marcello Malpighi informano le persone colte di tutta Europa sulle straordinarie scoperte che hanno effettuato al microscopio. Ed è attraverso le «Philosophical Transactions», oltre che attraverso lo stesso Oldenburg, che l'isolato Isaac Newton prende infine contatto con la comunità scientifica.

La Royal Society resta il motore propulsivo dello sviluppo della scienza in

Inghilterra per molto tempo ancora. Anche quando Isaac Newton salirà sulla cattedra lucasiana di matematica a Cambridge (creata nel 1663) e, quindi, otterrà il rispetto di quell'università e persino quando il grande fisico si porrà alla testa della resistenza contro il tentativo del re di sovvertire le regole dell'ateneo, come uomo di scienza resterà un isolato (Westfall, 1999). E infatti sarà la Royal Society da Londra e non l'università di Cambridge a determinare la pubblicazione del lavoro di Isaac Newton.

2.4.3 L'Accademia del Cimento

L'Accademia del Cimento nasce il 19 giugno 1657 a Firenze sotto la guida e per impulso di Leopoldo, fratello del granduca Ferdinando III de' Medici. Leopoldo è un grande ammiratore di Galileo e chiama nell'Accademia uno dei suoi collaboratori più stretti, Vincenzo Viviani.

L'Accademia del Cimento vive solo dieci anni, dovrà chiudere infatti nel 1667 per dissensi interni dopo che Leopoldo viene nominato cardinale. Ma in questo poco tempo raggiunge un grande prestigio internazionale, paragonabile a quello della Royal Society di Londra, della Académie Royale des Sciences di Parigi e della stessa Accademia dei Lincei di Roma. La nuova Accademia non ha statuto, non ha un bilancio, non ha una cassa. I suoi incontri sono informali, le riunioni convocate da Leopoldo avvengono in luoghi diversi e a intervalli niente affatto regolari. Ed è, quindi, in controtendenza rispetto al processo di formale istituzionalizzazione delle altre Accademie.

Tuttavia ha tratti nuovi e originali: il lavoro organizzato, per esempio. Finora le Accademie si sono limitate a favorire l'incontro tra i suoi membri e a diffonderne le opere. Con il Cimento, per volontà del principe Leopoldo e del Granduca Ferdinando II de' Medici, inizia un lavoro progettato e coordinato tra diversi membri dell'Accademia accomunati da un medesimo interesse scientifico. La sperimentazione diventa pubblica, per accrescere la capacità di convincimento. Nel lavoro scientifico fa capolino il grande attrattore dell'utilità sociale. E con essa inizia una certa tensione tra ricerca teorica e ricerca sperimentale. L'Accademia, memore della triste sorte di Galileo, mette al bando ogni discussione teorica, proprio mentre teorizza (e pratica) un rigido sperimentalismo (Rossi, 1998). Al contrario dell'Accademia degli Investiganti, fondata a Napoli nel 1663, che considera non separabile il rinnovamento della scienza e della filosofia da quello professionale e civile. La scienza sostengono gli Investiganti partenopei deve essere il motore delle riforme sociali. L'Accademia napoletana chiude nel 1670.

Ma, tornando all'Accademia del Cimento, insieme al lavoro organizzato la novità maggiore è l'attività di comunicazione. I *Saggi di naturali esperienze* pubblicati nel 1667 dall'Accademia fiorentina – la prima opera scientifica scritta da più autori – non hanno uno specifico campo di interesse od omogeneità disciplinare. Hanno però un linguaggio molto preciso, descrittivo e asettico, dietro cui si cela un'epistemologia altrettanto precisa: massima attenzione agli esperimenti (e alla strumentazione), nessuna attenzione ai problemi fondamentali. Compito dell'Accademia è di non «intraprender mai brighe con alcuno, entrando in sottigliezza di dispute o in picca di contraddizioni», ma semplicemente quello «di sperimentare e narrare». E il linguaggio per narrare la sperimentazione senza «intraprender mai brighe con alcuno» non può che essere il più neutrale possibile. Un linguaggio perfetto e oggettivo, ricercato con cura e calibrato parola per parola dopo sfibranti discussioni. Non a caso i *Saggi* vengono pubblicati una e una sola volta. Anche se vengono tradotti in inglese nel 1684 e avranno grande influenza.

Ma, come rileva Marco Beretta, «la neutralità del discorso scientifico [viene] sottolineata da un altro elemento innovativo e senza precedenti»: l'anonimato (Beretta, 2002). I singoli *Saggi* sono pubblicati senza il nome dell'autore, perché il lettore non sia condizionato dal suo tasso di celebrità.

Anche la ricerca del linguaggio oggettivo proposta dall'Accademia del Cimento avrà notevole influenza nella repubblica della Scienza. E se la ricerca dell'oggettività del linguaggio diventerà un carattere della comunicazione scientifica, l'anonimato (imposto da Leopoldo per rimarcare il carattere impersonale dell'impresa scientifica) è in conflitto troppo stridente con l'interesse del ricercatore a veder riconosciuta la sua opera e le priorità delle sue scoperte per poter divenire pratica comune. Come dimostra il fatto che uno dei più autorevoli estensori dei *Saggi*, il naturalista Giovanni Alfonso Borelli, «fatica a digerire la volontà manifestata dal Granduca di pubblicare il libro in forma anonima» (Beretta, 2002).

Dietro l'anonimato si cela, tuttavia, anche la pretesa di proprietà intellettuale dell'Accademia. E questa pretesa la troviamo anche in altre istituzioni scientifiche. Quando la Royal Society pubblica le «Philosophical Transactions», riconosce il credito intellettuale dei singoli autori, ma rivendica in qualche modo il diritto di proprietà intellettuale (Beretta, 2002).

L'intuizione di Leopoldo, infatti, consiste proprio in questo: lo sviluppo della scienza può tornare molto utile allo stato, alla società, all'economia. Per cui allo stato «conviene» promuovere direttamente la scienza, per cercare di ottenerne il massimo dei benefici e per indirizzarla verso i propri interessi. Pertanto «la scelta dei Medici di promuovere direttamente l'attività scientifica [rappresenta] un punto di svolta nella politica culturale – e non solo culturale – degli stati secenteschi» (Beretta, 2002).

Questo tipo di scelta da parte del Granducato di Toscana, sia pure legata alla persona di Leopoldo, non ha precedenti e costituisce a sua volta una svolta nella storia dei rapporti di forza interni alle comunità intellettuali. Lo scienziato diventa, improvvisamente, non solo una figura forte nel mondo culturale, ma la più forte, perché la più coccolata dallo stato. Il processo non sarà affatto lineare. Vivrà mille contraddizioni e ritorni indietro. L'istituzionalizzazione della scienza diventerà un fatto compiuto solo due secoli dopo, nell'Ottocento. Ma è indubbio che qualcosa è cambiato. E che il modello toscano viene esportato in Europa. L'organizzazione del lavoro tra i membri dell'Accademia del Cimento fungerà da modello per la Royal Society e la Académie des Sciences che nasceranno, rispettivamente, nel 1660 e nel 1666 (Beretta, 2002). Nell'interesse degli stati per lo sviluppo della scienza qualcuno vede già la possibilità di realizzare l'utopia vagheggiata di Bacon nella *Nuova Atlantide*, una nuova società guidata dalla scienza e dalle sue applicazioni (Beretta, 2002).

Ma la realtà è un po' diversa. Ben presto l'Accademia del Cimento chiuderà. E per quanto grande sia l'interesse del governo di Sua Maestà Britannica nei confronti della scienza, per molti decenni quell'interesse non maturerà un solo penny.

2.4.4 L'Académie Royale des Sciences

Un po' diversa è la vicenda della Académie Royale des Sciences, fondata nel 1666 in Francia. Essa segna un ulteriore sviluppo nel rapporto tra stato e scienza, perché dal mecenatismo personale di Leopoldo si passa al vero e proprio mecenatismo di stato. Tutto nasce dall'iniziativa di Samuel Sorbière che, nel 1663, si rivolge al potente ministro dell'economia e delle finanze di Luigi XIV, Jean-Baptiste Colbert, affinché lo stato francese intervenga in aiuto dell'Accademia di Montmor.

Anche la Francia aveva assistito al processo di auto-riconoscimento e di auto-organizzazione degli uomini di scienza. Marin Mersenne, il frate minimo morto nel 1648, è stato al centro di una rete epistolare che coinvolgeva i maggiori scienziati non solo di Francia, ma dell'intero continente europeo. Tanto da essere stato definito il «segretario dell'Europa colta». Per esempio, è attraverso di lui, responsabile della prima pubblicazione dei *Discorsi* in Olanda, che l'opera di Galileo si diffonde nell'Europa settentrionale. Mersenne diffonde i risultati dell'esperimento sul vuoto di Torricelli. Incoraggia la sperimentazione di Pascal e la pubblicazione dei risultati. È soprattutto attraverso di lui, Marin Mersenne, che Descartes dialoga con il resto del mondo colto.

Tuttavia la comunicazione della scienza in Francia non è solo Mersenne. Dal 1615 fino al 1662 il Cabinet des Frères Dupuy è un centro di vivaci discussioni scientifiche. Ma il luogo principale ove si ritrova la comunità scientifica in Francia è l'Accademia fondata da Habert de Montmor che riunisce, presso la sua casa, sotto la direzione di Pierre Gassendi gente come Blaise Pascal, Jacques Rouhault, Gilles de Roberval, e lo stesso Samuel Sorbière, per parlare dei soli francesi, e gente come Christiaan Huygens, Niccolò Stenone, Jan Swammerdan tra gli stranieri.

Il fatto è che dopo la istituzione dell'Académie Française voluta dal cardinale Richelieu nel 1635 per promuovere la letteratura e proteggere la purezza della lingua francese, gli uomini di scienza transalpini cominciano ad avvertire in modo forte la necessità di un'organizzazione più formale. Anche perché l'accademia di Montmor inizia a essere divisa in fazioni e, comunque, difficile da gestire.

Nel 1663 Sorbière, che è stato a Londra e ha partecipato ai lavori della Royal Society, si rivolge, dunque, al ministro delle finanze Jean Baptiste Colbert per ottenere l'intervento dello stato in aiuto dell'Accademia. E Colbert, con l'esplicito consenso del sovrano Luigi XIV, interviene. Nel 1666 viene fondata, appunto, l'Académie Royale des Sciences, la prima accademia scientifica e, quindi, il primo «centro di ricerca» al mondo a essere finanziato direttamente dalla stato. Nell'Accademia, per volere di Colbert, si sviluppano sia attività scientifiche che tecniche. Ma ogni innovazione tecnologica è soggetta all'analisi e alla verifica della validità scientifica dei principi su cui si fonda (Israel, 1986).

I primi Accademici di Francia sono 16, tra loro vi sono i francesi Gilles de Roberval, Edme Mariotte, Jean-Baptiste Duhamel e gli stranieri Christiaan Huygens e Giovanni Domenico Cassini. Gli stipendi non sono esaltanti: vanno dalle 1.500 o 2.000 lire annue per i francesi, alle 6.000 accordate a Cassini.

Nel 1669 l'Accademia viene riformata e allargata. La nuova struttura prevede una precisa gerarchia tra i suoi membri: distinti in *onorari* (dieci), *pensionari* (venti), *associati* (venti) e *allievi* (venti).

Curiosamente, o forse non tanto, la prima accademia «pubblica» d'Europa è anche la prima a non ritenere di doversi autopromuovere (far propaganda) presso il grande pubblico o presso il pubblico colto. Evidentemente i primi scienziati accademici di Francia, con un po' di imprudenza, ritengono di avere acquisito la sicurezza cui ambiscono. Ritengono di avere già eretto una torre d'avorio che li separa e li protegge del mondo.

Ma l'Académie vive sulla sua pelle la complessità e l'aleatorietà dei rapporti tra scienza e politica. Finché resta in vita Jean-Baptiste Colbert, ministro dalle lungimiranti vedute, i membri dell'accademia godono di prestigio e piena autonomia. Hanno fondi ed equipaggiamenti a sufficienza per effettuare ricerche impossibili a ogni altro gruppo di scienziati in Europa: come organizzare una spedizione in Sud America per determinare con precisione la distanza di Marte dalla Terra e, di conseguenza, le reali dimensioni del sistema solare. Col tempo i membri dell'Accademia aumentano a 50, per diventare 70 entro il 1699. Ma l'altra grande peculiarità dell'Académie è che, a differenza delle consorelle, si organizza per aree disciplinari precise. Alla fine del Seicento queste aree sono sei: geometria, astronomia, arti meccaniche, chimica, botanica e anatomia.

Dopo la morte di Colbert, sopravvenuta nel 1683, il prestigio e l'autonomia dell'Académie si dissolvono. Luigi XIV, che chiama gli accademici *mes fous*, i miei buffoni, pretende che l'attività del gruppo si rivolga a problemi pratici, come la gestione e il perfezionamento delle fontane dei giardini reali. Il gotha della scienza francese è ridotto a un ufficio brevetti del governo (Westfall, 1999). A laboratorio idraulico del Re. La scienza non convive più bene con le esigenze ormai involute dell'*Ancien Régime*. E in breve l'Académie perde molti membri, compresi gli stranieri, e il prestigio scientifico che aveva. Passerà molto tempo prima che possa recuperarlo.

Fatto è che, quando l'Académie Royale des Sciences viene fondata, la Francia guida la scienza europea. Trent'anni dopo la leadership passa all'Inghilterra.

2.4.5 *Professione, filosofo naturale*

Tutto ciò rende conto del fatto che quella dello scienziato resta una professione ancora non ben definita e, soprattutto, non ben consolidata. Nel 1585 Tomaso Garzoni pubblica a Venezia *La Piazza universale di tutte le professioni del mondo*, una mappa di tutti i lavori e i mestieri presenti nella società italiana, e per estensione in Europa, alla fine del Rinascimento. Lo scienziato non solo non è nominato (la parola si affermerà solo nell'Ottocento), ma anche le varie attività scientifiche sono, a accezione di quella medica, poco caratterizzate. Garzoni accenna appena all'esistenza di matematici, astronomi e meccanici. La verità è che queste attività stentano ad affermarsi nelle università, perché altre sono le figure riconosciute come di maggior rilievo e, in ogni caso, collocate ai livelli gerarchici superiori: il filosofo, il teologo, lo studioso di diritto e il medico. Per intenderci, un docente viene promosso quando passa dall'insegnamento della matematica a quello della filosofia. E, in ogni caso, un docente di matematica può essere assunto dall'Università solo se dimostra di avere una laurea in teologia, in giurisprudenza, in medicina o in filosofia. Come nota Joseph Ben-David, nelle Università, per tutto il Medioevo e il Rinascimento, non esistono le condizioni minime perché professori e studenti possano concentrarsi in maniera sufficiente su argomenti scientifici (Ben-David, 1975).

Così Galileo scrive, in una lettera del febbraio 1609: «Ottenere da una Repubblica, benché splendida et generosa, stipendii senza servire al publico, non si costuma, perché per cavare utile dal publico bisogna satisfare al publico, et non ad un solo particolare; et mentre io sono potente a leggere et servire, non può alcuno di Repubblica esentarmi da questo carico, lasciandomi li emolumenti; et in somma simile comodità non posso io sperare da altri che da un principe assoluto» (Galileo, 1609b).

Ma lo scienziato stenta ad affermarsi anche fuori dalle università. Cosicché la precarietà del suo lavoro persiste anche quando assolve alla funzione di consigliere del principe. Kepler rischia di abbandonare l'attività di ricerca all'inizio del Seicento quando, su insistenza di Tycho Brahe, viene chiamato alla corte praghese di Rodolfo II. Il sovrano lo accetta, purché a pagargli lo stipendio siano gli stati della Stiria, che da parte loro rifiutano. La situazione si risolve solo dopo il 24 ottobre 1601, quando Brahe muore e lui, Kepler, viene nominato matematico imperiale e finalmente stipendiato da Rodolfo.

Nel corso del Seicento l'attenzione per le attività di matematico, astronomo, fisico, naturalista cresce fortemente e, a dimostrarlo, c'è il fatto che gli scienziati iniziano a essere nomati in modo sempre più preciso. In Italia uno scienziato famoso è conosciuto come *philosophus naturalis*. Galileo stesso, come ricorderete, chiede di essere assunto da Cosimo a Firenze come filosofo e non come matematico. Anche perché, come abbiamo detto, il filosofo ha una posizione sociale più solida e più autorevole del semplice matematico. Solo che essere riconosciuti e rispettati come *philosophus naturalis* non è impresa semplice. I discepoli di Galileo, per intenderci, restano matematici, anche se, come rileva Marco Beretta, aspirano a diventare filosofi. Di corte (Beretta, 2002).

In Francia si usa più spesso il nome di *savant*. E cosa esso significhi lo spiegherà d'Alembert: «Quando dico *savants*, non intendo quelli che si chiamano "eruditi", ma solo quella parte del mondo intellettuale dedita allo studio delle "scienze esatte"» (citato in Beretta, 2002).

In Gran Bretagna lo scienziato è conosciuto come *natural philosopher*, che non è la semplice traduzione dal latino dell'aristotelico *philosophus naturalis*, ma una definizione piuttosto precisa della nuova attività, riconosciuta e sempre più rispettata, di studioso dei fatti della natura.

Sebbene chi pratica la scienza inizi a essere riconosciuto e definito, non esiste ancora una vera professione assimilabile a quella del moderno scienziato, ovvero di chi è pagato per fare scienza. Un po' tutti gli scienziati del Seicento devono guadagnarsi la vita in altro modo. Kepler elabora oroscopi. E persino Newton all'apice della sua fama si guadagna da vivere insegnando matematica presso l'università di Cambridge (dove non esistono carriere definite per gli scienziati) e assumendo nel 1696 l'incarico di direttore della Zecca.

2.4.6 L'istituzionalizzazione delle Accademie

Sia pure con tempi diversificati, infatti, un po' tutte le Accademie vanno perdendo il loro carattere informale e diventano istituzioni, con precisi regolamenti e compiti riconosciuti. Il loro statuto sociale è in genere quello delle fondazioni. Anche le Accademie scientifiche subiscono questo processo di istituzionalizzazione, sia pure in tempi più dilatati tra la fine del Seicento e il Settecento. A cavallo dell'anno 1600 vi sono, nella sola Italia, almeno 6 Accademie scientifiche organizzate a mo' di fondazioni, che salgono a 14 verso la metà del secolo e a 17 intorno alla fine del secolo (Ben-David, 1975). La rete europea di queste Accademie è, naturalmente, più estesa e costituisce gran parte di quella che Paolo Rossi chiama la Repubblica autonoma della Scienza. Una Repubblica, appunto, autonoma, ma non blindata rispetto alle vicende del mondo esterno.

Anche a causa delle vicende del mondo esterno, per esempio, nel 1667 l'Accademia del Cimento chiude. E la sua chiusura segna l'inizio di una lunga stagione di declino della scienza in Italia (Segre, 1993). Il baricentro della scienza si sposta verso paesi più settentrionali.

Note

[1] In realtà già dopo la prima guerra mondiale, Pierre Duhem pubblica una serie di scritti frutto di ricerche sulla scienza medievale che lo portano a considerare quella della scienza una storia essenzialmente continua e a ritenere, comunque, che se svolta (o rivoluzione) c'è stata, questa si è verificata nel Trecento, non nel Seicento.

[2] È un ragionamento di tipo analogico, per esempio, che spinge Galileo a rafforzare la sua convinzione eliostatica, dopo aver visto le quattro lune medicee ruotare intorno a Giove.

[3] In realtà non è facile dire quali siano i valori comuni ai filosofi del XVII secolo. Il grande sociologo Max Weber ha sostenuto che questi valori sono quelli, ascetici, dell'etica protestante, alla base sia della rivoluzione scientifica che della rivoluzione capitalistica (Weber, 1904). Sulla base dell'indicazione di Weber, un altro grande sociologo, Robert Merton ha individuato i valori sociali della comunità scientifica emersi già nel Seicento: comunitarismo, universalismo, disin-

teresse, originalità, scetticismo (Merton, 1938). Lewis Feuer propone una visione diversa dell'«intellettuale scientifico» del XVII secolo, raffigurato come un «edonista utilitario», che guarda alla scienza, e quindi al suo lavoro, come a un'attività che «avrebbe alleviato il lavoro improbo dell'uomo, lo avrebbe salvato dalla maledizione degli stenti, e gli avrebbe assicurato un'esistenza civile più piacevole» (Feuer, 1969). Il fatto che possono «finalmente» capire il mondo, sostiene Lewis Feuer, conferisce ai membri della Repubblica della Scienza una sorta di «sensazione di gioia». Probabilmente lo scienziato del XVII secolo ha già interiorizzato i valori mertoniani, ma nell'interpretazione indicata da Feuer: la scienza è per il bene dell'umanità, laddove il bene è (anche) il benessere materiale: minore fatica nel lavoro, più salute, più ricchezza. Agli occhi dei filosofi naturali del XVII secolo la scienza promette una vita migliore. La ricerca scientifica, sostiene l'inglese Francis Bacon, ha una funzione di progresso e renderà l'Inghilterra e il mondo più felici.

Tuttavia, ricorda Feuer, se la scienza non è l'ancella della teologia non è neppure l'amante dell'economia. La scienza può e deve favorire il progresso dell'umanità, ma non è e non può essere considerata un mero strumento dell'economia per ottenere risultati pratici immediati. Thomas Sprat, portavoce della Royal Society, se ne rende conto. E sostiene che, se è vero che lo studio della natura è per il bene dell'umanità, è anche vero che un'interpretazione troppo pragmatista contiene in sé il germe dell'autodistruzione della scienza, perché non utilizza quel seme puro della ricerca che genera frutti sempre più grandi. Sprat si dice lieto che i membri della Royal Society siano «gentlemen liberi e privi di costrizioni», piuttosto ricchi e quindi in grado di opporsi a chiunque avesse chiesto alla Royal Society di produrre risultati e profitti immediati (Feuer, 1969).

È più attuale che mai, a questo proposito, riportare le esatte parole di Sprat. «Benché la Royal Society accolga moltissimi uomini di professioni specifiche, tuttavia il numero di gran lunga maggiore è dato da gentiluomini liberi e privi di costrizioni. Con il loro aiuto, vi erano buone speranze di essere cautelati contro due forme di corruzione del sapere, delle quali ci si è a lungo lamentati ma che non sono state mai eliminate: la prima fa sì che la conoscenza tuttora degeneri consigliando un profitto immediato; la seconda fa sì che i filosofi si distinguano sempre in maestri e in allievi; gli uni si impongono e tutti gli altri si sottomettono; anziché essere tutti osservatori eguali senza rapporti di dipendenza. La prima fa sì che la conoscenza tuttora degeneri consigliando un precoce sposalizio delle arti; significa destinarle alla riproduzione prima che esse siano diventate maggiorenni; e ciò è stato causa di molti inconvenienti. Indebolisce la loro forza; genera infelici sproporzioni nella loro crescita; perché alimenta non la migliore, bensì quella che procura maggiori guadagni. Ma soprattutto, sminuisce proprio quel guadagno per il quale gli uomini lottano. Li impegna nel raggiungimento di alcuni premi meschini; mentre la natura stessa, con tutti i suoi potenti tesori, sfugge ad essi» (Sprat, 1667).

Capitolo 3

Il «potenziale di comunicazione» e la Repubblica della Scienza

Nel Seicento nasce la scienza in quanto attività sociale organizzata. Gli scienziati del XVII secolo non lavorano isolatamente come individui, ma in società organizzate che li [pongono] realmente in comunicazione con un gran numero di ricercatori impegnati nel medesimo settore. Sul terreno un tempo calcato dai profeti si [innalza] ora una chiesa organizzata.

Richard S. Westfall

Mi vien serrata la bocca.

Galileo Galilei

3.1 La comunicazione interna alla Repubblica della Scienza

Nella comunità scientifica nascente, il sistema di comunicazione è l'istituzione sociale fondamentale. Nessuno, forse, più di Paolo Rossi ha messo in risalto come la comunicazione autonoma, trasparente e totale delle conoscenze acquisite sia lo snodo decisivo «tra la *magia* rinascimentale e la *scienza* moderna». Per gli ermetici del Medioevo e del Rinascimento dissimulare, non rendere pubbliche le proprie conoscenze ed opinioni, era più che una pratica corrente. Era un valore. Naturalmente anche tra i protagonisti della rivoluzione scientifica c'è chi dissimula ed è reticente. Ma per loro ciò significa truffare o tradire i propri colleghi. «Gli scienziati, in quanto costituiscono una comunità, possono essere costretti alla segretezza, ma devono appunto essere costretti». Contro queste costrizioni spesso protestano e, talvolta, apertamente si ribellano. E il motivo è molto semplice. Il motivo è che «la segretezza, per la scienza e all'interno della scienza, è diventata un disvalore» (Rossi, 1997).

Il ruolo del sistema di comunicazione creato a partire dal Seicento dai membri della Repubblica della Scienza non può in alcun modo essere sottovalutato. Come nota il sociologo Joseph Ben-David la scienza nasce in epoca moderna non perché, all'improvviso, emerge nelle genti d'Europa un «potenziale di creatività scientifica» prima inesistente. Ma perché il sistema di comunicazione consente una trasmissione e una diffusione rapida e stabile delle conoscenze scientifiche.

Il «potenziale di creatività scientifica» appartiene a *Homo sapiens* probabilmente fin dagli inizi della sua vicenda biologica e, in ogni caso, negli ultimi millenni ha avuto modo di manifestarsi più volte nella storia dell'umanità: in

Cina, nelle vallate del Tigri e dell'Eufrate, lungo le sponde del Mediterraneo (Ben-David, 1975). Più e più volte, nella storia dei popoli, il sapere di tipo scientifico ha vissuto stagioni di fioritura. E, tuttavia, dopo un periodo più o meno lungo, alla fioritura è subentrato il declino, nel corso del quale le tradizioni scientifiche hanno sempre subito un «processo di vero e proprio deterioramento». Tanto che mai è potuto nascere, se non forse in epoca ellenistica, quel sistema piuttosto complesso da un punto di vista sociale ed epistemologico che oggi chiamiamo scienza (Russo, 2001).

«In assenza di un potenziale di creatività scientifica non si sarebbero potuti verificare periodi di fioritura, brevi o lunghi che fossero». La capacità di produrre scienza da parte dell'uomo c'è sempre stata. Certamente si è manifestata più volte in epoca storica. Se «il ricorrente fenomeno del declino» non può essere attribuito alla mancanza di un «potenziale di creatività scientifica», allora «deve essere attribuito a carenze nei sistemi di trasmissione e di diffusione delle conoscenze» (Ben-David, 1975).

È il nuovo sistema di comunicazione che ha reso, dunque, attuali nel Seicento (e, forse, in epoca ellenistica) le potenzialità di creatività scientifica latenti.

Nell'antico Egitto così come in India, la gran parte delle conoscenze scientifiche si ritrova nei testi religiosi o nei testi tecnici. In Cina e nella Grecia classica le conoscenze scientifiche, specie quelle di carattere teorico, si ritrovano anche nei testi di filosofia. A Babilonia non era raro trovare testi di matematica abbastanza specializzati. Ma ovunque «l'indipendenza delle tradizioni scientifiche rispetto al pensiero religioso o metafisico è [...] effimera» (Ben-David, 1975). Privi di un sistema di comunicazione autonomo e trasparente, gli scienziati antichi non sono mai riusciti a creare una rete scientifica stabile e indipendente. Sempre la parte non scientifica dei flussi di comunicazione ha prevalso e ha finito per deteriorare la comunicazione delle conoscenze scientifiche.

«Queste carenze divengono evidenti – sostiene Joseph Ben-David – quando si pongono a confronto i sistemi attuali di trasmissione della scienza con quelli di un tempo. Oggi vi sono riviste, monografie, libri di testo e corsi specializzati di formazione, ma nel passato le conoscenze scientifiche venivano in genere trasmesse come parte della tradizione tecnologica, religiosa o filosofica» (Ben-David, 1975).

Il sistema autonomo e trasparente di comunicazione della scienza che Ben-David pone in comparazione con quello dell'antichità è quello odierno che, nei suoi caratteri fondamentali, nasce nel Seicento. Ed è parte, decisiva, della rivoluzione scientifica.

3.2 Il libro e la scienza

In realtà se si aderisce alla tesi fatta propria da Lucio Russo, secondo cui la scienza in senso moderno è nata e si è affermata in epoca ellenistica, prima di declinare in epoca romana, si può notare non solo che è proprio in quell'epoca che la cultura scritta dei Greci si affranca da quella orale con l'affermazione di uno strumento di comunicazione chiamato libro, ma anche che gli uomini di scienza ellenistici sono soliti scrivere libri in cui non c'è commistione con la religione, l'arte (la tecnica) o la filosofia e che comunicano a tutti in maniera trasparente un sapere tendenzialmente universale (Russo, 2001). Basti ricordare solo alcune tra le opere scientifiche (a tutti gli effetti) di quello straordinario periodo: come gli *Elementi di geometria* e l'*Ottica* di Euclide, l'*Arenario* e *Sui galleggianti* di Archimede, l'*Almagesto* di Tolomeo. Un'opera in particolare, gli *Elementi di geometria* di Euclide, informerà di sé la storia di un'intera disciplina, la geometria, e influenzerà così profondamente il pensiero (scientifico e non) successivo, da risultare, dopo la *Bibbia*, il testo più studiato al mondo (Singer, 1961).

Il libro assume un ruolo decisivo nella cultura ellenistica, che non ruota più intorno alle città-stato, ma, per indicazione dello stesso Alessandro Magno, ha una vocazione universalistica in cui Grecia e Oriente, culture e popolazioni diverse, si fondono in un'unica, grande civiltà (Merker, 2002). Nessuno mai in Grecia aveva visto una biblioteca come quella di Alessandria d'Egitto, che già all'epoca di Tolomeo II conta 400.000 volumi e nel 48 a.C., all'epoca del primo incendio, conterà ben 700.000 volumi. E nessuno in Grecia aveva mai organizzato così tanti dossografi, copisti amanuensi, biografi a cronografi come quelli che si ritrovano nel centro di ricerche, soprattutto filologiche, di Pergamo, in Asia Minore, dove non a caso, nel 180 a.C., viene inventato un nuovo materiale su cui scrivere, la pergamena, in grado di sostituire il fragile e deteriorabile papiro.

D'altra parte questa civiltà mediterranea unificata può contare su una lingua comune, che è sì il greco, ma profondamente innervato di termini orientali e di neologismi, soprattutto scientifici (Merker, 2002). La scienza è, dunque, uno dei fili intorno a cui si snoda la cultura ellenistica. Non a caso, nel Museo, alla biblioteca di Alessandria, vengono allestite sale anatomiche, un osservatorio astronomico, un orto botanico, un giardino zoologico: quasi a significare che libro e osservazione scientifica della natura non possono essere separati.

Non è un caso se, all'inizio del Seicento in Europa, verranno fondate nuove biblioteche, come la Bodleian Library di Oxford (1602) e la Biblioteca Ambrosiana di Milano (1609), creati nuovi osservatori astronomici e istituiti gabinetti di storia naturale ove mostrare le meraviglie (piante, animali) e le mostruosità (fossili, esseri «orribili») della natura. In epoca barocca, come in epoca alessandrina, libri e osservazione diretta della natura non possono essere separati.

Se poi quella ellenistica sia scienza in senso moderno o se sia, solo, qualcosa che le si avvicina molto è oggetto di disputa storica ed epistemologica. Proporre una soluzione a questa disputa non rientra nei fini di questo libro e nelle competenze del suo autore. Noi ci limitiamo a sottolineare come, sia in epoca moderna che in epoca ellenistica, è una profonda innovazione nel sistema di comunicazione del sapere – autonomia più trasparenza – che conferisce al latente «potenziale creativo scientifico» la possibilità di diventare sistema.

Questa tesi può essere corroborata dal fatto che, nel Seicento, l'attacco più pericoloso alla nascente Repubblica della Scienza non è portato tanto dalle opposizioni di carattere teologico alle affermazioni scientifiche, quanto dalle concrete misure per impedire la pubblicazione di quelle affermazioni.

Il problema religioso è certo decisivo. Perché tra la fine del Cinquecento e i primi decenni del Seicento domina la vita non solo spirituale, ma anche intellettuale e politica d'Europa, «fino al punto da influenzare pesantemente non solo progetti filosofici e scientifici ma anche ogni forma di comunicazione» (Bucciantini, 2003). Si è detto che i primi e principali nemici di Galileo sono gli aristotelici presenti nelle università, non le autorità religiose (Drake, 1981). Eppure anche gli aristotelici, per cercare di imporsi in questo conflitto «laico», sono costretti a richiamare la sacra autorità della Bibbia. A far leva sul fattore religioso. D'altra parte all'inizio del Seicento tutto, in Europa, ruota intorno allo scontro tra riformatori e controriformatori. Ed è anche per questo che la costituzione di una Repubblica autonoma della Scienza, in cui questo scontro viene ignorato, è un fatto rivoluzionario.

Non a caso, quando i membri di questa virtuale Repubblica chiedono autonomia, sono guardati con sospetto e dai riformatori e dei controriformatori. La visione copernicana del mondo, per esempio, è fatta oggetto di disprezzo sia dal «rivoluzionario» Lutero sia dal «conservatore» Papa di Roma.

Martin Lutero aveva definito Copernico «il pazzo che vuole cambiare tutta la scienza dell'astronomia». Per il fondatore del movimento protestante la verità anche in fatto di astronomia è scritta nella Bibbia. E la Bibbia dice che Giosuè «comandò al Sole e non alla Terra di fermarsi». Anche Giovanni Calvino non aveva dubbi: la Terra è posta al centro dell'universo, «immobile, mentre i cieli al disopra sono in rapido costante moto» (citato in Feuer, 1969). E persino Filippo Melantone, che Arthur Koestler definisce «il più amabile di tutti i campioni della Riforma», cita la Bibbia per screditare la visione copernicana del mondo (Koestler, 1959).

I riformatori disprezzano Copernico quanto i controriformatori. Ed entrambi si riferiscono alla lettera delle Sacre Scritture per affermare la loro verità. Solo che il disprezzo di Lutero, di Calvino e Melantone non porta a limitare la libertà di comunicazione degli scienziati in area protestante e la scienza, in Germania o in Svizzera, non è mai in reale pericolo. L'ostracismo del Papa alla visione copernicana del mondo diventa invece un pericolo reale quando, nel 1616, Roma mette all'indice (nel senso, proprio, che inserisce nell'*Indice* dei libri proibiti) sia il *De Revolutionibus* di Copernico (sospeso finché non fosse stato corretto in alcune sue parti) sia, soprattutto, la *Lettera* con cui l'anno prima Paolo Antonio Foscarini argomenta, in 64 pagine, la verità fisica e teologica del sistema proposto dall'astronomo polacco (totalmente proibita e condannata). La minaccia insita in questa opera di censura è così grave e immediata da impedire a Galileo di comunicare le osservazioni che confermano la tesi copernicana.

Che Galileo tema il timore che la Chiesa di Roma ha dei libri lo rivela in una lettera scritta all'amico Diodati quando, nel 1633, gli viene annunciato che dovrà comparire davanti al tribunale dell'Inquisizione: «i Padri Gesuiti hanno insinuato nelle alte sfere che il mio libro è più esecrando e ingiurioso per la Chiesa degli scritti di Lutero e di Calvino».

Elizabeth Eisenstein coglie dunque una differenza davvero significativa tra l'atteggiamento verso il nuovo delle autorità protestanti e quello della Chiesa di Roma. Questa differenza non sta nel fatto che le une sono più o meno aperte alle novità dell'altra. Contro e a favore della *nuova scienza* si schierano sia eminenti figure della Chiesa protestante che della Chiesa cattolica. La reazione, positiva o negativa, attraversa le varie dimensioni religiose. La differenza non sta nel merito, ma nel metodo: «le autorità protestanti [frappongono] pochi ostacoli alla pubblicazione scientifica e [incoraggiano] attivamente (per quanto inconsapevolmente) l'espansione dei mercati librari laici che [attraggono] gli stampatori nei regni protestanti. La Chiesa della Controriforma [imbocca] una strada opposta. A partire dalla proibizione di Bibbie in lingua locale e dai divieti contro altri libri laici di successo, gli stampatori cattolici [sono] soggetti a pressioni che [impediscono] una diversificazione e [favoriscono] sempre più la produzione di una letteratura devozionale "sicura" e il lavoro al servizio di una clientela clericale» (Eisenstein, 1995). In Italia e nei paesi cattolici funziona l'*Indice* dei libri proibiti, ovvero, per dirla con Eugenio Garin: «quel mirabile strumento di lotta che [...] già da tempo messo in opera, non solo per far tacere le voci dei morti, ma per soffocare subito, all'inizio, quelle dei vivi» (Garin, 1993). A essere messi all'indice non sono solo le voci di alcuni grandi del passato, come quella di Giovanni Boccaccio. Ma anche e soprattutto quelle dei contemporanei. Persino e, forse, soprattutto, quelle dei religiosi: si sono trovati, scrive da Roma il Commissario del Sacro Palazzo, «autori ecclesiastici, anche santi e dottori della Chiesa stampati in Basilea, in Francia ed altri lochi sospetti, essere infetti d'errori importantissimi» (citato in Garin, 1993). Errori che vanno cassati. Contenuti in libri che vanno bruciati.

Venezia, in particolare, crea preoccupazioni a Roma. La città lagunare è di gran lunga il centro più importante dell'industria tipografica italiana (è stato calcolato che tra il 1465 e il 1600 a Venezia siano stati stampati oltre il 52% dei testi pubblicati in Italia) e, quindi, europea. E questo centro portentoso di diffusione di idee si sottrae a qualsiasi controllo. La Serenissima Repubblica, gelosa della propria autonomia, si è opposta platealmente all'autoritarismo papale, spingendosi, *summa iniuria*, fino al punto da sottoporre i preti alle leggi civili e ricevere l'ambasciatore dell'eretica Inghilterra malgrado il divieto di Roma. L'offesa al potere del Papa cattolico è tale che, nel 1606, Paolo V, su esplicito consiglio del suo dotto consulente teologico, il cardinale Bellarmino, lancia un interdetto contro la Repubblica. Ma la difesa della propria autonomia, in laguna, è tale che dopo un anno il Papa è costretto a revocare l'interdizione senza aver ottenuto risultato alcuno. Venezia non ha fatto il minimo passo indietro. E l'Europa, ammirata, se n'è accorta.

A consigliare le autorità lagunari d'ignorare l'interdetto e ai preti della Repubblica di continuare nei loro uffici, se non vogliono incorrere nei rigori della legge, è il teologo ufficiale della Serenissima, Paolo Sarpi. Il grande amico di Galileo.

È dunque dalla città lagunare, fiera e gelosa custode della sua autonomia, che penetrano in Italia i testi «infetti d'errori importantissimi» e le bibbie in volgare. Il Senato veneziano, caso più unico che raro nelle terre cattoliche dopo il Concilio di Trento, cerca di salvaguardare con una certa efficacia la libera circolazione delle merci e delle idee nella Serenissima Repubblica. La verità è che i Dogi di Venezia trovano «nell'austerità ascetica dei costumi, nella fedeltà intransigente all'insegnamento di Cristo [...] la forza per opporsi alle indebite pretese ecclesiastiche, così sul terreno temporale come sul piano delle idee» (Garin, 1993). La forza che Venezia oppone alle invadenze censorie dell'Inquisizione è ben descritta nella testimonianza di un ferrarese residente in città che racconta come il Doge, Leonardo Donà, abbia «licenziato con parole ingiuriose» l'inquisitore venuto a imporgli la censura su alcuni libri e che «li fu sputato nella faccia [...] e si è data licenza a' librari di vendere i loro libri, et anco prohibiti, sin a tanto che la S.tà di N.S. non si risolverà a pagargli, ch'allora potranno gl'inquisitori abbrusciare che libri vorranno, come cosa comperata et non altrimenti» (citato in Garin, 1993). Insomma, Venezia, la potenza che nel 1570 ha battuto i Turchi a Lepanto anche nel nome della cristianità, difende con grande dignità la sua indipendenza, che si nutre di una grande e libera circolazione delle idee. Ed è anche per questa libertà che l'università di Padova richiama studenti e docenti da ogni parte d'Europa (Bucciantini, 2003). Diventando «la culla del movimento scientifico in Europa (Feuer, 1969). E guadagnandosi sul campo il titolo, conferitogli da William Shakespeare, di «nutrice delle arti».

Il guaio è che se ai censori cattolici non basta l'*Indice*, c'è sempre pronta l'accusa di eresia. Il frate Giordano Bruno è, per l'appunto, tacciato di questa colpa e, perciò, messo al rogo in Campo dei Fiori, a Roma, il 17 febbraio 1600. L'uno e l'altra, l'*Indice* e l'accusa di eresia, vengono utilizzati non tanto contro i libri e gli autori di libri licenziosi e libertini, che numerosi passano per le botteghe dei tipografi, ma soprattutto contro i libri portatori di idee nuove. In primo luogo i libri portatori delle idee della *nuova scienza*.

È per questo motivo – la forte limitazione della libertà di espressione del pensiero – che, dopo il 1616 e la prima censura a Galileo, il centro attivo della Repubblica autonoma della Scienza inizia a spostarsi, lentamente ma decisamente, dall'Italia verso i paesi dell'Europa settentrionale. Ancora una volta, dunque, appare evidente come il sistema di comunicazione e il suo *medium* principale, la stampa, siano tra gli elementi assolutamente fondamentali nell'origine e nello sviluppo dell'impresa scientifica.

Ancora una volta esemplare è la vicenda di Galileo.

3.2.1 La censura

La censura scatta piuttosto all'improvviso, nell'anno 1616, per il matematico e filosofo del Granducato di Toscana. Come abbiamo visto, poco dopo la pubblicazione del *Sidereus Nuncius*, Galileo è oggetto di attacchi da parte di numerosi aristotelici che, non riuscendo a vincere sul piano laico della logica, ricorrono all'autorità della fede. Vi è tra questi Ludovico delle Colombe, filosofo fiorentino, e una cerchia a lui vicina, chiamata «lega dei colombi», non senza ironia, dagli amici di Galileo. La «lega dei colombi» fa chiasso per molti mesi, ma a scuotere pericolosamente l'albero dei rapporti tra scienza e religione sono gli attacchi, condotti dal pulpito di Santa Maria Novella, a Firenze a partire dal 20 dicembre 1613, da parte di un giovane e ambizioso frate domenicano, Tommaso Caccini. Il frate non è certo una grande figura. Egli, come scrive Padre Maraffi, va proclamando «quello che gli detta la rabbia di altri e la pazzia et ignorantia propria» (Maraffi, 1615). Ma, per una serie di circostanze, l'eco dei suoi attacchi supera le mura di Firenze e si fa sentire anche a Roma.

Intanto giunge a Roma il carmelitano, frate Paolo Antonio Foscarini, pronto a discutere con chiunque la sua idea. E, cioè, che sia verità astronomica il fatto che la Terra ruoti intorno al Sole, come asseriscono Copernico e Galileo. Una verità così certa, che occorre reinterpretare le Sacre Scritture in quei passaggi ove sembra contraddirla.

Paolo Antonio Foscarini mostra copia del libro in cui avanza queste sue proposte e in cui è citato Galileo al cardinale Roberto Bellarmino. Il quale ben si avvede di quanto pericolose siano le implicazioni conseguenti alle idee dell'ingenuo carmelitano e, di rimando, lo ammonisce, sia pure in maniera garbata: guarda che fintanto tu e Galileo sostenete che l'ipotesi copernicana è un modello matematico efficiente, capace di «salvare le apparenze», allora tutto va bene. Ma se pretendete di dire che il vostro modello astronomico è la verità e che la Bibbia va reinterpretata alla luce di questa verità, allora sì che nascono problemi seri. Ma non capisci che l'interpretazione della Bibbia sottratta all'autorità cattolica e affidata a chiunque è il cavallo di Troia usato da Lutero per diffondere in Europa la sua eresia e minacciare la Fede?

Naturalmente il ragionamento usato da Bellarmino nell'ammonire Paolo Antonio Foscarini è meno informale. Però resta il fatto che, per iscritto, nel mese di aprile del 1615 il cardinale sostiene, appunto, che «basta al mathematico» la possibilità di formulare ipotesi efficienti, mentre non gli è consentito affermare verità assolute su come si muovano la Terra e i pianeti. Questa «è cosa pericolosa non solo d'irritar tutti i filosofi e theologi scolastici, ma anco di nuocere alla Santa Fede con render false le Scritture Sante».

E poiché il «mathematico» cui Bellarmino si riferisce è Galileo, ecco che, improvvisamente il fiorentino si trova coinvolto nella disputa. Suo malgrado. E con somma cognizione del pericolo.

«Mi vien serrata la bocca», scrive sconsolato a Piero Dini.

La posizione di Galileo, in realtà, non è la medesima del frate carmelitano. Lo scienziato ha un pensiero teologico ben più sofisticato. Che, come abbiamo già ricordato, ha esposto pubblicamente in una serie di scritti (in italiano) dopo il *Sidereus Nuncius*. E che proviamo a riassumere. La Chiesa, sostiene Galileo, non deve affatto scegliere tra il sistema astronomico di Tolomeo e quello di Copernico. Queste sono dispute proprie della scienza. D'altra parte, gli scienziati non devono lanciarsi in interpretazioni delle Sacre Scritture, queste sono questioni proprie dei teologi. La cosa migliore da farsi, propone e anzi suggerisce Galileo ai suoi autorevoli interlocutori della Chiesa di Roma, è un patto di reciproca autonomia tra scienza e religione. Un patto da cui ha più da guadagnare la Chiesa di Roma che non gli scienziati. Perché i risultati scientifici sono contingenti, valgono fino a prova contraria. E la Chiesa cattolica, che fonda il suo messaggio su verità eterne per indicare come «si vadia al cielo», non può scegliere di sostenere e di sostenersi su modelli contingenti relativi a come «vadia il cielo». Quale immane colpo subirebbe la sua immagine preziosissima se la Chiesa di Roma volesse indicare come «vadia il cielo» e facesse assurgere l'ipotesi tolemaica a verità di fede e, poi, gli uomini di scienza dimostrassero al di là di ogni dubbio che è la Terra a ruotare intorno al Sole?

L'eco degli attacchi di Caccini, che risuona nell'aula dell'Inquisizione romana, e dei moniti di Bellarmino inducono molti a cercare di distogliere Galileo dal suo progetto: ritornare nell'Urbe per spazzare via le critiche degli aristotelici e corroborare le sue proposte scientifiche e teologiche con un nuovo bagno di folla e un nuovo sostegno delle autorità religiose. L'inizio dell'anno 1616 sembra il momento giusto. Ormai, dicono a Galileo i suoi amici Lincei, a Roma il clamore suscitato dai sermoni di fra' Caccini si è sopito. E il cardinale Bellarmino assicura che non si pensa minimamente a mettere all'indice il libro di Copernico. Tutt'al più si pensa a cancellarne alcuni passi senza toccare il modello astronomico.

Galileo giunge, dunque, a Roma per accorgersi, ben presto, che il clima è completamente mutato rispetto al 1611. E che davvero gli «vien serrata la bocca». I teologi del Sant'Ufficio, infatti, censurano l'opera di Foscarini e, a settant'anni dalla sua pubblicazione, ordinano il ritiro dalle biblioteche e dalle librerie del *De Revolutionibus* di Copernico in attesa di correzioni in alcuni punti delicati. Mentre lui, Galileo, viene convocato dal cardinale Bellarmino e informalmente ammonito, davanti a testimoni dell'Inquisizione, a non insegnare né per iscritto né oralmente la dottrina copernicana. Anche se, con una lettera firmata, il cardinale avvisa che a Galileo nessuno ha mai chiesto alcuna abiura.

Galileo è personalmente libero. Ma l'ipotesi di Copernico è fuorilegge nelle terre cattoliche, perché «assurda in filosofia e formalmente eretica». La censura ha fatto clamorosamente irruzione nella Repubblica della Scienza. Minacciandola. Ma non intimidendola. E, anzi, rafforzandone il desiderio di autonomia.

Lo scienziato torna, dunque, sconfitto ma non domato a Firenze. E, per qualche tempo, resta con la «bocca serrata». Anche se non con la mente. Una nuova accelerazione della sua vicenda interviene, però, nel 1619 in seguito a una disputa sulla natura delle comete che ha per protagonista il gesuita savonese, professore di matematica al Collegio Romano, Orazio Grassi. Su sollecitazione del Granduca, Galileo interviene nella disputa, sia pure per interposta persona (l'amico Mario Guiducci che firma un opuscolo, il *Discorso sulle comete*, dettato più che ispirato dal matematico di corte e pubblicato a Firenze nel mese di giugno 1619), attaccando le tesi del gesuita Orazio Grassi. Questi, a sua volta, risponde nello stesso 1619 con un libro diretto esplicitamente e piuttosto violentemente contro Galileo, firmato con uno pseudonimo, Lotario Sarsi, e intitolato *Libra Astronomica ac Philosophica*.

A questo punto Galileo è alle strette. Se non risponde, rischia il ridicolo. Se risponde deve, gioco forza, contravvenire all'ordine di Bellarmino di non insegnare il modello copernicano. Che fare, dunque?

Galileo decide di scrivere. E di scrivere un saggio sotto forma di lettera «All'illustrissimo e reverendissimo Sig. Don Virginio Cesarini, Accademico Linceo, Maestro di Camera del Pontefice» che viene inviata al destinatario nell'ottobre del 1620. L'Accademia dei Lincei decide di pubblicarlo a mo' di libro l'anno successivo, il 1621, con un nuovo titolo: *Il Saggiatore, nel quale con bilancia esquisita e giusta si ponderano le cose contenute nella Libra Astronomica e Filosofica di Lotario Sarsi Sigensano.*

Il libro contiene alcuni errori scientifici, come quello sull'origine delle comete. E tuttavia si rivela, ancora una volta, un capolavoro. Un capolavoro letterario, anzi, come scrive Ludovico Geymonat: «uno stupendo capolavoro di letteratura polemica» (Geymonat, 1969). E un capolavoro di epistemologia e teologia. Perché nel *Saggiatore* Galileo manifesta cosa, secondo lui, si debba intendere per ricerca scientifica e come si debba stabilire un rapporto proficuo tra scienza e teologia che assicuri alla prima la totale autonomia ed eviti alla seconda pericolosi errori.

Dei contenuti del nuovo capolavoro di Galileo abbiamo già parlato e parleremo ancora tra poco. Quello che finora non abbiamo ancora detto è che con *Il Saggiatore*, scritto in italiano, il matematico e filosofo primario del Granducato di Toscana osa, ancora una volta, «spostare il foro competente alla discussione, dagli intellettuali direttivi clericali al pubblico istruito al di fuori della cerchia clericale» e osa portare non solo il suo caso scientifico e la sua epistemologia, ma persino il suo «ardito progetto» teologico in mezzo alla gente. Tra coloro che sono considerati «non competenti».

È questa, ancora una volta, l'idea pericolosa di Galileo.

Ma, come in un romanzo, a questo punto la trama si aggroviglia ulteriormente. I suoi interlocutori cambiano. Nel settembre 1621 il cardinale Roberto Bellarmino muore. E nel mese di agosto 1623 viene eletto papa, col nome di Urbano VIII, Maffeo Barberini, il cinquantacinquenne cardinale intellettuale fiorentino che tre anni prima, come ricorderete, ha scritto l'*Adulatio perniciosa* in onore di Galileo definito «fratello». E che solo due mesi prima, il 24 giugno 1623, ha scritto una lettera a Galileo per ringraziarlo per l'aiuto dato al nipote, Francesco Barberini, che ha così potuto completare il suo dottorato presso l'università di Pisa.

Il matematico e filosofo primario del serenissimo Granducato di Toscana ha, dunque, ben ragione di presumere che a Roma le cose siano cambiate e che un amico, suo e della scienza, sia salito sul soglio di Pietro. Un amico insieme al quale rilanciare il suo «ardito progetto».

La novità è tale e talmente evidente che i Lincei fanno immediatamente stampare un nuovo frontespizio per *Il Saggiatore* in cui campeggiano le tre api dello stemma dei Barberini. Il nuovo libro di Galileo, dato finalmente alle stampe nell'ottobre del 1623, è ora dedicato al Papa amico. Come nota Dava Sobel, i Lincei usano l'opera, «nata da un'aspra controversia su un trio di comete, come biglietto di ingresso letterario alla corte papale di Urbano VIII» (Sobel, 1999). D'altronde lo stesso Francesco, discepolo di Galileo e di Benedetto Castelli, costituisce un biglietto d'ingresso alla corte papale. Urbano VIII, infatti, lo nomina, a 26 anni, cardinale. E, pronta, l'Accademia dei Lincei lo elegge tra i suoi membri. D'altra parte non è forse lo stesso Urbano VIII a scegliere come Maestro della Camera Pontificia proprio Virginio Cesarini, il monsignore di 27 anni, membro Linceo, che a una lezione di Galileo deve la sua conversione alla matematica e a cui Galileo ha destinato la sua *Lettera*, che ora lui, monsignor Cesarini, cura di leggere, durante i pasti, al curioso e divertito Maffeo Barberini?

Insomma, nell'Urbe non poteva esserci situazione migliore. E Galileo non può aspirare ad altro che a recarsi di nuovo a Roma per parlare direttamente col Papa amico, anzi «fratello».

Il viaggio a Roma, tuttavia, deve essere rimandato, prima a causa di una malattia che costringe Galileo a letto, poi a causa dell'arrivo del generale inverno. Ma, infine, giunge la primavera. E il primo aprile 1624 Galileo lascia Firenze per Roma, con un nuovo strumento tecnologico da mostrare: il microscopio. Dopo qualche settimana lo scienziato può finalmente incontrare, per ben sei volte, l'amico Papa. A cui spiega la sua teoria delle maree, legata al moto della Terra. Ma a cui, soprattutto, fa rilevare come l'editto anticopernicano del 1616 espone la Chiesa a una grave perdita d'immagine e pone la scienza italiana a rischio di perdere il suo primato.

Urbano VIII sostiene che, fosse stato per lui, l'editto non sarebbe mai stato promulgato. Tuttavia adesso c'è ed è difficile, in questo momento, ritirarlo. Certo lo si può interpretare in modo non troppo rigido. Per esempio, Galileo può pubblicare la sua teoria delle maree. Purché espliciti che il moto della Terra, che non è dimostrato e non è dimostrabile con alcuna esperienza, è solo un'ipotesi matematica. In questo modo tutti – la Chiesa, Galileo, la scienza italiana – ne sarebbero usciti bene.

Galileo sembra soddisfatto. Tuttavia lui non ha raccontato al papa dell'altro accordo, quello informale col cardinale Bellarmino che gli impediva d'insegnare in qualsiasi modo la teoria copernicana. Ma d'altronde era stato proprio Bellarmino a dirgli di non far menzione a nessuno di quell'ammonimento.

Fatto è che Urbano VIII scrive una lettera a Ferdinando, Granduca di Toscana, per elogiare *Il Saggiatore* e incoraggiare Galileo a riprendere a scrivere sui massimi sistemi astronomici. E nei successivi otto anni lo scienziato fiorentino, sentendosi ben protetto, continua i suoi studi di fisica del moto e prepara il suo nuovo libro, il *Dialogo sopra i due massimi sistemi del mondo, tolemaico e copernicano*, la cui stesura aveva annunciato già nel *Sidereus*.

Galileo avrebbe voluto chiamarlo, per la verità, *Dialogo su flusso e riflusso dei mari* quel libro così a lungo meditato e così atteso. Ma gli vien detto, dalle autorità ecclesiastiche, che non è il caso. Le maree sono fenomeni visibili a tutti. Fisica concreta, non astratta matematica. Se si legano in modo così evidente, fin dal titolo, le sensate esperienze alla ardite dimostrazioni matematiche, si contravviene in modo troppo clamoroso all'editto del 1616 e ai consigli papali del 1624. Insomma, col Papa amico la censura ha mollato un po' le briglia ma non si è eclissata.

In ogni caso il *Dialogo*, destinato a diventare celeberrimo, viene pubblicato dopo molte peripezie ma debitamente autorizzato a Firenze nell'anno 1632. Come è noto il titolo sottende un autentico stile letterario, peraltro molto in voga nel Cinquecento, che però Galileo riprende e rimodella a modo suo. In primo luogo a dialogare, nel corso di quattro diverse giornate, non sono due personaggi, ma tre: Salviati, che è il suo portavoce; un dilettante arguto, Sagredo; un aristotelico, al contrario, dotto ma non molto acuto, Simplicio, in cui alcuni vogliono riconoscere Cesare Cremonini e/o Ludovico delle Colombe. E poi il dialogo si svolge in maniera a tutti comprensibile. Perché diventi senso comune il cuore del messaggio scientifico: è la Terra che si muove intorno al Sole e non viceversa.

Come succede ancora oggi, non tutti colgono il significato della comunicazione della scienza «rivolta a tutti». E molti davanti al dito che indica la Luna, si soffermano a guardare il dito e non si curano dell'astro. Insomma, a Galileo viene imputato – anche da alcuni critici moderni (*sic*) – scarso rigore (le dimostrazioni delle sue affermazioni non sono formalmente chiuse) e scarse letture (avrebbe, per esempio, omesso di parlare della proposta kepleriana secondo cui i pianeti descrivono orbite ellittiche). Accuse che si vede sistematicamente rivolgere chiunque, appunto, intende comunicare scienza a tutti, con linguaggio comprensibile e buona capacità di suscitare attenzione.

Nel successivo e ultimo dei suoi libri, *Discorsi e dimostrazioni matematiche intorno a due nuove scienze*, pubblicato a Leida nel 1638, scritto per gli esperti, Galileo dimostrerà di quanto rigore formale e di quanta cultura sia capace. Infatti i *Discorsi* sono considerati il più grande dei suoi tanti capolavori (Bellone, 1998).

Ma è meglio procedere con ordine. Torniamo, dunque, al *Dialogo* pubblicato dell'anno 1632. Il libro non viene accolto a Roma da generale entusiasmo, come Galileo si attende, ma da una pericolosa freddezza. Fatto è che il matematico e filosofo primario del Granduca di Toscana viene, per la prima volta, chiamato formalmente in giudizio dall'Inquisizione per quella sua opera, la cui diffusione deve essere immediatamente sospesa. Gli si ingiunge di andare immediatamente a Roma, malgrado sia malato. E, qualora non lo facesse di sua propria volontà, sarebbe stato trascinato in catene davanti ai suoi giudici. Tutto questo, come fa notare non senza indignazione il Granduca Ferdinando, malgrado la nuova opera di Galileo sia stata preventivamente ed espressamente autorizzata.

Cosa è successo? Beh, sono successe molto cose. Per esempio che un gesuita, Cristoforo Scheiner, ce l'ha con lui. È un astronomo in grado, però, di smuovere le solite camarille curiali. Ma è successo, soprattutto, che il suo amico Papa si è infuriato. Gli è stato fatto notare, infatti, che nel *Dialogo* Galileo mette in bocca al poco arguto Simplicio un argomento che Papa Barberini ripete di sovente: e che cioè Iddio, nella sua infinita potenza, può far sì che i fenomeni naturali osservati dall'uomo possano essere provocati da un'infinità di cause diverse. E che l'uomo, pertanto, può immaginare solo spiegazioni efficienti, ma non può mai sapere se quella spiegazione è vera oppure falsa.

E, per di più, è stato fatto notare al Papa che esiste un documento in cui è annotato il resoconto dell'incontro tra Galileo e Bellarmino del 1616. Il documento menziona l'ingiunzione del cardinale a non insegnar in alcun modo la teoria copernicana. Gli storici fanno notare che quel documento non ha alcun valore legale, visto che Bellarmino ha ammonito verbalmente e, quindi, in via informale Galileo. E tuttavia la sua esistenza dimostra che il matematico ha tenuto nascosto qualcosa al suo amico Papa. E, quindi, ancora una volta Urbano si sente preso in giro, persino tradito, da Galileo.

Ed è, dunque, per volontà del «Papa amico» che il 12 aprile 1633 si apre a Roma il più grande e celebre e nefasto processo nella storia della scienza: il processo a Galileo, accusato dall'Inquisitore d'essere «vehementemente sospetto d'heresia».

Nel processo non si parla di scienza. Quanto piuttosto dell'esistenza di una formale documentazione che attesti o meno l'aperta disobbedienza di Galileo all'autorità della Chiesa. Ma l'esito è quello noto a tutti. Il matematico e filosofo primario del Granducato di Toscana viene invitato a rinunciare a difendersi in cambio di una derubricazione delle imputazioni più gravi. In pratica è costretto a firmare una confessione in cui riconosce di aver effettuato nel *Dialogo*, per mera vanità ma senza intenzioni malvagie, affermazioni assai temerarie.

Il 22 giugno, trascinato dalle carceri del Sant'Uffizio in Santa Maria sopra Minerva, nella grande sala del convento domenicano, in ginocchio e in abito da penitenza, Galileo Galilei inizia a leggere: «Con cuor sincero e fede non finta abiuro».

Per volontà del giudice romano Galileo è costretto all'ignominia dell'abiura davanti a un folto pubblico. Lo stesso pubblico che, in passato, lo ha acclamato. Come ricorda Enrico Bellone, i testi ufficiali della sentenza e dell'inopinata pubblica lettura della confessione sono diffusi nelle scuole e nei centri culturali, a futura memoria e perpetuo ammonimento (Bellone, 1998).

Sono comunicati a tutti.

Ben al di là dei personali risentimenti di Urbano VIII, la Chiesa di Roma, in un momento storico particolare, ha voluto mandare un messaggio chiaro ai popoli e agli intellettuali d'Europa. Non osate minimamente cercare di spostare il «foro competente alla discussione» sui temi della verità, teologica o naturale che sia, dall'autorità ecclesiastica alla gente comune. Perché è questa la fine, ignominiosa, che farete. Sarete costretti a scegliere tra la morte fisica per eresia o la morte civile per abiura.

Il fallimento, momentaneo ma radicale, della pericolosa idea di Galileo e il messaggio, barocco, della Chiesa lasciano il segno. In Galileo, che vecchio e stanco si rifugia per la prima volta in «una serie di compromessi, cerca scuse e attenuanti, si avvolge in contraddizioni, arriva persino a sostenere che il *Dialogo sopra i massimi sistemi* [è] rivolto a combattere invece che a difendere la teoria copernicana» (Rossi, 2004). Ma non solo in Galileo. Quando, pochi anni dopo quel memorabile 22 giugno 1633, René Descartes pubblica il suo *Discours de la méthode* (1637), il matematico e filosofo francese utilizza quella che Salvatore Nigro chiama la «scrittura dissimulatrice» (Nigro, 2004). Che non è solo un modo di scrivere per aggirare la censura e prendere per il naso il censore, ma è una rinuncia preventiva a spostare tra la gente il foro competente alla discussione.

La pubblica abiura non risparmia a Galileo la condanna al carcere. Che l'Arcivescovo di Siena, Ascanio Piccolomini, riesce a far commutare in arresti domiciliari che saranno scontati da Galileo prima nel vescovado e poi nella casa che il prelato possiede ad Arcetri, presso Firenze.

È lì ad Arcetri, che Galileo spende gli ultimi anni della sua vita. Sempre più ammalato, infine cieco. Ma ancora voglioso di fare e, soprattutto, «comunicare» scienza. Malgrado l'esplicito divieto del tribunale ecclesiastico romano, infatti, Galileo scrive il suo ultimo libro: il già citato *Discorso e dimostrazioni*. Che in apparenza ha la medesima struttura del *Dialogo*, con i medesimi tre personaggi che discutono tra loro. Ma che in realtà ha una cifra letteraria completamente diversa. Perché nella sostanza, stavolta, Galileo offre poco alla «comunicazione per tutti». Ma affronta «con l'armamentario concettuale della geometria, una serie di problemi di fisica, sviluppando ragionamenti professionali e dimostrando teoremi» (Bellone, 1998).

Insomma, è ad Arcetri, vecchio e cieco, ferito nell'anima, che Galileo elabora uno stile letterario in parte nuovo, il libro per esperti scritto con il linguaggio formale della matematica e della logica. Per contenuti e, ancora una volta, per forma, realizza un autentico capolavoro.

«Fu lì – ad Arcetri, scriverà poco dopo (*Areopagitica*, 1644) il poeta John Milton – ch'io trovai e visitai Galileo, ormai vecchio, divenuto prigioniero dell'Inquisizione, perché avea pensato, in astronomia, diversamente da come pensavano i suoi censori francescani e dominicani» (Milton, 1644).

Galileo Galilei chiude la sua vicenda umana ad Arcetri l'8 gennaio del 1642. Quello stesso anno nella casa colonica di Woolsthorpe, in Gran Bretagna, nasce un bambino di nome Isaac Newton.

3.3 La scienza e il libro

La vicenda di Galileo, dunque, corrobora la tesi secondo cui il sistema di comunicazione è elemento assolutamente fondamentale della rivoluzione scientifica.

Questa tesi deve essere integrata, tuttavia, da almeno due considerazioni. La prima è che anche in ambito cattolico e persino in ambito clericale l'interesse per la scienza non scema, dopo l'abiura cui è costretto il fiorentino. E questo interesse degli ecclesiastici produce considerevoli contributi. Come ricorda la stessa Elizabeth Eisenstein, i Gesuiti nel Seicento forniscono molti dati utili agli astronomi seri e allo sviluppo della scienza astronomica (Eisenstein, 1995).

La seconda considerazione riguarda il ruolo della stampa. Che essa abbia avuto una funzione decisiva nell'origine e nello sviluppo della «rivoluzione scientifica» – come, insieme ad altri, sostiene l'autore di questo libro – è una tesi niente affatto condivisa da molti storici della scienza. Secondo George Sarton e, poi, Lynn Thorndyke, il suo ruolo sarebbe addirittura di ostacolo, perché questo mezzo stampato di comunicazione è frequentato più spesso dai «movimenti retrogradi» che non dai nuovi filosofi naturali e rende popolari più materiali antiscientifici che scientifici (Sarton, 1938; Thorndyke, 1941). In seguito Sarton ha rivisto questa sua posizione, sostenendo che la comunicazione attraverso la stampa ha sia favorito che ostacolato il progresso scientifico. Tesi analoghe sono state proposte più di recente da Lucien Febvre e Henri-Jean Martin

(Febvre, 1958) e, poi, da Antonia McLean, che scrive: «Non c'è alcuna prova che, eccetto la religione, la stampa abbia accelerato la diffusione di nuove idee [...]. In effetti, la stampa di testi scientifici medievali può aver ritardato l'accettazione di [...] Copernico» (McLean, 1972).

Queste tesi sono controvertibili. E noi proviamo a farlo. In primo luogo l'«effetto ostacolo» della stampa contro il progresso scientifico viene rilevato per il Cinquecento. Ovvero per il periodo che precede la «rivoluzione scientifica». In secondo luogo c'è una certa confusione tra la comunicazione interna e la comunicazione al grande pubblico della scienza.

L'idea che si propone è quella empirista dei nuovi filosofi naturali intenti a sollevare la testa dalle vetuste scartoffie e a leggere finalmente e direttamente il «grande libro della natura». Non è così.

Gli uomini di scienza osservano sì la natura, ma continuano a chinare la testa anche sulle affannose carte. E alcune di queste carte vetuste sono decisive per la rivoluzione scientifica. La stampa consente, infatti, la lettura a un pubblico più vasto dei grandi autori scientifici del passato.

È stato rilevato che per tutto il Quattrocento i libri stampati sono relativamente pochi, riprodotti in numero esiguo e, quindi, cari. Cosicché tendono ad accumularsi, come i manoscritti, solo nei grandi centri dell'insegnamento: le università. In realtà non è esattamente così. Come rileva Amedeo Quondam, «in pochi anni, a partire dal 1465, una quantità impressionante di libri a stampa, in progressione esponenziale di copie» si diffonde in Europa, e «lo stupore e lo sconcerto, anche, dei contemporanei di Gutemberg, dei loro più immediati dintorni generazionali, dicono con assoluta evidenza, con sincerità, la consapevolezza di queste proporzioni intanto materiali, del nuovo evento libro. Proporzioni subito visibili, anzi tangibili» (Quondam, 2004).

In ogni caso alla fine del XV secolo il panorama tipografico è davvero ricchissimo: in molte città di tutt'Europa, infatti, si affermano decine di stampatori che tendono a impegnare il più possibile le loro macchine per far fruttare il più possibile i loro investimenti. Le tirature aumentano. E aumentano i titoli. La ricerca di nuovi autori determina, in prima battuta, la riscoperta degli autori del passato. Tra questi, in primo piano, i protagonisti della scienza ellenistica.

Già nel 1482, per esempio, appare a Venezia la prima edizione a mezzo stampa di Euclide. Più tardi, nel Cinquecento, il messinese Francesco Maurolico pubblica le traduzioni in latino di Archimede, di Apollonio e Diofanto. E l'urbinate Federico Commandino pubblica, oltre a Euclide, Apollonio e Archimede, anche Pappo, Erone e Aristarco (Rossi, 2002). Migliaia di persone in tutta Europa possono leggere questi testi. E così la scienza ellenistica diffusa mediante la stampa diventa patrimonio culturale di base per i filosofi naturali che nel Seicento effettuano la «rivoluzione scientifica».

I protagonisti di questa rivoluzione non si limitano a leggere i testi ellenistici, ma scrivono essi stessi nuovi libri per comunicare l'un l'altro i risultati delle loro osservazioni scientifiche. D'altra parte: «Come si [può] studiare il "grande libro della natura" senza scambiarsi informazioni tramite i "piccoli libri degli uomini"?» (Eisenstein, 2000). La vicenda del *Sidereus Nuncius* ci narra proprio di questo incessante abbassare e alzare la testa di Galileo. E, infatti, nell'inverno tra il 1609 e il 1610 Galileo legge, con occhi nuovi, il «grande libro della natura» e, contemporaneamente, scrive «il piccolo libro per gli uomini», affinché tutti i filosofi naturali e quante più persone è possibile possano in breve condividere il suo annuncio sidereo.

D'altra parte sono gli stessi stampatori, già nel Cinquecento, a cercare nuovi autori, moderni, e a farli emergere, sempre per la solita impellenza di far fruttare al massimo i capitali investiti. Il risultato è che anche un nuovo autore può ambire a veder stampato a basso costo un numero cospicuo di copie delle sue fatiche.

La Riforma, con la sua domanda di bibbie, di opuscoli, di fogli di propaganda e la Controriforma, con la sua domanda di Bibbie (in latino), ma di opuscoli e fogli di contro propaganda in volgare, determinano la rapida crescita in tutta Europa sia della rete di stampatori, sia della domanda di istruzione.

In altri termini, come abbiamo già detto, il libro stampato con la (relativamente) nuova tecnologia tipografica a caratteri mobili consente ai membri della nascente comunità scientifica di scambiarsi in modo rapido le nuove informazioni acquisite (oltre che di avere più facile accesso ai testi antichi). È essenziale alla comunicazione interna della Repubblica della Scienza. Il fatto che fuori circolino quantità inusitate di *testi spazzatura* a opera di «movimenti retrogradi» non influenza in alcun modo la comunicazione interna alla virtuale repubblica.

D'altra parte anche oggi, entrando in una qualsiasi libreria o affacciandosi a una qualsiasi edicola, si trovano molti più *testi spazzatura* opera di «movimenti retrogradi» che non testi scientifici. Ciò non impedisce alle comunità scientifiche di avere canali autonomi di comunicazione potentissimi e rapidissimi, senza risentire più di tanto di quel noioso rumore di fondo.

D'altra parte – ancora – i filoni della comunicazione a mezzo stampa non si esauriscono, certo, nei testi scientifici contrapposti ai *testi spazzatura*. C'è un'autentica esplosione, specie nell'Europa settentrionale, di testi tecnici che coinvolgono, più spesso di quanto non si creda, gli uomini di scienza, sia come lettori, sia spesso come autori. Le tavole logaritmiche, dirà Laplace, hanno raddoppiato la vita di Kepler.

Possiamo quindi affermare che la scienza moderna, pubblica e tendenzialmente universale, è nata anche perché ha avuto a disposizione un mezzo come la stampa. Come rileva Elizabeth Eisenstein: «Non vi è modo di rendere "universali" e "pubbliche" le nuove osservazioni finché possono essere registrate solo in forma manoscritta» (Eisenstein, 1995). Difficilmente il *Sidereus Nuncius* avrebbe avuto l'impatto culturale che ha avuto se Galileo non avesse potuto replicarlo in alcune centinaia di copie da diffondere, in pochi giorni, in tutt'Europa. E grazie alla stampa Tycho Brahe ha avuto, nella secondo parte del XVI secolo, una quantità di dati da studiare che Copernico, solo mezzo secolo prima, non avrebbe neppure potuto immaginare (Govoni, 2002).

Il libro è, senza dubbio, il primo e il più importante strumento scientifico usato dagli uomini che fanno scienza nel Seicento (Beretta, 2002).

Ma il mezzo della comunicazione modifica anche la qualità della comunicazione. In particolare, come rileva Amedeo Quondam, il fatto che l'*ars naturali-*

ter scribendi, la tecnica naturale di scrivere, quella a mano, si modifica in *ars artificialiter scribendi*, in riproduzione a stampa di un manoscritto, determina delle modificazioni profonde nei contenuti e che non sono state ancora compiutamente indagate degli statuti della comunicazione letteraria (Quondam, 2004). Tra gli statuti letterari modificati vi sono, naturalmente, anche quelli della comunicazione scientifica.

L'importanza del libro è tale che esso diviene una metafora del mondo. La natura è un libro scritto in caratteri geometrici, dice Galileo. La natura è un codice, anzi un *codex vivus*, ribadisce Campanella. Quanto a Francis Bacon, non ha dubbi: l'invenzione della stampa a caratteri mobili è, con la bussola e la polvere da sparo, la maggiore e la più significativa tra le innovazioni tecnologiche che rendono quella attuale, il Seicento, un'epoca di progresso. Anzi, come rileva ancora Tommaso Campanella nella *Città del Sole*, quelle tre invenzioni coincidono con un'improvvisa e inedita accelerazione della storia.

Forse noi neppure ce ne rendiamo più conto, ma – come rileva Marshall McLuhan – prima del libro stampato, ovvero di uno strumento che ciascuno si può portare a casa e leggere in tranquillità, il sapere si diffondeva attraverso la parola. Persino quando si attingeva a qualche libro, la lettura era collettiva: effettuata ad alta voce da un lettore sulla base di un testo privo di punteggiatura (McLuhan, 1967). Con questo sistema di comunicazione, le idee potevano diffondersi in maniera molto parziale e, comunque, molto lenta.

Pochi numeri bastano a darci un'idea di come il libro stampato abbia contribuito a creare la cultura di massa nel Seicento. Il primo libro, la *Bibbia*, è stampato con la tecnologia dei caratteri mobili da Johann Gutemberg nel 1456. Ebbene nel 1480 in Europa già vi sono 110 città dotate di una tipografia: di cui 50 in Italia, 30 in Germania, 8 in Olanda, 8 in Spagna, 5 in Belgio, 5 in Svizzera, 4 in Inghilterra, 2 in Boemia, 1 in Polonia. Nell'anno 1500 le città con tipografie sono già diventate 286. In questi prima 44 anni di stampa a caratteri mobili, vengono pubblicati da 10.000 a 15.000 testi, in 35.000 diverse edizioni per un totale di 20 milioni di copie: un'enormità.

Ma nel corso del Seicento quel numero va moltiplicato almeno per dieci: in giro per l'Europa vi sono oltre 200 milioni di copie di libri, per circa 200.000 diverse edizioni di testi (in ogni edizione vengono tirate da 300 a 3.000 copie, con una media appunto di 1.000). Il libro circola in tutto il continente e lo unifica. Già dalla fine del Cinquecento si organizzano fiere internazionali del libro in almeno quattro città: Lione, Medina del Campo, Lipsia e Francoforte. La stessa Lione, con Parigi e Venezia, è tra i maggiori centri di produzione libraria.

Il mondo ecclesiastico è tra i primi a cogliere le opportunità di comunicazione offerta dal libro. E non solo in ambiente protestante. Le opere di Girolamo Savonarola già alla fine del Quattrocento furono stampate in 120 diverse edizioni, ciascuna delle quali ha una tiratura compresa tra 1.500 e 3.000 copie (Govoni, 2002).

Ma anche i libri tecnici, alcuni con uno spiccato carattere scientifico, sono diffusi in gran numero. Si calcola che un testo scritto da Pietro Andrea Mattioli e pubblicato, in latino, nel 1544 a uso di medici, farmacisti ed erboristi abbia venduto, in tutta Europa, 30.000 copie.

3.4 Gli epistolari

La grande considerazione per il libro e la stampa non significa che il libro stampato sia l'unico *medium* della comunicazione della scienza all'inizio del Seicento. In realtà accanto al «nuovo» strumento di comunicazione vive e, anzi, prospera un vecchio strumento: la lettera. Spesso trascritta e diffusa in molte copie. Galileo, ancora una volta, ci aiuta a comprendere l'importanza di questo mezzo: il suo epistolario, infatti, ammonta a ben 4.200 lettere conosciute e catalogate. Quella sterminata collezione definisce, di per sé, una rete di intellettuali che vengono a conoscenza della scienza di Galileo (è tramite una lettera, scritta dal matematico fiorentino il 4 agosto 1597, che a Keplero giunge notizia della filosofia copernicana di Galileo) per esempio, e che la diffondono, anche quando gli interlocutori, come Marin Mersenne e Antonio Nardi, tendono esplicitamente a dissentire dal fisico fiorentino piuttosto che a convenire con le sue tesi (Segre, 1993). Le lettere scritte e ricevute da Galileo sono, naturalmente, redatte a mano e in copia unica. Qualche volta sono ricopiate. Ma il numero di copie è, per forza di cose, esiguo. Tuttavia anch'esse viaggiano grazie a una novità se non tecnica, certo organizzativa: un sistema postale che in Europa è diventato esteso e stabile, specie per le corti e i governi. Non a caso tra i benefici che Galileo ottiene da Cosimo II de' Medici rientrando a Firenze dopo la pubblicazione del *Sidereus Nuncius* c'è l'accesso al sistema postale dello stato fiorentino. E l'unico beneficio concesso da re Carlo II alla Royal Society è la possibilità di utilizzare il sistema postale di Sua Maestà. La posta diplomatica, infatti, funziona meglio della posta civile. Certo le lettere, spesso, si smarriscono anche quando viaggiano col corriere di stato, come capita ad alcune missive inviate da Descartes a Mersenne. Ma nella corrispondenza diplomatica è soprattutto la riservatezza a essere molto meglio tutelata.

Comunque entrambi i *media*, il libro e la lettera, sono fondamentali per il sistema di comunicazione della scienza. L'importanza dell'uno e dell'altra risulta ben evidente quando René Descartes mostra un forte interesse per le opere di Galileo. Siamo all'inizio dell'estate del 1638. Cartesio non ha letto il *Dialogo* del toscano, ma ha notizia della imminente pubblicazione dei *Discorsi intorno a due nuove scienze* e così scrive (per lettera) a Marin Mersenne: «Prenderò al volo il libro appena sarà in vendita, ma solo al fine di poterVi inviare la mia copia annotata, se ne vale la pena, o almeno i miei commenti». Descartes compra dunque una copia del libro, ma il 23 agosto ha già deciso che non vale la pena inviarlo a Mersenne, con le annotazioni a margine. E gli scrive: «Ho anche il libro di Galileo, e ho passato un paio d'ore sfogliandolo, ma trovo così poco con cui riempire i margini che credo di poter scrivere tutti i miei commenti in una lettera molto breve, e non c'è alcuna utilità nello spedirvi la mia copia» (Shea, 1994). La lettera, coi commenti scientifici puntuali, promessa ad agosto, giungerà puntualmente a Mersenne a ottobre. In questo episodio, ricostruito da William Shea, c'è tutta la novità e l'articolazione del sistema di comunicazione della Repubblica autonoma della scienza, fondato sul libro e sulle lettere. «Prenderò al volo il libro» è espressione che nessuno, prima dell'invenzione della stampa, avrebbe potuto pronunciare. «Lo commenterò» è parte di quello scetticismo sistematico su cui si fonda la nuova e virtuale Repubblica. Ma «lo commenterò al margine», inteso in senso letterale, di scrivere i giudizi puntuali ai margini del testo «al fine di poterVi inviare la mia copia annotata», è la dimostrazione della nuova e inedita comodità dello strumento libro. Il fatto che un lungo testo stampato possa essere sfogliato, annotato e inviato è una possibilità davvero inedita che gli uomini di scienza del Seicento frequentano con gran piacere e ottimi frutti.

Ma la comodità del libro non è totale. Se c'è da fare un commento articolato, che non trova spazio ai margini del testo, allora si ricorre alla vecchia lettera che, in realtà, è nuova: perché la velocità e l'affidabilità con cui le missive raggiungono il destinatario sono enormemente aumentate.

Insomma, qui abbiamo la prova che uno strumento importante di comunicazione, il libro in questo caso, non sostituisce mai, bensì si aggiunge ai vecchi strumenti, nel nostro caso la lettera, per creare un nuovo sistema, integrato, di comunicazione. È questo nuovo sistema integrato di comunicazione (stampa più sistema postale) che contribuisce a rafforzare la Repubblica della Scienza in quello che è stato definito il Secolo dei Geni, il Seicento. È questo sistema che consente la rapida e fluida circolazione delle nuove conoscenze scientifiche in Europa, malgrado i numerosi e gravi tentativi di censura.

3.5 L'immagine

Ma ritorniamo, per ora, all'interno di questa peculiare Repubblica. L'affermazione della comunicazione come valore fondante della *nuova scienza* comporta, come abbiamo visto, l'«invenzione» di una nuova retorica che, con Galileo, diventa un nuovo stile letterario. La comunicazione totale, infatti, ha esigenze che le retoriche antiche non possono soddisfare. Ha l'esigenza di essere secca e immediata. Ha l'esigenza di trasferire informazione che non lasci troppo spazio all'interpretazione soggettiva.

È per questo motivo che la comunicazione scritta assume un nuovo stile, *aridus* secondo gli osservatori meno pronti al nuovo. Ed è per questo motivo che l'immagine assume, nei libri dei nuovi scienziati, un valore affatto nuovo. Quello di comunicare nel modo più rigoroso e asciutto possibile la nuova conoscenza intorno alla realtà naturale. Galileo si avvale di illustrazioni, asciutte appunto, nel *Sidereus Nuncius* per «raccontare» come gli appare la Luna o come si muovono gli astri medicei intorno a Giove. Ma è nei libri di botanica, di zoologia, di anatomia che l'immagine assume un ruolo così forte da spingere Erwin Panofsky a considerarla un'«invenzione» paragonabile per importanza a quella che ha avuto il telescopio per l'astronomia e il microscopio per le scienze della vita (Panofsky, 1971). La collaborazione con gli artisti, concorda Paolo Rossi, ha, nelle scienze descrittive, effetti rivoluzionari (Rossi, 1998).

Non perché le nuove tecniche di rappresentazione per immagini determinino il cambiamento, ma perché «nelle mani di innovatori che identificano e sviluppano nuovi bisogni possono promuovere la trasformazione in maniera incredibilmente efficace» (Kemp, 1999).

Queste nuove tecniche riguardano il disegno prospettico e il disegno naturalistico. In entrambi c'è il «segno della verità», ovvero il tentativo di raffigurare la realtà «così com'è», in maniera oggettiva, geometrica o comunque realistica. Degli artisti del Rinascimento e poi del Seicento si è detto che sono dei «quantificatori» (Edgerton, 1994).

Nel 1630, per esempio, Francesco Stelluti pubblica nel suo *Persio tradotto* una *Tavola dell'ape* che costituisce, forse, «la prima illustrazione a stampa di oggetti visti con l'aiuto di un microscopio» (Rossi, 1997). Stelluti mostra le zampette, «l'occhio tutto peloso», la «lingua con le quattro linguette» e le «penne dell'ape». E tutto ciò costituisce, nota Stelluti, qualcosa che «era sconosciuto ad Aristotele e a ogni altro naturalista».

Questa raffinata modalità di comunicazione è stata consegnata agli scienziati del Seicento dai grandi artisti del Rinascimento, impegnati nella rappresentazione puntuale della realtà naturale e mossi da quella che Leonardo da Vinci definiva l'esigenza di rendere tutto visibile. Ma il debito degli scienziati nei confronti degli artisti non riguarda solo l'eredità culturale ricevuta dai grandi pittori e scultori del Quattrocento, del Cinquecento e dello stesso Seicento. È un debito attuale e diretto. Sono veri e propri artisti quelli che vengono chiamati a elaborare le immagini stampate sui libri di botanica, zoologia, anatomia. E la loro collaborazione produce, per le scienze descrittive, «effetti rivoluzionari» (Rossi, 1997).

La verità è, come sostiene Pierre Huard, che l'immagine rappresenta un nuovo linguaggio, particolarmente adatto alla nuova scienza. Perché quello delle immagini è «l'unico, autentico linguaggio universale» (Huard, 1968). E infatti questi artisti contribuiscono a creare una «società dell'immagine». La loro comunicazione infatti, come nota Martin Kemp, presuppone l'esistenza di qualcuno capace, o meglio, abituato a comprenderle (Kemp, 1999).

È, per esempio, l'astronomo e grande architetto Christopher Wren che elabora le 32 tavole con cui Robert Hooke illustra, nel 1665, la sua *Micrographia*. Hooke fa del microscopio ciò che Galileo aveva fatto del telescopio. E le illustrazioni che con un linguaggio universale fanno vedere il mondo microscopico a tutti, contribuiscono a creare netta la percezione che la dimensione nella quale viviamo è una tra le tante possibili, tra quelle enormi del cosmo cui ci avvicinano le lenti e i disegni di Galileo e quelle minute del microcosmo cui ci avvicinano le lenti e i disegni di Hooke. Quanto a Wren, il disegno scientifico diventa una delle sue attività: è lui, per esempio, che Thomas Willis chiamerà a illustrare il libro *De cerebri anatomie* con cui espone, nel 1664, il quadro più completo e aggiornato sull'anatomia cerebrale dell'uomo e sull'anatomia cerebrale comparata (Bernabeo, 1996). La verità è che nasce un nuovo genere, a metà tra l'artistico e il tecnico, il disegno scientifico. Frequentato e insegnato in apposite Accademie. Un genere prezioso, perché viene: «a soddisfare le richieste di oggettività e approfondimento promosse dalle nuove scoperte scientifiche e geografiche, al punto da costituire spesso strumento indispensabile per l'indagine naturalistica» (Sciolla et al., 1991).

Nell'ambito del disegno scientifico, sostiene Gianni Carlo Sciolla, è possibile individuare almeno quattro diversi e autonomi filoni: anatomico, naturalistico, meccanico e cartografico.

Il disegno anatomico consente di raffigurare in maniera sempre più precisa il corpo umano, secondo l'idea classica rilanciata da Leon Battista Alberti, e mirabilmente interpretata sia da Michelangelo che da Leonardo, di legare lo studio dell'anatomia alla teoria delle proporzioni. Andrea Vesalio usa il disegno anatomico per illustrare il suo *De humani corporis fabrica* (1543): «un'opera che viene considerata rivoluzionaria nella storia dell'anatomia moderna *proprio* [il corsivo è nostro, *nda*] per lo splendido apparato iconografico» (Beretta, 2002). Mentre a Firenze, nella seconda parte del Cinquecento, l'attenzione dei disegnatori si concentra sulla raffigurazione di scheletri e muscoli. Nasce un gruppo di artisti, per così dire, specializzati, tra cui: Pontormo, Baccio Bandinelli, Giovanni Bandini, Alessandro Allori.

Nel Seicento il disegno anatomico subisce un nuovo salto di qualità: da un lato, infatti, si diffonde in tutta Europa, dall'altro viene meno ogni residuo carattere allusivo e pittorico dei disegni, mentre si rafforza la propensione alla raffigurazione oggettiva e all'attenzione per gli organi interni, i muscoli, i sistemi vascolari. Firenze resta sede privilegiata di questo di disegno, potendo vantare artisti come Boscoli, Poccetti, Passignano. E come Ludovico Cardi, detto il Cigoli, che oltre ai disegni inizia a realizzare modelli in bronzo del corpo umano.

Anche il disegno naturalistico nasce molto prima del Seicento, per illustrare Erbari e Bestiari. Conosce una straordinaria fioritura artistica con Leonardo da Vinci e Albrecht Dürer. Ma nel Seicento il disegno naturalistico diventa uno strumento scientifico, indispensabile per comunicare le nuove conoscenze acquisite e ordinate in ambito botanico, zoologico e minerario. Ancora una volta, come testimoniano i disegni conservati agli Uffizi, Firenze si pone all'avanguardia di questa forma di comunicazione scientifica figurata, con disegnatori del calibro di Jacopo e Bartolomeo Ligozzi, Lorenzo Bernini, Cornelius Swint chiamati dal Granduca Francesco I a illustrare gli immensi testi di botanica e zoologia del naturalista bolognese Ulisse Aldovrandi (Sciolla et al., 1991).

L'arrivo di piante sconosciute dal Nuovo Mondo sposta a Roma verso la metà del Seicento il centro di gravità del disegno scientifico di tipo naturalistico, dove viene coltivato dall'Accademia dei Lincei e molto apprezzato dal Papa, Urbano VIII. Nascono così sia l'opera, illustrata, *De Florum cultura* pubblicata dal gesuita Giovan Battista Ferrari nel 1638, che la raccolta di ogni genere di curiosità naturalistiche che Cassiano del Pozzo fa disegnare in quello stesso periodo da grandi artisti a scopo documentario per il suo *Museum Chartaceum*.

Ma il disegno naturalistico si offre anche all'elaborazione estetica. Nel 1681 a Roma il gesuita Filippo Buonanni pubblica le *Ricreazioni dell'occhio e della mente nell'osservatorio delle chiocciole*, un libro in cui la parte scritta riguarda la ricostruzione dell'origine delle conchiglie e la parte iconografica, con le immagini tratte dal museo del Collegio Romano, è organizzata in modo da creare forme artistiche che nulla hanno a che fare con la scienza naturalistica: «Scopo dell'autore dunque [è] quello d'intrattenere il lettore con la visione di immagini ingegnose e curiose, rendendogli così meno faticoso l'apprendimento della scienza» (Beretta, 2002).

L'immagine come strumento di comunicazione viene usata anche dagli ingegneri nei loro libri, stampati, sulle macchine. Ben prima del Seicento. E se i disegni che Roberto Valturio utilizza per l'edizione a stampa del suo *De re militari* (1472) sono ancora piuttosto approssimativi, nella seconda metà del Cinquecento, come rileva Vittorio Marchis, con la pubblicazione del *Theatrum machinarum* (1569) da parte di Jacques Besson nasce un genere letterario nuovo: il teatro delle macchine (Marchis, 1994). Antesignano e artista sublime del disegno meccanico è, naturalmente e come al solito, Leonardo da Vinci. Ma nel 1607 l'ingegnere Vittorio Zonca, che lavora a Padova negli stessi anni di Galileo, porta a maturazione questa comunicazione tecnica per immagini: nel suo *Novo theatro di machine et edificii* non solo mostra i dettagli delle macchine, ma presenta gli spaccati e gli esplosi, con una precisa scala grafica delle proporzioni tra la rappresentazione assonometrica e la realtà (Marchis, 1994).

Il Seicento costituisce una svolta anche nella cartografia, l'arte di rappresentare il mondo con mappe proporzionate a uso di naviganti, militari ed esploratori nata già intorno al Trecento. Ma è nella seconda parte del Cinquecento e poi nel secolo della rivoluzione scientifica che le carte geografiche europee iniziano da un lato a rappresentare il mondo intero, con i nuovi continenti e le nuove terre scoperte, e dall'altro a rappresentarlo in maniera oggettiva, ovvero secondo proporzioni studiate in maniera matematica.

Il Seicento inaugura anche un nuovo genere, la cartografia cosmologica. Dopo Galileo l'universo fuori dalla Terra è finalmente osservabile. Ove il finalmente non è dovuto solo e tanto all'innovazione tecnologica, il cannocchiale, che rende l'universo indagabile con maggiore definizione di dettaglio, ma anche e soprattutto culturale. Nasce un interesse per la geografia cosmica. Il primo, naturalmente a elaborare mappe cosmiche, in particolare mappe della Luna, è Galileo. Tuttavia il genere si arricchisce nel 1647, quando l'astronomo tedesco Johannes Hevelius dà alle stampe la sua *Selenographia, sive Lunae descriptio*, una mappa molto dettagliata del satellite naturale della Terra.

3.6 Le riviste

Una data importante nella storia della comunicazione della scienza è quella del primo marzo 1664, quando il Consiglio della Royal Society autorizza Henry Oldenburg a pubblicare a mo' di periodico le corrispondenze che lui tiene per conto della società, in modo da aggiornare la comunità scientifica internazionale sulle nuove conoscenze prodotte dai membri dell'accademia londinese. L'anno seguente, come abbiamo già ricordato, Oldenburg, su sua privata iniziativa ma col patronato della Royal Society, pubblica le «Philosophical Transactions». Che devono il loro strano nome, transazioni, al fatto che ancora non esiste, o comunque ancora non è diffusa, la parola, giornale, che si imporrà come la più adatta a descrivere il genere. Resta il fatto che la Repubblica della scienza ha inventato un mezzo di comunicazione proprio: la rivista scientifica. Il nuovo strumento viene pubblicato con regolare periodicità da un editore, coordinato da un direttore o da un comitato di redazione e contiene una varietà di contributi originali di autori diversi. Ben presto alle «Philosophical Transactions» sarà possibile abbonarsi e, quindi, riceverle con puntualità.

Per la sua capacità di accelerare il flusso di comunicazione rilevante all'interno della Repubblica della Scienza, la nuova proposta editoriale ha un successo immediato: tra il 1665 e il 1730 vengono fondati in tutta Europa oltre 300 giornali, trenta dei quali sono dedicati alle scienze naturali (18 alle scienze naturali in generale, 11 alle scienze mediche, 1 alla matematica e alla fisica) (Feuer, 1969). Tra questi uno ha periodicità settimanale, quindici mensile, uno bimensile, uno semestrale e cinque annuale. Gli editori sono diversi. Spesso privati. Solo sei, tra queste trenta riviste, sono pubblicate direttamente dalle Accademie.

Nello stesso 1665, addirittura due mesi prima delle «Philosophical Transactions», esce a Parigi con il patrocinio del governo il «Journal des Savantes», che è un vero giornale di notizie a cadenza settimanale in cui ampia è la presenza della cultura. La scienza occupa da sola un quarto dello spazio. Il giornale avrà edizioni ad Amsterdam, Lione, Colonia e Lipsia oltre che a Parigi. Il primo direttore ed editore è Denis de Sallo, che intende proporre un giornale integralmente libero. «Nessuno deve trovare strano che su questo giornale vengano proposte opinioni differenti che riguardano la scienza, perché il nostro intento dichiarato è quello di pubblicare le idee degli altri senza garantirle», scrive.

De Sallo non resta a lungo direttore. La sua idea di libertà non è compatibile con le esigenze dello stato francese. Il giornale viene chiuso dopo 13 numeri nello stesso anno 1665 e ripubblicato l'anno dopo con un altro direttore, più attento alle esigenze e ai vincoli della politica.

Le riviste non si limitano a informare la comunità scientifica. Comunicano scienza a non esperti. Come ricorda Lewis Feuer, i padroni di casa dei migliori salotti del continente si abbonano alle riviste per trovare spunti interessanti di conversazione tra gentiluomini e nobildonne: ormai «la scienza [è diventata] una moda in un'epoca amante del piacere» (Feuer, 1969).

Ma ritorniamo alla Repubblica della Scienza. Grazie alle Accademie il sistema di comunicazione diventa l'istituzione sociale fondamentale della comunità scientifica. L'ampiezza e, soprattutto, la continuità di queste pubblicazioni lega insieme un numero crescente di persone in tutto il mondo. Gli editori sollecitano articoli firmati e gli autori rispondono avendone in cambio chiara fama e un'altrettanto chiara tutela della proprietà intellettuale. I redattori della Royal Society provvedono, infatti, a datare i manoscritti e si pronunciano con rigore in caso di conflitti di priorità. In altri termini, la Royal Society non inventa solo le riviste scientifiche, ma anche quelle regole sostanziali che fanno del sistema di comunicazione un'istituzione sociale. Quelle regole che consentono a una comunità di autoriconoscersi e di regolare le dinamiche interne.

Il sistema di comunicazione nelle Accademie e tra le Accademie o, più in generale, il sistema di comunicazione interno alla Repubblica dei filosofi naturali è la comunicazione della scienza decisiva, perché è l'istituzione sociale che consente loro, ai filosofi naturali, di costituire una comunità che si autoriconosce e che è riconosciuta.

Che il sistema di comunicazione assuma subito questo ruolo assolutamente centrale nella Repubblica della Scienza è la vicenda delle Accademie italiane che lo dimostra. A Londra il sistema delle *Transactions*, con le sue pubblicazioni libere e trasparenti, contribuisce a fare della Royal Society l'Accademia più nota e prestigiosa al mondo. A Roma i limiti severi alla libertà di comunicazione segnano il declino dell'Accademia dei Lincei e la chiusura dell'Accademia del Cimento. «Come istituzione che non [riesce] a sopravvivere [il *Cimento*] ci rivela qualcosa d'interessante sulla [...] "struttura della ricompensa" in campo scientifico. Nel sistema sociale della scienza moderna, uno dei principali incentivi alla [...] ricerca originale è il desiderio di riconoscimento e status [...]. L'Accademia [del Cimento, *nda*] [fallisce] perché l'entusiasmo dei suoi ricercatori di maggior talento [è] scoraggiato dall'anonimato della sua unica pubblicazione» (Westman, 1974).

Censura e autocensura sono decisive per le sorti delle Accademie non solo a Roma, ma in tutt'Italia. Napoli, per esempio, è un centro di attività scientifiche che per intensità e qualità non è inferiore a Padova, Firenze, Parigi o Londra. Ma anche se «a Napoli nel Seicento [ci sono] molti illustri studiosi», la città non è «una buona sede per lo scienziato che [spera] di far stampare le sue opere principali prima di morire», a causa delle persecuzione della curia romana. La verità è che «per molti studiosi italiani il "libro della natura" non [è] aperto all'osservazione, ma [è] sottoposto a espurgazioni, e vaste distese [sono] dichiarate proibite. Le biblioteche [sono] saccheggiate e gli stampatori imprigionati» (Eisenstein, 1995).

Capitolo 4

Fuori le mura

Se questo sforzo (come spero) avrà successo si troverà la via cercata di insegnare rapidamente tutto a tutti.

Jan Amos Komensky

Per quanto riguarda il pubblico, essa aprirà gli occhi alla gente, stimolerà le invenzioni, offrirà belle visioni, istruirà le persone con un numero infinito di novità utili e ingegnose. Tutti coloro che attuano una nuova invenzione o un progetto ingegnoso potranno venire e trovare un mezzo per farli conoscere, traendo da ciò qualche profitto. Sarà una banca di tutte le invenzioni e diventerà un museo di quanto è possibile immaginare.

Gottfried Wilhelm Leibniz

4.1 La comunicazione della scienza al grande pubblico

La nascita della Repubblica della Scienza distingue in tutta Europa almeno due comunità sociali. I membri di quella repubblica virtuale – coloro che oggi chiamiamo scienziati – e coloro che non ne sono parte: il pubblico dei non esperti. Anche costoro partecipano al processo di comunicazione della scienza, sia pure con modalità, intensità e finalità diverse.

Tuttavia, mentre oggi non risulta troppo difficile distinguere tra coloro che sono membri della (di una) comunità scientifica e coloro che non lo sono, nel Seicento e per molto tempo dopo la nascita della Repubblica della Scienza distinguere non risulta affatto semplice. Basti pensare che per oltre un secolo e mezzo dopo la fondazione della Royal Society, avvenuta come abbiamo detto nel 1661, almeno la metà dei membri dell'Accademia londinese non sono ricercatori attivi, ma gentlemen dotati di grande curiosità. Persone che oggi definiremmo non esperti (Gregory, Miller, 1998).

Non è un'eccezione, quella dei gentlemen londinesi. Il Seicento è il secolo che in tutta Europa sperimenta la cultura di massa. Nasce, di fatto la scuola. Come scrive Jan Amos Komensky, l'ungherese noto in Italia come Comenio e riconosciuto padre della pedagogia, la comunicazione pubblica, la diffusione del sapere considerato un bene universale, caratterizza fin dall'inizio il XVII secolo. L'ungherese coglie « l'ardore della gente nell'aprire scuole » e « il grande moltiplicarsi di libri in tutte le lingue e in ogni nazione affinché anche i bambini e le donne acquistino familiarità con essi ». È un segnale potentissimo. Che

Komensky, fautore di un sistema unitario del sapere, rileva immediatamente nel suo *Pansophiae prodromus* del 1639: «Adesso finalmente emerge lo sforzo costante di alcuni di portare il metodo degli studi a un grado tale di perfezione che qualsiasi cosa degna di essere conosciuta possa essere facilmente instillata nelle menti. Se questo sforzo (come spero) avrà successo si troverà la via cercata di insegnare rapidamente tutto a tutti» (Comenio, 1639).

Comenio coglie in pieno lo spirito dei tempi. La *nuova scienza* nasce mentre si afferma, lo ripetiamo, l'idea di «un sapere universale, comprensibile a tutti perché da tutti comunicabile e da tutti costruibile» (Rossi, 1997).

4.2 Esperienze sensate. E pubbliche

In effetti tutti iniziano a comunicare – anzi, a comunicarsi reciprocamente – il sapere scientifico. La scienza viene riconosciuta come una dimensione del sapere universale, cosicché, almeno nelle città, essa entra a far parte della vita culturale di molte persone. Anche direttamente, attraverso l'uso di strumenti scientifici e la partecipazione a eventi spettacolo.

Gli esperimenti diventano forme di intrattenimento nelle case degli aristocratici e dei borghesi arricchiti.

Come nota Thomas Babington Macaulay, a Londra «la scienza sperimentale [diventa] completamente di moda. La trasfusione del sangue, come pesare l'aria, come solidificare il mercurio, si [succedono] nella mente del pubblico [...]». La moda contagia tutti: cavalieri, borghesi, uomini di corte e uomini di chiesa, puritani e gaudenti. È «quasi diventato necessario per il carattere di un distinto gentiluomo aver qualcosa da dire a proposito delle pompe ad aria e dei telescopi; e persino belle signore, di tanto in tanto, [pensano] conveniente ostentare una predilezione per la scienza, recandosi in carrozza a visitare le curiosità del Gresham College ed abbandonandosi a grida di piacere scoprendo che un magnete [attira] realmente un ago, e che grazie al microscopio una mosca [appare] effettivamente grande quanto un passero» (citato in Feuer, 1969).

Se i convegni tra scienziati specialisti saranno una modalità di comunicazione che si imporrà solo nell'Ottocento, le conferenze pubbliche nascono immediatamente nel Seicento. Famose sono le 345 conferenze pubbliche, appunto, che si tengono tra il 1633 e il 1642 a Parigi presso il Bureau d'Adresse, fondato da un medico col pallino della comunicazione scientifica: Theophraste Renaudot. Il Bureau è un'organizzazione commerciale ove vengono fornite anche prestazioni mediche. Le conferenze, esplicitamente appoggiate dal cardinale Richelieu, attirano un pubblico di dilettanti curiosi, dotti ma in genere di cultura umanistica. Il dibattito è acceso, sempre in bilico tra vecchio e nuovo. Tuttavia c'è viva e forte l'esaltazione dello spirito critico. Della ricerca della verità senza condizionamenti. Non vige, in quelle discussioni, l'*ipse dixit*. La peculiarità è che delle conferenze e delle discussioni viene redatto un resoconto.

Famose sono anche le tre conferenze pubbliche e affollatissime che Galileo tiene a Padova nella prima metà del dicembre 1604 sull'apparizione nel cielo della «stella nova». L'evento astronomico sta suscitando in tutta Europa una vasta curiosità e merita una interpretazione. Perché mette in discussione l'ipotesi della incorruttibilità dei cieli cara agli aristotelici. Si vanno formando, infatti, due schieramenti. L'uno, che colloca la «stella nova» nello spazio sopralunare e, quindi, accetta di contraddire le tesi aristoteliche. L'altro, che invece tende a considerarla un fenomeno sublunare e a salvare, di conseguenza, l'ipotesi della incorruttibilità dei cieli. Il tutto va letto attraverso il filtro della religione e della contrapposizione tra protestanti e cattolici. Un antico fautore della tesi che le *novae* sono fenomeni che avvengono nello spazio sopralunare è Tycho Brahe, morto ormai da tre anni, ma ancora capace di suscitare le ire di Santa Romana Chiesa. È questo clima di forti passioni e controversie, di attese e di entusiasmi, di sospetti e di interesse per il nuovo, che trasforma le tre conferenze pubbliche di Galileo in un autentico «evento culturale» (Bucciantini, 2003). Galileo Galilei è un matematico molto noto a Padova. Il primo matematico della Serenissima repubblica. Si sa che sta studiando il fenomeno celeste e tutti attendono il suo «verdetto». Alle conferenze partecipano oltre mille persone, compresi studenti e docenti dell'università.

Le conferenze pubbliche spesso si accompagnano a, e spesso si trasformano in, esperimenti in pubblico. Potremmo, ancora una volta, ricordare Galileo Galilei e il suo esperimento sulla caduta dei gravi condotto, in pubblico appunto, dalla Torre di Pisa intorno al 1590. Ma è con la Royal Society a Londra che l'esperimento in pubblico diventa sistematico.

Diventa comunicazione sistematica.

Il motto della Royal Society è *Nullius in verba*: ogni affermazione non può essere creduta sulla parola, deve essere verificata con sensate esperienze. Con esperimenti, pubblici e ripetibili. Detto, fatto. Nel novembre 1662 la neonata società assume il giovane Robert Hooke – il primo scienziato della storia pagato con regolare stipendio solo per fare ricerca (e comunicazione della scienza) – e lo nomina *Curator of Experiments*, con il compito di allestire tre o quattro esperimenti ogni settimana da effettuare in proprio o su indicazione degli altri membri nella sede della Society. Hooke è un abile costruttore di strumenti e scienziato geniale. Svolgerà questo compito per circa quaranta anni. Raggiungendo l'eclettica e straordinaria capacità di mettere a punto esperimenti e osservazioni di così diversa natura – astronomica, fisica, chimica, biologica – da meritare il riconoscimento di «nuovo Leonardo». Gli esperimenti curati da Hooke sono realizzati affinché i membri della Royal Society possano discuterli e commentarli, oltre che progettarli. Ma i membri della società non sono solo scienziati. Sono, anche, non esperti. Sono l'anello di congiunzione tra la Royal Society e il resto della società londinese. Un anello efficiente. Se è vero che ben presto, come abbiamo detto, la moda di realizzare dimostrazioni sperimentali della nuova scienza si diffonde in molti salotti di Londra. E d'Europa.

La scienza inizia a fare spettacolo.

E non in modo occasionale.

Non è affatto semplice separare, nel secolo barocco, l'esperimento dalla didattica e dall'evento spettacolare. Le dissezioni dei cadaveri e gli studi anatomici, per esempio, vengono talvolta condotti in pubblico sia a fini didattici sia al fine di destare meraviglia. Talvolta c'è un ritorno diretto per la scienza. Johann Georg Wirsung scopre il dotto pancreatico dell'uomo durante la pubblica dissezione, a Padova, del cadavere di Zuane Viaro della Badia, accusato di omicidio e impiccato in piazza del Vin il primo marzo 1642.

D'altra parte sono proprio le esigenze di divulgazione e di didattica, ovvero di comunicazione ai non esperti o ai non ancora esperti, che inducono, in mancanza di grandi disponibilità di cadaveri, la riproduzione del corpo umano e delle sue parti in avorio, bronzo, gesso, legno e, soprattutto, cera (Bernabeo, 1996). Antonio Maria Valsala, per esempio, commissiona a Giovan Battista Verle, autore nel 1679 della *Anatomia artificiale dell'occhio umano*, la ricostruzione artificiale dell'orecchio: «per mezzo del quale si pongano *sotto gli occhi di tutti* [il corsivo è nostro, nda] le principali parti dell'orecchio acustico nelle loro figure, posizioni e connessioni» (citato in Bernabeo, 1996). Nasce così l'arte della ceroplastica, in cui eccelle Gaetano Giulio Zumbo, detto anche Zummo. Celebre è la sua composizione nota come *La peste*, realizzata per commemorare l'epidemia che colpisce Napoli nel 1656. Zumbo viene chiamato a lavorare a Firenze, qui realizza opere come la *Corruzione dei corpi*, *Effetti della sifilide*, *Testa di vecchio* dove, nella parte sinistra, mette allo scoperto il piano sottocutaneo e muscolare.

In seguito Felice Fontana, direttore del Museo di fisica e storia naturale di Firenze, darà vita, insieme allo scultore livornese Giuseppe Ferrini e al chirurgo Giuseppe Galletti, a una vera e propria officina ceroplastica la cui produzione andrà ad arricchire le collezioni dei maggiori istituti anatomici d'Europa (Bernabeo, 1996).

È sempre per l'esigenza di vedere e di far vedere agli altri che vengono elaborate svariate tecniche per mettere in evidenza le parti interne del corpo umano. È iniettando, per esempio, cera adeguatamente colorata nei vasi dell'apparato genitale femminile che Jan Swammerdan scopre l'uovo. Un grande maestro della cera è Frederijk Ruysch, che a partire dal 1666 allestisce una vasta collezione di mummie così veritiere da sembrare in grado di parlare e comunque da indurre, due secoli dopo, Giacomo Leopardi a dedicare una delle sue *Opere morali* al *Dialogo di Federico Ruysch e delle sue Mummie* (Leopardi, 1832).

4.3 Il museo, teatro per la meraviglia

Le cere non sono che una piccola parte degli oggetti di interesse scientifico che vengono esposti in pubblico in appositi edifici. In realtà il Seicento tra le tante sue novità propone anche quella del museo pubblico come strumento di comunicazione della scienza. La novità e la potenzialità del nuovo *medium* è ben evidente al filologo tedesco David Georg Morhof che così scrive nel 1674: «Come nell'apprendimento delle cognizioni scientifiche ci occorrono i libri, così nelle scienze naturali sperimentali ci occorre quest'unico libro (la natura) la cui epitome ci può essere fornita da un *Musaeum rerum naturalis*. Sia gli uomini eruditi sia le società intere si sono dati da fare per approntarli, e ne esistono non pochi in varie località» (citato in Beretta, 2002).

In realtà il museo, come nome e come istituzione, è molto più antico: nasce nell'antica Grecia come luogo dedicato alle Muse che diventa, anche, luogo dedicato all'insegnamento delle lettere e della filosofia. Si tratta di un luogo fisico. Di un «edificio della cultura», dove si allevano idee e si conservano oggetti. Il prototipo è, certo, il museo del Monte Elicona dove, accanto alle statue delle Muse, vengono conservati i manoscritti di Esiodo. Ma anche l'Accademia di Platone e il liceo di Aristotele hanno i loro musei. Si tratta di piccoli templi, in cui il culto delle Muse e la filosofia, la religione, la cultura, la collezione di oggetti si mischiano per formare un tutt'uno.

È solo in epoca ellenistica che nasce il museo come lo intendiamo oggi, monumentale e insieme laico (Beretta, 2002). Tipico è quello inaugurato nel 280 a.C. ad Alessandria d'Egitto, come parte della grande Biblioteca. Nel museo di Alessandria vengono allestite sale anatomiche, un osservatorio astronomico, un orto botanico, un giardino zoologico. Il museo di Alessandria è un vero e proprio museo scientifico. Non è un caso. La scienza, come abbiamo detto, è uno dei pilastri su cui poggia non solo la cultura, ma l'intera società ellenistica. E Alessandria è la città dove il pensiero scientifico ellenistico raggiunge l'apice. Il fatto poi che il museo sia parte della Biblioteca sta a indicare che libro e osservazione scientifica della natura non possono essere separati.

Quello scientifico di Alessandria è un museo di ricerca e di discussione laica, non è un luogo dove si raccolgono e collezionano oggetti. Questa funzione, nella grande città ellenistica, è assolta dalla Biblioteca. Occorre, dunque, attendere i Romani affinché il *museum* diventi il luogo della conservazione: di statue e marmi, di pietre preziose (*dactylotheca*) e monete. Queste collezioni, una vera passione per i patrizi romani, vengono esposte solo e unicamente per stupire. Plinio il Vecchio ricorda come la capacità che hanno i musei di destare meraviglia sia davvero grande, perché nasce dal fatto che la «maestà della natura si concentra in uno spazio ristretto».

Il tramonto dell'impero romano coincide con il tramonto, provvisorio, dei musei. Che ritornano di attualità in Europa quasi un millennio dopo, a partire dal Trecento, con la riscoperta della cultura classica. In realtà nel corso del Medioevo l'idea di collezione non era affatto svanita, semplicemente, in adesione allo spirito dei tempi, si era concentrata sulla raccolta di reliquie, di *ex voto* e comunque di oggetti di devozione che affollano le sacrestie e vengono esposti con ostentazione a maggior gloria di Dio. Non mancano, nelle chiese e nelle sacrestie, esposizioni di oggetti non immediatamente riconducibili alla devozione. Si tratta di oggetti esotici, provenienti da terre lontane, sia manufatti che naturalistici. Tuttavia in queste raccolte non c'è il minimo intento scientifico. Sono lì per destare pura meraviglia.

Quello che ritorna, dunque, alla fine del Medioevo è il museo laico, inteso sia in termini ellenistici, di luogo di discussione e di ricerca, che nel senso romano, di luogo di raccolta ed esposizione di oggetti, artificiali o naturali che siano. D'altra parte, con l'interesse per i classici ritorna l'interesse per gli oggetti della classicità. E così nascono – o, se si vuole, rinascono – i luoghi ove si raccolgono i libri, i codici, i reperti archeologici della classicità. Si tratta di luoghi privati, in genere di studioli ove il padrone di casa – un nobile o un ricco mercante – ha il suo scrittoio e che ora correda, appunto, con gli oggetti dell'età classica. Nel Rinascimento questi luoghi diventano sempre più ricchi e importanti. I luoghi ove lo studioso può appartarsi e coltivare il suo sapere. Gli oggetti collezionati iniziano a essere catalogati e ordinati. Talvolta esposti al pubblico, per stupirlo. È il caso della *Villa delle Meraviglie*, voluta nel 1552 a Bomarzo, tra l'Umbria e il Lazio, dal principe Pier Francesco Orsini «sol per sfogare il core» e realizzata da Pirro Ligorio, l'architetto che dopo la morte di Michelangelo sarà chiamato a lavorare a San Pietro. Si tratta di un'esposizione all'aperto di enormi sculture che si richiamano a svariate culture, le più diverse nello spazio e nel tempo, proposte a tutti «voi che pel mondo gite errando vaghi di veder meraviglie».

La *Villa delle Meraviglie*, il museo all'aperto di Bomarzo, è un inno alla diversità, (ri)scoperta con le grande esplorazioni geografiche ed è un inno alla capacità non di stupire, ma di stupirsi.

Ben presto le antiche collezioni casuali tendono a divenire raccolte specialistiche. Talvolta si tratta di raccolte di tipo naturalistico. Con un esplicito intento tassonomico. Come scrive Marco Beretta, non è chiaro quando l'interesse generico per il collezionismo subisce «una specializzazione in senso scientifico» (Beretta, 2002). È certo, però, che nel Cinquecento, in Italia più che in ogni altra regione d'Europa, esistono collezioni naturalistiche di notevole importanza. Nel 1544, per esempio, nasce a Pisa il primo giardino botanico d'Europa. Mentre il primo museo naturalistico è, probabilmente, quello che a partire dal 1561 realizza il collezionista aristocratico Ulisse Aldrovandi nella sua casa a Bologna: un «microcosmo della natura» che, a sentir lui, nel 1595 contiene già «diciottomila cose diverse e, fra queste, 7000 piante in quindici volumi, secche et incollate, parte delle quali ancora ho dal vivo dipinte» (Beretta, 2002). Il museo aldrovandino ospita anche animali e pietre. E una biblioteca con circa 4.000 volumi. Il tentativo di Aldrovandi è molto avanzato: egli tenta di fare del suo «microcosmo della natura» un vero e proprio centro di ricerca naturalistica, con una équipe di studiosi e di artisti che catalogano e riproducono.

In realtà quello che intende allestire Aldrovandi è un «theatro della natura», ove lei, la natura appunto, non è rappresentata solo in maniera statica, ma dinamica. Nel suo divenire storico. Non a caso Ulisse Aldrovandi sarà il primo docente di storia naturale in Europa e il suo museo il prototipo dei musei di storia naturale.

In realtà né il principe Pier Francesco Orsini né il naturalista Ulisse Aldrovandi sono casi isolati. Come hanno dimostrato Giuseppe Olmi e Paula Findlen già nel XVI secolo esistono in Italia due diverse tradizioni museali, che corrispondono a due modalità espositive e a due obiettivi molto diversi (Olmi, 1997; Findlen, 1997).

Da un lato vi sono le collezioni private in casa dei principi e dei mercanti, distillati sia di un bisogno di ostentazione di ricchezza e potenza che di ricerca culturale. La collezioni di *naturalia* e di *artificialia*, che, pertanto, risultano piuttosto eclettiche e hanno al centro l'uomo e il suo possesso della natura.

Dall'altro vi sono le collezioni dei primi studiosi di storia naturale: quella di Aldrovandi a Bologna, certo. Ma anche quelle del farmacista Francesco Calceolari (1521-1600) a Verona, del medico papale Michele Mercati (1541-1593) a Roma, del farmacista Ferdinando Imperato (1550-1625) a Napoli. O, fuori d'Italia, la collezione del medico e fisico Olaus (Ole) Worm (1588-1654) a Copenaghen.

«Ne lasciarò di dire, che di lode immortali sono degni alcuni altri huomini virtuosi e singulari de i tempi nostri, i quali nelle case loro hanno fabbricato alcuni repositori, dove, come in un teatro con bellissimo ordine vi si veggano raccolte, non solamente le migliaia delle piante vive secche, e con diligentissima sottilità distese sopra i fogli bianchi de i libri [...]. Ne lasciarò di dire delli animali, più notabili, e miracolosi, che siano fra le più notabili cose della natura [...] che con arte maravigliosa, vi si veggono conservati come se fussero vivi», scrive – meravigliato, appunto – il medico e naturalista Pier Andrea Mattioli (1500-1577).

Questi «teatri della natura» possono certamente ambire alla definizione di gabinetti di studio, allestiti per sviluppare la ricerca e proporre un nuovo approccio all'insegnamento della zoologia e della botanica a opera di una nuova classe di studiosi, in genere medici e farmacisti, i quali già nel Cinquecento cercano di affermare i loro interessi naturalistici – non a caso le collezioni nascono nel momento in cui vengono creati i primi orti botanici – e, ovviamente, se stessi – non a caso le collezioni nascono nel momento in cui vengono create le prime cattedre universitarie «dei semplici» – cercando il consenso dei principi e dei potenti che sono invitati a frequentare quegli affollati studioli.

Tuttavia è nel Seicento che si afferma definitivamente il museo scientifico.

In primo luogo perché aumentano di numero i musei naturalistici. Non solo in Italia, ma in tutta Europa. Nel 1622, per esempio, i Gesuiti ne fondano uno a Vienna. Nel 1626 a Parigi viene aperto, come abbiamo già detto, il *Jardin des Plantes*, destinato a diventare il *Muséum d'historie naturelle*, oltre che il luogo ove «si fa» la chimica francese. Nel 1629 a Jena viene inaugurato un giardino botanico.

Poi perché si affermano definitivamente e si affinano progressivamente le collezioni private di oggetti esotici. Dall'epoca delle grandi scoperte geografiche, tra XV e XVI secolo, mercanti ed esploratori europei usano riportare in patria le «curiosità» biologiche o minerarie trovate in giro per il mondo. Che tengono in casa propria o che vendono a studiosi, aristocratici e corti reali. Nascono così le collezioni di oggetti provenienti da paesi lontani. Si tratta di raccolte spesso caotiche, casuali. Senza alcun intento tassonomico (o quasi). Suscitano meraviglia, ma anche curiosità. Che è il prerequisito della ricerca scientifica.

Si tratta di collezioni, abbiamo detto, private. Sia nel senso che appartengono ai mercanti e ai marinai che le hanno raccolte, o agli studiosi e agli aristocratici che le hanno comprate e collezionate. Sia nel senso che sono accessibili a una cerchia ristretta di persone. Quelle che frequentano la casa del proprietario. Borghesi o popolani, se il proprietario è un marinaio o un mercante. Aristocratici e intellettuali, se il proprietario è un aristocratico. Un pubblico di corte, se gli oggetti appartengono al re e sono esposti nella sua reggia.

Queste collezioni private e ostentate esistono già numerose nel Cinquecento. Ma la novità, nel Seicento, è che si avverte, forte, il bisogno di «socializzarle». E con esse di socializzare la meraviglia e la curiosità che destano. In altri termini, nel secolo in cui nasce la cultura di massa, le collezioni private vengono esposte al pubblico. O meglio, ai diversi pubblici.

Esempio tipico di questo processo di «socializzazione delle meraviglie» sono le 26 curiosità raccolte e accuratamente custodite dall'inglese John Tradescant in anni di navigazione nei mari di tutto il mondo. Nel 1626 il marinaio inglese decide di mostrarle a tutti quelle 26 meraviglie e apre al pubblico la sua casa a Lambeth, Londra. Tradescant chiama *Arca* la sua collezione, costituita da oggetti esotici di ogni genere e forma e valore. Alla sua morte, nel 1683, l'*Arca di Tradescant* viene momentaneamente spostata nella casa dell'amico Elias Ashmole e, dopo pochi mesi, definitivamente trasferita a Oxford, dove viene inaugurato l'*Ashmolean Museum*. Da collezione privata, l'*Arca di Tradescant* si è trasformata in primo nucleo di un museo pubblico. Di un museo scientifico aperto, appunto, al pubblico.

Quello di John Tradescant e della sua collezione non è che un esempio. In realtà il fenomeno della «socializzazione delle meraviglie» investe tutta l'Europa. E l'Italia, in particolare. Famosa è la collezione che il marchese Ferdinando Cospi mette in mostra a Bologna e che sarà poi riunita con quella di Ulisse Aldrovandi. Non meno famosa – e importante – è la collezione che Ferdinando Imperato allestisce nel suo *studiolo* a Palazzo Gravina a Napoli; o quelle proposte da Francesco Calzolari a Verona, da Lodovico Moscardo a Padova, dal gesuita Athanasius Kircher a Roma e da Manfredo Settala a Milano.

In breve: gli oggetti in mostra sono una delle modalità attraverso cui si afferma la cultura di massa, compresa la cultura scientifica, nel secolo barocco. Queste collezioni, in Italia, in Gran Bretagna, in tutta Europa tendono infatti a proporre una precisa idea di museo: quella delle *Wunderkammern*, delle «camere delle meraviglie». Si tratta, appunto, di esposizioni in cui vengono accomunati oggetti i più diversi – dalle cianfrusaglie agli strumenti scientifici; dai minerali, alle pietre preziose ai fossili; dalle piante agli animali esotici – nel tentativo di stupire. Di suscitare meraviglia. E in chi, suscitare meraviglia, se non nella gente comune, nei non esperti?

Eppure la meraviglia non è del tutto fine a se stessa. Dietro il tentativo di suscitarla c'è qualcos'altro. Presentando, insieme, oggetti naturali e artifici accomunati da una medesima bellezza della forma, c'è la chiara indicazione che tra naturale a artificiale non esiste una cesura netta, ma l'estetica intrinseca della natura e l'artificiale naturalezza dell'arte sfumano l'una nell'altra. E, insieme, testimoniano la «stupefacente inventività dell'artefice divino» (Kemp, 1999).

Le *Wunderkammern*, con il loro eclettismo e il loro scarso rigore scientifico, sono musei molto diversi dal «theatro della natura» proposto e realizzato da Ulisse Aldrovandi, con un chiaro intento ordinatore, tassonomico. Scientifico.

E, infatti, le *Wunderkammern* suscitano perplessità in molti studiosi. Così commenta l'indespettito Francesco Redi, Accademico dei Lincei e grande naturalista: «In somma rimango sempre più stordito di tante menzogne, che giornalmente si scrivono; e si narrano intorno a que' medicamenti, che dalle terre d'oltre mare, e dagli altri più lontani, e men conosciuti paesi nelle nostre contrade son portati, poco importando se'l falso, o'l vero si racconti, purché nuove cose, inaudite, e quasi quasi miracolose si rapportino; immaginandosi ogni uomo per questa via di rendersi più cospicuo, e più ragguardevole, e d'essere stimato più dotto degli altri dal semplice volgo» (Beretta, 2002).

Ma la critica del grande biologo aretino è forse ingenerosa.

Sia perché le *Wunderkammern* non sono sempre, e comunque non sono solo, accozzaglie di oggetti. Ma spesso evolvono in qualcosa di molto più complesso. Da questo punto di vista un rilievo particolare assume, a Praga, la *Kurnst-Wunderkammern* organizzata nel primo piano dell'ala ovest del palazzo Hradschin, dove Rodolfo II non ha allestito solo la raccolta più nota e celebrata d'Europa di *naturalia* e *artificialia*, ma ha organizzato anche una corte intellettuale dove, senza discriminazione di religione e di idee, si raccolgono grandi personalità della cultura europea: pittori e scultori, orafi e artigiani, ingegneri e meccanici, medici e alchimisti, astronomi. La *Kurnst-Wunderkammer* di Praga, che ha una vaga assonanza con il Museo di Alessandria, non testimonia solo dell'approccio ecumenico con cui Rodolfo II cerca di definire il ruolo degli Asburgo, quali mecenati delle arti e delle scienze, ma testimonia anche delle potenzialità evolutive che, smentendo Redi, posseggono le «camere delle meraviglie».

D'altra parte le preoccupazioni del biologo di Arezzo approdato alla corte dei Medici non sono fondate anche perché le *Wunderkammern* non impediscono affatto che il museo o il protomuseo scientifico in senso proprio, alla Aldrovandi per intenderci, vada pian piano affermandosi e specializzandosi, diventando un luogo della scienza. Anzi, probabilmente aiutano i musei naturalistici ad aprirsi al grande pubblico e ad assumere una propensione, tutta secentesca, alla comunicazione. Cosa fanno, infatti, i Gesuiti a Vienna, quando fondano il loro museo naturalistico per dedicarlo, primo in Europa, alla didattica e alla formazione, oltre che alla conservazione e alla classificazione? E d'altra parte, non succede forse che – a Parigi come a Oxford – i musei inizino ad aprire le proprie porte e a diventare «pubblici», nel senso di mostrare anche al pubblico dei non esperti gli oggetti naturali ben conservati e ben classificati?

È vero che la gran parte di queste iniziative conserva un'impronta «privata», nel senso – indicato da Francesco Antinucci – che non sono pensate per il pubblico che li visita, ma sono pensate per le esigenze di chi le organizza (Antinucci, 2004). Ma è anche vero che costituiscono un tentativo, uno tra i primi tentativi, di socializzare meraviglia e conoscenza a livello di grande pubblico. A livello di massa.

In definitiva, potremmo dire che, pur strutturalmente diversi, e pur con modalità diverse, sia i musei naturalistici in corso di specializzazione sia le più effimere *Wunderkammern*, convergono verso un medesimo obiettivo: aprirsi al pubblico per comunicare la scienza, come va sostenendo David Georg Morhof.

Il museo che sta prendendo forma nel Seicento, dunque, non ha una sola dimensione. Non è mai solo meraviglia e non è mai solo strumento di conoscenza. È un museo in cui le due dimensioni, estetica e scientifica, sono presenti contemporaneamente, sia pure con diverse gradazioni.

D'altra parte non propone esplicitamente proprio questa contaminazione tra arte e scienza quel Filippo Buonanni che, nel 1681, pubblica le *Ricreazioni dell'occhio e della mente nell'osservazione delle chiocciole*? Con questo suo libro il gesuita intende certo fare il punto delle conoscenze intorno agli animali dotati di conchiglia, ma la disposizione delle chiocciole che sono raffigurate nel volume e di cui Buonanni intende parlare è «organizzata in modo da formare delle vere e proprie sculture che nulla [hanno] a che vedere con l'oggetto della conchiliologia o con il tema della generazione» (Beretta, 2002), ma hanno una intenzionale funzione estetica. Vogliono, appunto, colpire l'occhio, oltre che la mente.

E, ancor prima, non aveva, forse, Francis Bacon immaginato, nella *Nuova Atlantide*, una virtuale «Casa di Salomone» aperta a tutti, perché tutti potessero essere coinvolti – secondo capacità e interesse – nella ricerca della verità per mezzo della ragione e della sperimentazione, e tutti potessero beneficiare delle ricadute di quella ricerca scientifica? (Bacon, 1627) Ebbene, come scrive Willem Hackmann, nel Seicento qualche tentativo di realizzare il progetto di sir Francis Bacon viene davvero esperito, almeno in Gran Bretagna. Il già citato *Ashmolean Museum* di Oxford, ma anche la Royal Society che organizza a Londra pubbliche sperimentazioni, «si presentano come una sorta di Casa di Salomone», dove la possibilità di apprendere facendo uso di strumenti rievoca l'idea, moderna, del museo interattivo, *hands-on* (Hackmann, 1998).

È dunque in questo contesto che alla fine del secolo barocco l'immaginifico, ma certo non visionario, Gottfried Wilhelm Leibniz propone la sua idea – moderna, straordinariamente moderna – di museo scientifico, didattico, ludico, interattivo, d'intrattenimento, incubatore di innovazione tecnologica e persino d'impresa

Così il grande matematico e filosofo scrive, nel 1675, vagheggiando la sua idea di museo della scienza e della tecnica, ovviamente destinato anche al grande pubblico: «L'esposizione comprenderà lanterne magiche [...] voli, meteore artificiali e ogni sorta di meraviglie ottiche; una rappresentazione dei cieli, delle stelle e delle comete [...] fuochi d'artificio, fontane d'acqua, barche dalla forma strana: mandragore e altre piante rare. Animali insoliti e rari. Un circolo reale. Figure di animali. [...] Esercitazioni militari di balistica. Esercitazioni di cavalleria [...] Strumenti musicali rari. [Riproduzioni di] gemme e gioielli. La mostra potrà sempre associarsi a qualche rappresentazione o commedia. Teatro di natura o d'arte. Funamboli straordinari. Salto mortale. Mostrare come un bambino possa sollevare un gran peso con un filo. Un teatro anatomico affiancato da un giardino di erbe medicinali e da un laboratorio» (citato in Beretta, 2002).

Leibniz pensa che la scienza debba essere mostrata in pubblico in un luogo stabile. Ma pensa anche che questo luogo non debba essere, per il pubblico, un luogo morto. Un edificio dove vengono esposte collezioni di oggetti che parlano solo agli esperti. Il museo che vagheggia Leibniz è un luogo di conservazione ma, soprattutto, di comunicazione. E il suo è un progetto (un sogno) di comunicazione della scienza senza modelli. Ovvero, con ogni possibile modello.

Il museo della scienza di Leibniz deve saper educare, ma deve saper anche emozionare. Coinvolgere. E divertire. Se proviamo a immaginarlo, coi suoi giochi di luce, con gli animali insoliti e rari, le esercitazioni di cavalleria, i salti mortali dei funamboli, gli esperimenti che consentono ai bambini di sollevare un gran peso con un filo, ma anche con i suoi teatri anatomici, i giardini di erbe medicinali e i laboratori di ricerca, esso ci apparirà come l'ultima e più ardita concezione del museo *hands-on*.

Insomma, quello che Leibniz propone somiglia molto a un moderno *science center*. Anzi, per certi versi il suo progetto è addirittura più ardito rispetto persino agli attuali progetti di «musei aperti». Perché quello che Leibniz prefigura non è solo un centro ove si fa ricerca che si apre al grande pubblico con finalità didattiche. E non è neanche solo un museo aperto alle attività ludiche per catturare l'attenzione del pubblico non esperto e mostrare le meraviglie della scienza. Quello che Leibniz prefigura è un museo che comunica scienza a ogni livello: informazione, formazione, intrattenimento. Ma anche riflessione sul complesso di rapporti che oggi chiameremmo «scienza e società».

Leibniz da un lato intuisce che la comunicazione della scienza non si esaurisce in un'unica modalità (la didattica), ma veicola attraverso diversi canali che mobilitano non solo la sfera razionale, ma anche la sfera emotiva del pubblico. E dall'altro (qui sta la sua precocissima intuizione) la comunicazione plurimodale della scienza produce effetti sociali tangibili.

Ma Leibniz non si limita a indicare, con tre secoli di anticipo rispetto a Frank Oppenheimer e al suo *Exploratorium* fondato nel 1969 a San Francisco, l'idea del «museo vivo della scienza». Ovvero di un museo educativo, ove, attraverso il coinvolgimento e la spettacolarizzazione, l'informazione e lo stimolo, si trasmette «cultura scientifica» a giovani e meno giovani visitatori.

Leibniz va oltre: «La qualità di quest'impresa sia per il pubblico sia per il singolo sarà – scrive – più grande di quanto si possa immaginare. Per quanto riguarda il pubblico, essa aprirà gli occhi alla gente, stimolerà le invenzioni, offrirà belle visioni, istruirà le persone con un numero infinito di novità utili e ingegnose. Tutti coloro che attuano una nuova invenzione o un progetto ingegnoso potranno venire e trovare un mezzo per farli conoscere, traendo da ciò qualche profitto. Sarà una banca di tutte le invenzioni e diventerà un museo di quanto è possibile immaginare. Un serraglio. Macchine semplici. Osservatorio. Teatro anatomico. Museo di rarità. A esso si rivolgeranno per iscritto tutte le persone dotate di curiosità» (citato in Beretta, 2002).

Insomma, nel XVII secolo, il secolo barocco, Gottfried Wilhelm Leibniz pensa a un museo della scienza che è anche un incubatore di idee. E di innovazione tecnologica. Pochi prima e dopo di lui avranno un'idea più articolata e, insieme, democratica di quella istituzione e di quel luogo fisico che noi oggi chiamiamo museo.

Il filosofo e matematico tedesco non riuscirà a realizzare il suo progetto, forse perché troppo in anticipo sui tempi. I musei, infatti, come tutti i prodotti della cultura umana, evolvono. Ed evolvono in connessione, più o meno stretta, con una domanda sociale.

4.4 La comunicazione scritta

4.4.1 Il libro e la costruzione dell'opinione pubblica scientifica

La scienza in pubblico irrompe nella cultura del Seicento. Ma è la stampa il mezzo che più di ogni altro favorisce, nel Seicento, la nascita di una vera e propria opinione pubblica attenta alla scienza. Perché è la comunicazione a mezzo stampa che favorisce e, forse, determina la costruzione di una società di massa, qual è la società barocca. E in una società di massa i mezzi di comunicazione di massa veicolano informazioni e idee le più diverse, in competizione e spesso in contraddizione tra loro.

Certo il *Sidereus Nuncius* di Galileo come, in precedenza, il *De Revolutionibus* di Copernico, stampati in poche centinaia di copie e scritti in latino, non sono letti dalle grandi masse. Ma poiché contengono idee forti – rivoluzionarie e, a un tempo, solide – il messaggio che questi libri inviano percola, attraverso mille canali e interstizi, nella società barocca e compete alla pari con le culture a-scientifiche e anti-scientifiche, che possono sì vantare una maggiore quantità di pagine stampate, ma propongono, spesso, messaggi deboli. Destinati – ieri come oggi – o a essere spazzati via in tempi rapidi o ad allignare nei settori più stagnanti della cultura e dell'intera società. D'altra parte è proprio la comunicazione a mezzo stampa che inaugura la stagione dell'«opinione pubblica», dell'«immagine pubblica» e dell'«immaginario individuale» continuamente rimodellato da nuove informazioni. In altri termini, la stampa determina la creazione di un'opinione pubblica intorno al nuovo mondo proposto dai filosofi naturali; di un'immagine pubblica della scienza; di un immaginario scientifico collettivo e dinamico; e, anche, di un immaginario naturale individuale pronto a farsi rimodellare dalle nuove conoscenze scientifiche.

Galileo o Kepler e una moltitudine di filosofi della natura scrivono libri per tutti, per coloro che sono dentro le mura della Repubblica della Scienza e per coloro che ne sono fuori. Ma nel Seicento nasce e si sviluppa anche una pubblicistica che usa il libro rivolta in maniera specifica al pubblico che non sa. Un esempio tipico sono gli almanacchi, un genere antico nato come un calendario corredato da qualche previsione astronomica. Gli almanacchi sono utilizzati anche dagli astrologi. Ma quando diventa disponibile la stampa a caratteri mobili si arricchisce, con notazioni le più varie: dalle ricette mediche a quelle di cucina. Ebbene nel Seicento l'almanacco diventa un vero e proprio libro di *popular science*, di scienza per tutti. Ed è diffusissimo. Si calcola che quando nasce la Royal Society, negli anni Sessanta del XVII secolo, vengano stampati in Inghilterra ben 400.000 copie di almanacchi: uno ogni tre famiglie.

Certo, gli almanacchi contengono anche informazioni imprecise. Veicolano spesso superstizioni e false credenze. Contro di loro si batteranno gli illuministi, nel Settecento. Eppure, come nota Paola Govoni, non può essere trascurato il fatto che essi contribuiscono a fare del sapere scientifico una cultura diffusa a livello popolare (Govoni, 2002).

Se gli almanacchi fanno riferimento soprattutto all'astronomia, altri libri diffondono una cultura che potremmo definire di medicina popolare. E non sono certo meno diffusi. Si calcola che tra il 1486 e il 1604 siano circolati, nella sola Inghilterra, altre 400.000 copie di libri di divulgazione medica, per oltre 153 diversi titoli. Certo, alcuni sono opere di autentici ciarlatani. E altre sono opere in cui non è semplice distinguere tra il rigore scientifico e la ciarlataneria. Ma resta il dato: viviamo in un'epoca in cui la natura a ogni livello, da quella dei cieli a quella del corpo, suscita interessa. E genera lettori.

Cosicché un fatto è certo. La circolazione tra le masse dello strumento libro – reso possibile non solo dalla stampa a caratteri mobili, ma anche dalla riforma protestante che invita a leggere direttamente il «libro dei libri» ciascuno secondo le proprie capacità – amplia oltre ogni misura «il fondo di talenti scientifici potenziali cui attingere» (Eisenstein, 1995).

La cultura diffusa amplia l'universo dei potenziali scienziati. E amplia, anche, l'universo dei possibili collaboratori degli scienziati. Come rileva Reijer Hooykaas, «comunicando le loro osservazioni su uccelli e fiori, su flusso e riflusso della marea, su fenomeni celesti», gli uomini di scienza chiedono «ai non istruiti di contribuire alla conoscenza della storia naturale, della geografia e della fisica». E l'invito non è generico, ma diretto. In particolare sono invitati a dare il loro contributo al progresso scientifico i marinai e i viaggiatori (Eisenstein, 1995). In definitiva, la diffusione della cultura mediante il libro – mediante qualsiasi tipo di libro – e l'alfabetizzazione di massa (o di masse crescenti) rendono più ampia sia la base per il reclutamento dei membri della Repubblica della Scienza sia la base di coloro che possono essere utili allo sviluppo delle conoscenze scientifiche.

4.4.2 Flim flam, gazzette

Ma, come abbiamo già accennato, a questo punto l'industria della stampa non propone solo e unicamente il libro, ma anche i più popolari (proto)giornali portatori di notizie. È nei primi anni del Seicento, infatti, che tra le Fiandre e la Germania prende «il via la stampa di regolari gazzette settimanali» che, sull'onda del bisogno di informazione che accompagna la Guerra dei Trent'anni, si affermano in breve anche in Italia e Francia (Infelise, 2002).

Cosa siano le gazzette ce lo dice John Florio nell'edizione del 1611 del suo dizionario italiano-inglese *A World of Wordes*. Trattasi di «flim flam tales that are daily written from Italie, namely from Rome and Venice», ovvero chiacchiere quotidianamente scritte dall'Italia, in specie da Roma e Venezia (citato in Infelise, 2002). Le gazzette cui Florio si riferisce sono fogli scritti a mano, opera di «menanti», ovvero di persone che raccolgono in vario modo notizie e le diffondono. Godendo di fama non sempre limpida. Un po' perché nei primi gazzettieri è già presente quella attitudine alla superficialità di cui sono accusati, a torto o a ragione, i giornalisti di ogni tempo. Un po' perché raccontano quel che vogliono o quel che vogliono i loro protettori. Ma soprattutto perché l'attualità fa paura ai potenti. La diffusione delle notizie presso il grande pubblico è ritenuta una minaccia: e «menante» pari significhi, per l'appunto, persona che minaccia.

Le gazzette, in forma manoscritta, sono nate a Venezia nel Cinquecento, come naturale sviluppo degli avvisi mercantili. Si sono sviluppate poi a Roma e, nel tempo, in tutti i grandi centri europei. All'inizio dei Seicento le gazzette cominciano a essere stampate, soprattutto in piccoli centri della Fiandre e della Germania. Dove la pressione politica e religiosa è meno forte. Ben presto le gazzette stampate e quelle ancora manoscritte diventano uno strumento di informazione per larghi strati di popolazione e contribuiscono in maniera prepotente a creare i primi nuclei di opinione pubblica. Un'opinione pubblica interessata ai fatti della politica, in primo luogo. Non vi è, infatti, «avvenimento grande o piccolo della scienza politica europea che non [sia] seguito con passione da schiere animate e vocianti di "geniali" – per usare il termine del tempo – che a seconda delle occasioni si [dividono] tra partigiani del re di Francia o di Spagna, del papa o dell'imperatore» (Infelise, 2002).

Le gazzette cominciano a trasformare l'arte di governare la *polis*. Tra la fine del Cinquecento e l'inizio del Seicento, rileva Maurizio Viroli, cambia il linguaggio della politica e la filosofia del vivere civile di impianto umanistico si trasforma in scienza della ragion di Stato, intesa come mezzo per «conservare e ampliare» un dominio fermo sopra i popoli (Viroli, 1994). È molto probabile, sostiene Mario Infelise, che a questo mutamento abbia contribuito «la proliferazione di fogli che con ossessiva puntualità [... raccontano] le vicende del mondo nel momento stesso in cui [stanno avvenendo], che affrontano giorno per giorno la pratica della ragion di Stato» (Infelise, 2002). Tutti vogliono sapere, tutti vogliono iniziare a partecipare. Nasce la politicizzazione di massa. Nasce il «mercato della notizia». La regolarità delle pubblicazioni crea «un bisogno» di informazione tra i cittadini europei che, a sua volta, crea un mercato.

Ecco come una composizione in versi apparsa nel 1609 in Francia descrive le caratteristiche e le funzioni delle gazzette:

> La gazzetta in questi versi
> accontenta i cervelli
> perché da tutto l'universo
> riceve le novelle
> [...]
> Gazzetta amata dai prelati,
> dai principi e dai magistrati;
> gazzetta per fama incomparabile,
> gazzetta dal sapere ammirabile.
> Perché niente si fa, niente si dice,
> niente va e viene per iscritto,
> per le poste, per le stazioni, per i cavalli,
> che non passi per la gazzetta.
> [...]
> La gazzetta ha mille corrieri
> che alloggiano dappertutto senza furieri che se ne occupino,
> e bisogna che ognuno le risponda

secondo la sua corsa vagabonda.
Di qua, di là diversamente
Dall'Oriente all'Occidente
e da tutte le parti della sfera
senza lasciare un solo affare,
che siano editti o commissioni.

Il nuovo sistema di comunicazione rivolta come un guanto le consuetudini più antiche, a ogni livello, nella società del Seicento e del Cinquecento. Generando, naturalmente, formidabili contro reazioni.

Questa politicizzazione diffusa, come tutti gli altri caratteri della società di massa, sono conseguenza e insieme causa «di consumi culturali precedentemente sconosciuti in grado di coinvolgere nuovi strati di popolazione» (Infelise, 2002). Compresi i consumi di cultura scientifica. Come scrive Mario Infelise: «Le notizie del mondo entrano così nella vita quotidiana di molti. Leggerle [accorcia] le distanze e [pone] le premesse per un'estensione degli interessi e della discussione. I fatti politici, come quelli religiosi e militari [diventano] allora un argomento possibile, su cui intrattenersi, confrontarsi, scontrarsi» (Infelise, 2002). La verità è, sostiene Brendan Dooley, che l'informazione che circola nel Seicento a mezzo stampa contribuisce alla diffusione sociale di un'attitudine scettica (Dooley, 1999). Contribuisce al disincanto.

In ogni caso nel 1631 – trentaquattro anni prima della prima rivista scientifica – nasce la prima gazzetta che propone anche informazione scientifica e, con essa, nasce il giornalismo scientifico. A inaugurare il genere è, a Parigi, il medico di corte Théophraste Renaudot, che, con la benedizione del cardinale Richelieu, il 30 maggio 1631 pubblica il settimanale *La Gazette de France*. Un giornale di quattro pagine che ha grande successo, malgrado sia strumento di propaganda politica.

Sul numero 121 del 31 dicembre 1633 *La Gazette de France* pubblica le ultime dall'Italia:

Nouvelles de Rome

Le 30 novembre – On a publié ici la sentence de l'Inquisition, portant condamnation de l'opinion de Galileo Galilei, Florentin, Mathématicien fameux, aagé de 70 ans, qui enseignait que c'est la terre qui se remuë et non pas le Soleil, qu'il soustenoit estre le centre du monde: come cette opinion estant contraire à la Sainte Escriture: dont je vous informeraj plus amplament.

4.5 La comunicazione orale

Il libro, le riviste specializzate e le gazzette diffondono la cultura scientifica ma non esautorano la comunicazione orale della scienza (buona o cattiva che sia) e neppure ne sviliscono l'importanza. Esaminiamo, per esempio, la vicenda del giovane frate domenicano Tommaso Caccini, che nel dicembre 1614 – quattro anni dopo la pubblicazione del *Sidereus Nuncius* e un anno dopo la stesura della *Lettera a Castelli* da parte di Galileo Galilei – sale sul pulpito di una chiesa a Firenze e dedica un'intera omelia al miracolo di Giosuè, che come narrano le Sacre Scritture ferma la corsa del Sole nel cielo per avere il tempo di espugnare Gerico. Eppure, sostiene con veemenza fra' Tommaso, c'è qualcuno, come il matematico di corte Galileo Galilei e i suoi discepoli, che mettono in dubbio la verità di questa biblica narrazione sostenendo che il Sole non si muove affatto nei cieli e che, al contrario, se ne sta fermo mentre la Terra gli ruota intorno. Vogliono forse Galileo e la sua combriccola mettere in dubbio le Sacre Verità?

Narrano le cronache che il sermone del giovane e aggressivo domenicano faccia sensazione. E non solo tra i fedeli che lo ascoltano. Il suo messaggio si diffonde prima in città e poi in ogni parte l'Italia. Rendendo evidente a tutti che scienza e religione (e un certo tipo di religione) possono entrare in conflitto. E, più in particolare, che il pioniere della nuova scienza, Galileo Galilei, sta entrando in conflitto con la Chiesa di Roma e la sua Santa Inquisizione. Molti ritengono che l'omelia di Caccini coincida con l'inizio dei guai di Galileo. Ma non è sull'importanza storica del sermone di fra' Tommaso che vogliamo soffermarci, quanto su un aspetto forse meno frequentato. Cosa fa il frate se non comunicare scienza? Anzi, comunicare intorno alla scienza? E non ha, quel suo forsennato atto comunicativo, effetti rilevanti per lo sviluppo della scienza?

Dal sermone di fra' Tommaso Caccini possiamo, dunque, trarre almeno due indicazioni. La prima è che esiste una modalità orale rilevante della comunicazione scientifica che si accompagna a quelle scritte e con quelle si complementa (il sermone del frate si complementa, in particolare, con la *Lettera a Castelli* scritta da Galileo il 21 dicembre 1613). La seconda è che esistono molti modi di effettuare comunicazione rilevante della scienza (ovvero, comunicazione che ha effetti sullo sviluppo della scienza), compreso il sermone di un frate.

Quello di fra' Tommaso, abbiamo detto, suscita clamore. Viene accolto bene da alcuni. Malissimo da altri. Un domenicano scrive da Roma a Galileo chiedendogli scusa a nome dell'Ordine. Ma la reazione, ai nostri fini, più interessante è quella del principe Federico Cesi, che suggerisce a tutti i matematici d'Italia di protestare assieme, senza nominare il modello copernicano, per chiedere all'Arcivescovo di Firenze di riprendere e possibilmente mettere a tacere Tommaso Caccini. Ciò che è significativo nell'appello del fondatore dell'Accademia dei Lincei non è la richiesta di un atto di censura, ma il fatto che con esso Federico Cesi individui nei matematici una comunità e la chiami a difendere pubblicamente la propria autonomia.

Le omelie contribuiscono non poco a creare l'immaginario scientifico di quanti, cattolici o protestanti, frequentano le chiese d'Europa. Tuttavia non sono certo i pulpiti i luoghi principali della comunicazione orale esplicita della scienza. Notevole importanza rivestono, da questo punto di vista, le discussioni alle tavole o nei salotti dei notabili cittadini. È in una di queste riunioni a casa del nobile fiorentino Filippo Salviati che Galileo, nel mese di giugno 1611, entra in polemica con gli aristotelici e, in particolare, con Vincenzo di Grazia, filosofo presso l'università di Pisa. Si discute del fatto che il ghiaccio galleggia.

E il filosofo, fedele a un (presunto) modello aristotelico, sostiene che il solido galleggia solo e unicamente perché l'acqua liquida resiste alla sua forma larga e piatta. Galileo ha facile gioco non solo nel dimostrare che il ghiaccio galleggia a causa della sua densità, che è inferiore a quella dell'acqua liquida. Ma dimostra anche che Aristotele sosteneva che l'acqua liquida resiste non al moto dei corpi che vi si immergono, ma solo alla loro velocità.

Insomma in casa Salviati, a tavola, Galileo dimostra che non solo la «sua» fisica è migliore di quella degli aristotelici (perché spiega i fenomeni), ma che lo è anche la sua conoscenza di Aristotele. Gli aristotelici accusano lo smacco e si legano al dito l'affronto, diventando i primi e i più tenaci nemici di Galileo.

In un'altra discussione a tavola, questa volta intorno a una tavola imbandita a corte, Galileo mostra di nuovo le sue buone ragioni alla presenza del Granduca, della granduchessa e di due cardinali, uno dei quali è Maffeo Barberini. Che assiste compiaciuto al trionfo di Galileo.

Maffeo Barberini come abbiamo detto diventerà papa, col nome di Urbano VIII. Sì, il Pontefice che costringerà Galileo all'abiura, dimostrandosi ben più pericoloso per la nuova scienza degli aristotelici.

Ma non si deve credere che tutte le riunioni nelle sale da pranzo o nei salotti siano così pericolose per gli scienziati. In realtà esse sono una straordinaria occasione di diffusione e persino di sviluppo delle conoscenze scientifiche.

Ne è un esempio il Caffè, culla in Inghilterra della Royal Society (Feuer, 1969). Il primo in Inghilterra viene aperto a Oxford nel 1650 dal signor Jacob, per spacciarvi la omonima bevanda che subito conquista «da alcuni che si dilettano di novità». Il locale diventa un ricovero che gli intellettuali amano frequentare e animare con le loro accese e libere discussioni.

Ben presto di Caffè se ne aprono in tutta l'Inghilterra e quasi tutti vengono eletti a luoghi di incontro tra persone colte: studenti, docenti, curiosi. E filosofi naturali, che in quei locali sorseggiando caffè, tè o cioccolata discutono per ore delle novità scientifiche. L'aria che si respira nei Caffè è così frizzante che le autorità politiche iniziano a controllarli e quelle accademiche a chiederne la chiusura o, almeno, a pretendere che sia sottoposta a limitazione la presenza degli studenti. È il 1664 e la pretesa suscita la reazione di un membro della Royal Society: altro che limitare il libero accesso agli studenti, occorre incentivarlo, perché i Caffè, sostiene, hanno «contribuito a migliorare la conoscenza, tanto quanto hanno fatto le Università» (citato in Feuer, 1969).

Capitolo 5

Arte e scienza

> L'utilità dell'armonia.
>
> Marin Mersenne

> La nuova scienza della natura è sin dall'inizio patrimonio internazionale. Il generale senso del mondo che esprime il suo dominio anche su tutti gli aspetti dell'arte contemporanea.
>
> Arnold Hauser

Abbiamo iniziato questo nostro racconto mentre Galileo, nei mesi a cavallo tra il 1609 e il 1610, punta il cannocchiale verso il cielo, osserva «cose mai viste prima», ne prende nota accurata e subito dopo diffonde il suo *Sidereus Nuncius*. Abbiamo visto che il toscano non si limita a diffondere le nuove conoscenze ai soli esperti. E neppure solo a principi o a *opinion leaders*. Ma anche agli studenti e ai curiosi e, in definitiva, a tutti quanti hanno «gli occhi nelle testa e nel cervello».

Abbiamo visto anche poeti, scrittori, pittori, teatranti e persino il popolino del mercato di Firenze interpretare e rilanciare in chiave artistica il sidereo annuncio. Contribuendo a rendere la nuova conoscenza scientifica cultura. Cultura a tutto tondo. Cultura di massa. Contribuendo a rendere il nuovo quadro astronomico comprensibile a tutti, perché da tutti comunicato.

Gli artisti che, interpretando Galileo diventano i megafoni del suo annuncio sidereo, non rappresentano affatto un'eccezione. Piuttosto la norma. Perché nel Seicento la nuova scienza diventa una dimensione in cui normalmente si muove l'arte.

Consideriamo il teatro. E consideriamo un'opera che cattura l'attenzione degli europei proprio nell'anno 1600: l'*Amleto* di William Shakespeare.

Ebbene, Amleto profitta della sua (apparente) follia per mettere in dubbio che «si muova il Sole» o che «le stelle siano fuoco», ovvero per presentare la nuova, folle verità di Copernico contrapposta all'antica, normale «menzogna» di Tolomeo. E William Shakespeare profitta di Amleto per fare altrettanto: diffondere il modello copernicano, attraverso la sua celeberrima tragedia (Giorello, 2003).

«Dubita che le stelle siano fuoco, dubita che si muova il Sole, dubita che la verità sia menzognera ma non dubitare del mio amore, o cara Ofelia». Certo, le poche battute con cui il principe danese mette in dubbio il sistema mondo convenzionale, contenute nel bigliettino d'amore scritto per la sua Ofelia, non sono un trattato scientifico. E non contengono una spiegazione esaustiva del modello copernicano. Sono concetti brevi. Concetti nomadi. Subliminali, quasi. Eppure, come una goccia d'acqua che cade dal soffitto della caverna e costruisce, nel tempo, le più ardite stalattiti e le più sinuose stalagmiti, quei concetti nomadi e quasi subliminali interpretati e rilanciati dai grandi artisti contribuiscono potentemente, nel tempo, a rimodellare l'immagine scientifica del mondo prima nelle classi colte, quelle che leggono le poesie e frequentano i teatri, e poi, per diffusione, nell'intera società. Questo è, in fondo, l'effetto della comunicazione totale nell'era della cultura di massa.

Chi può dire se nel corso dei secoli il peso avuto da William Shakespeare nel rendere cultura diffusa – senso comune – l'idea copernicana che la Terra giri intorno al Sole non sia stato paragonabile, o addirittura superiore, a quello dello stesso Copernico?

La domanda non ammette risposte certe. Qualcuno potrebbe considerarla una mera provocazione. Eppure non è del tutto infondata. Perché sappiamo che l'arte contribuisce non poco a rimodellare l'immaginario delle persone, a iniziare dagli strati più colti della società. Gli storici hanno provato che il rapporto tra l'arte e la *nuova scienza* in questi ultimi quattro secoli è molto fitto e intrecciato. Molto più di quanto non si pensi comunemente.

Sappiamo, infatti, che le nuove conoscenze scientifiche sono penetrate profondamente nell'arte e hanno modificato l'immaginario artistico (Paragrafo 5.1). E che l'immaginario artistico così modificato ha contribuito a rendere cultura diffusa, persino senso comune, quelle conoscenze.

Sappiamo che l'ideale rinascimentale dell'ingegnere/artista evolve non raramente nella figura barocca dello scienziato/artista (Paragrafo 5.2).

Ed è anche possibile documentare che il mutare dei paradigmi artistici ha contribuito a creare la matrice culturale nella quale si è verificata la rivoluzione scientifica (Paragrafo 5.3).

5.1 La scienza nell'arte

Certo, «la cultura artistica non cerca, se non occasionalmente, di rappresentare i risultati di quella scientifica». Non c'è da parte degli artisti in alcuna epoca – e, quindi, neppure nel Seicento – un travaso sistematico, completo e organico delle nuove conoscenze scientifiche nelle loro opere. Inevitabilmente però l'arte coglie il portato culturale delle nuove conoscenze scientifiche e, quindi, «corre dietro al dibattito in corso» pur «restando nel suo campo» (Benevolo, 1991).

Prendiamo, ad esempio, l'architettura e l'evidente impatto che sulla sua evoluzione ha avuto la *nuova scienza*.

Alexandre Koyré ha efficacemente dimostrato come quella «crisi della coscienza europea» che è stata la «rivoluzione scientifica» del Seicento abbia prodotto sia la «distruzione del Cosmo» – come idea di un luogo finito, chiuso e gerarchicamente ordinato – sia la « geometrizzazione dello spazio ». Cosicché con Galileo e con gli altri protagonisti della rivoluzione scientifica si verifica, in sintesi, il passaggio « dal mondo chiuso all'universo infinito » (Koyré, 1970).

Ebbene questo passaggio culturale epocale ha profondi effetti sulle arti figurative e, appunto, sull'architettura. Sia perché, come sostiene l'architetto e storico dell'architettura Leonardo Benevolo, mette in crisi l'idea rinascimentale dello spazio e, quindi, della prospettiva (Benevolo, 1991). Sia perché mette in crisi l'idea della centralità cosmica dell'uomo. E sono crisi che lasciano il segno. Non solo metaforicamente.

I segni del passaggio dal mondo chiuso all'universo infinito, infatti, sono immediatamente evidenti nei palazzi, nelle chiese, nei giardini e nelle piazze d'Europa. Il parco di Versailles, realizzato fuori Parigi per volontà di Luigi XIV a partire dal 1663, ne è la più plastica e immediata dimostrazione. In quel parco « architettura e natura si intrecciano finalmente alla medesima scala », perché l'architettura ha ritrovato « la capacità di cogliere e padroneggiare un quadro geografico esteso, dimenticato dopo il neolitico » (Benevolo, 1991).

Non è solo con Versailles, ma già prima col castello di Vaux (1656), e poi con i giardini di Chantilly (1662), di Saint-Germain (1663) e fuori dalla Francia anche nei giardini di Kassel (1700) o di Torino (1712) e poi nella reggia di Caserta (1752) che il paesaggio dell'intero continente viene trasformato alla luce dalla nuova idea di spazio mutuato dalla *nuova scienza*.

Le strade, le città, i giardini d'Europa con le loro forme, con le loro prospettive, con le loro geometrie, rilanciano e rendono, dunque, senso comune l'idea di un universo infinito che ha preso il posto dell'antico spazio chiuso. Il messaggio non è esplicito, ma è efficace. Prima della rivoluzione scientifica in Europa ben pochi potevano anche solo immaginare un cosmo diverso da quello aristotelico-tolemaico. Dopo la rivoluzione scientifica ben pochi, anche tra il grandissimo pubblico dei non esperti, riescono ancora a immaginare di poter racchiudere l'universo nell'angusto spazio cui lo avevano confinato Aristotele e Tolomeo.

Non è solo « la distruzione del Cosmo » a travasare dal mondo della nuova scienza a quello dell'arte. La letteratura del Seicento è pervasa da una costellazione di problematiche, di suggestioni, di immagini scientifiche. Abbiamo detto della presenza di Galileo nelle poesie dei Milton, dei Donne, dei Seggett, dei Marino.

Ma non c'è solo Galileo. Nei *Dieci libri dei Pensieri diversi* pubblicato nel 1636, per esempio, il poeta Alessandro Tassoni – uno degli spiriti più irrequieti e arguti del secolo, secondo Natalino Sapegno – propone e discute una serie di problemi di fisica, oltre che di psicologia, morale, politica, letteratura (Sapegno, 1973). Potremmo aggiungere altri esempi, in gran numero e di analoga qualità, di contaminazione tra arte e scienza.

Ma, in realtà, c'è molto di più che una fruttuosa contaminazione. Talvolta c'è una vera e propria fondazione. La rivoluzione scientifica, per esempio, consente alla letteratura italiana di riaccendere la sua « vocazione profonda » per la filosofia naturale e per la costruzione di « mappe dello scibile » che, a detta di

Italo Calvino, da Dante in poi – e passando per Galileo – la caratterizza e la ispira (Greco, 2009).

Conviene, tuttavia, andare con ordine. Perché tutta la grande arte del Seicento in tutta Europa è informata di scienza. La scienza è in qualche modo intrinseca allo stile che la caratterizza e la rende unica: il barocco.

Ogni periodo nella storia dell'arte in Europa ha uno stile con segni distintivi abbastanza chiari e definiti. Lo stile del Quattrocento e in parte del Cinquecento è quello rinascimentale. Allo stesso modo quello del Seicento è il barocco. Anche se, bisogna aggiungere, esiste un'intera costellazione di variazioni sul tema del barocco e lo stile, quei segni distintivi, non li ha affatto chiari e univocamente definiti in tutta l'Europa (Gombrich, 2003).

Un fatto però è certo. Roma ha molto a che fare con l'origine del barocco. Tra la fine del Cinquecento e l'inizio del Seicento la città sede del papato si ripropone, infatti, come uno dei centri più dinamici dell'evoluzione del pensiero artistico. Ed è proprio a Roma, cuore dell'arte europea, che sul finire del XVI secolo un gruppo di giovani acculturati comincia a discutere sulla natura dei vari movimenti artistici allora in voga, a iniziare dal manierismo, e propone una sorta di analisi comparata con i grandi movimenti del passato. La discussione, nota Ernst Gombrich è, di per sé, un fatto nuovo nel mondo dell'arte (Gombrich, 2003). E si sviluppa intorno ad alcune domande astratte: la pittura è meglio della scultura, il disegno è più importante del colore?

All'inizio del Seicento il dibattito si incarna e, insieme, si polarizza. Le domande diventano: è meglio Annibale Carracci o Michelangelo Merisi detto il Caravaggio? Il primo appartiene alla scuola di Raffaello e, sebbene con realismo – col realismo del barocco – intende coltivare la bellezza classica. Carracci, si dice, vuole abbellire la natura. E con questo progetto, insieme al fratello, Agostino, e al cugino, Ludovico, dà vita a una scuola da cui nasce la moderna «arte sacra».

Il barocco *á la Caracci* è così potente che in area cattolica assume presto un forte connotato comunicativo: quello di strumento di propaganda della fede. Come rileva Gombrich, la Chiesa di Roma chiama architetti, pittori e scultori a realizzare un'opera di convincimento, per persuadere e convertire. L'opera di convincimento della Chiesa cattolica segue una strada opposta a quella utilizzata dalla Riforma. Se i protestanti propongono un approccio dimesso e frugale, i cattolici devono mostrare la potenza e lo splendore di Santa Romana Chiesa. Per questo gli architetti e pittori sono chiamati a trasformare le chiese nel teatro di un grande spettacolo (Gombrich, 2003). Questa suprema arte della decorazione teatrale troverà in Francesco Borromini e, soprattutto, in Gian Lorenzo Bernini la massima espressione.

Caravaggio, invece, segue un'altra strada. Lui vuole raccontare la verità. Non ama sentir parlare di «bellezza ideale». Vuole rompere del tutto con le convenzioni e raccontare la natura per quella che è. Per come si presenta all'esperienza dei sensi. Per questo i suoi critici lo accusano, con disprezzo, di essere un «naturalista».

Il «naturalismo» è l'altra grande strada che il barocco si accinge a esplorare. Una strada lungo la quale l'arte (non solo l'arte figurativa) incontra la *nuova scienza*. Il barocco *á la Caravaggio* non diventa il contraltare laico del barocco *á la Caracci*, non diventa strumento di propaganda della scienza. Quello che tuttavia realizza Michelangelo Merisi è cogliere un più generale «spirito dei tempi». Uno spirito che anima i nuovi artisti così come i nuovi filosofi naturali. Cos'è l'*Incredulità di San Tommaso*, che il Caravaggio dipinge tra il 1602 e il 1603, se non il realistico invito a toccare con mano la realtà della natura, a mettere il dito nella verità delle cose, a raccontarla con un'onestà senza compromessi proprio come iniziano a fare i protagonisti della rivoluzione scientifica?

Non c'è, in quel dipinto, alcun concetto della *nuova scienza*, alcun esplicito richiamo a una qualche particolare scoperta. C'è tuttavia uno dei grandi temi – anzi, come vedremo fra poco, uno dei grandi *themata* – che informano il dibattito epistemologico del tempo: l'importanza cruciale dell'osservazione diretta. Delle sensate esperienze, appunto.

Da questo punto di vista potremmo considerare l'*Incredulità di San Tommaso* del Caravaggio come un vero e proprio manifesto del nuovo clima che va montando a favore della filosofia naturale e contro la *filosofia in libris*.

Un manifesto che fa proseliti. È proprio a Roma che il fiammingo Peter Paul Rubens apprende le tecniche della nuova pittura e rafforza l'idea che un artista debba rappresentare ciò che vedono i suoi occhi. Idea diversa da quella di Caravaggio, ma non in contrasto. E comunque interna alla tensione realista del tempo. Quanto allo spagnolo Diego Velázquez non occorre neppure che giunga a Roma e incontri *de visu* la pittura di Michelangelo Merisi, per restare così profondamente impressionato dal progetto artistico del Caravaggio da lasciarsi completamente assorbire dal «naturalismo».

E, non molto tempo dopo, Claude Lorrain, francese italianizzato, sarà «il primo ad aprire gli occhi della gente alla sublime bellezza della natura» (Gombrich, 2003). A educarli alla visione dell'ordine naturale. Di quello stesso ordine della natura che i filosofi sperimentali vanno scoprendo.

L'espressione artistica inizia dunque a essere interpretata, almeno in una delle due grandi correnti del barocco, come specchio della natura. Non perché i grandi pittori del Seicento riproducano «la» realtà. Ma perché trovano degna di essere rappresentata la realtà quotidiana, convinti che si possa fare buona pittura anche rappresentando soggetti in apparenza poco importanti.

Il naturalismo barocco non è un'intuizione che riguarda solo il Caravaggio e gli artisti che il milanese riesce a contagiare. Non è neppure un fenomeno solo italiano. È un fenomeno a scala europea. Alla stessa scala cui si manifesta l'emergere della *nuova scienza*.

Anche nell'Olanda protestante, per esempio, viene scoperta la bellezza in sé della natura, la sua estetica intrinseca. Come sostiene Ernst Gombrich, gli Olandesi del Seicento «sono i primi nella storia dell'arte a scoprire la bellezza del cielo» (Gombrich, 2003). E così Rembrandt Harmenszoon van Rijn, considerato il principale esponente del barocco dell'Europa settentrionale, ripropone nei suoi quadri e nei suoi disegni i medesimi messaggi lanciati dal Caravaggio: realismo, verità, onestà.

Ma anche nei quadri dei pittori dell'altra scuola, quelli che tendono ad abbellire la natura più che a rappresentarla così com'è, si sentono gli echi della nuova cosmologia e, soprattutto, della nuova posizione che l'uomo ha nel cosmo. Prendiamo, a esempio, i dipinti del francese Nicolas Poussin, che vive a Roma ma ha un ruolo decisivo nella realizzazione sia di un nuovo museo a Parigi, il Louvre, sia della reggia di Versailles: lì il paesaggio diventa un elemento primario. Nei quadri di Poussin: «La centralità dell'uomo rimane, la gerarchia fra l'uomo e il cosmo è indebolita; l'uomo si ritrova solo (talvolta sgomento, come in Pascal) di fronte all'immensità dello spazio circostante» (Benevolo, 1991).

Abbiamo parlato delle arti figurative. Ma in realtà è tutta l'arte barocca a diventare un mezzo molto efficace di diffusione della nuova immagine del mondo – del nuovo modo di vedere il mondo – proposta dai filosofi naturali, contribuendo a creare – anzi, a rimodellare – l'immagine pubblica della scienza.

Heinrich Wölfflin individua cinque grandi categorie che distinguono il barocco dall'arte del rinascimento: il passaggio dal lineare al pittorico; dalla visione di superficie alla visione di profondità; dalla forma chiusa alla forma aperta; dalla chiarezza assoluta alla chiarezza relativa; dalla molteplicità all'unità (Hauser, 2001). Ebbene, in ciascuno di questi passaggi c'è un'intersezione – talvolta solo labile, talaltra molto forte – con il nuovo pensiero scientifico. Certo sarebbe del tutto sbagliato considerare l'origine del barocco, o anche solo della sua anima «naturalista», correlata in maniera stretta o addirittura determinata dalla rivoluzione scientifica. E tuttavia un'influenza – una reciproca influenza tra rivoluzione scientifica e rivoluzione artistica – c'è e, spesso, è assai chiara ed evidente.

La verità è, come nota Arnold Hauser, che: «[...] la nuova scienza della natura e la nuova filosofia d'orientamento scientifico [... sono] sin dall'inizio patrimonio internazionale», cosicché «il generale senso del mondo che vi si [esprime esercita] il suo dominio anche su tutti gli aspetti dell'arte contemporanea» (Hauser, 2001). Ecco, la scienza del Seicento propone un generale senso del mondo e l'arte barocca, che ne è informata, lo porta fuori dalla mura di cinta virtuali della Repubblica della scienza e lo diffonde nella società europea.

Se il barocco, pur nella diversità degli stili, ha tratti comuni che unificano gli artisti che operano a Roma per il Papa, a Parigi per il re di Francia o ad Amsterdam per i dinamici mercanti olandesi, lo deve anche alla nuova immagine – al nuovo senso – del mondo mutuato dalla scienza.

E tuttavia, è vero anche il contrario. Se il generale senso del mondo scientifico diventa senso comune in Europa, ciò è dovuto anche al fatto che molti artisti lo fanno proprio, lo metabolizzano, lo rielaborano e lo diffondono, in vario modo, in tutto il continente.

D'altra parte, come nota Lewis Feuer, dietro la storia delle idee c'è sempre la storia delle emozioni. E qualsiasi movimento intellettuale di rilievo è preceduto, accompagnato e, diremmo noi, seguito dall'avvento e dal consolidamento «di sensazioni di nuovo tipo che modellano la nuova maniera secondo cui la realtà deve essere intellettualmente appresa» (Feuer, 1969).

Qual è questo generale senso del mondo distillato dalle nuove conoscenze scientifiche e veicolato dall'arte barocca? Beh, in primo luogo vi è la consapevolezza, espressa da Amleto a Orazio, che vi sono «più cose in cielo e in terra di quante ne immagini la tua filosofia». Questo senso del nuovo – e del nuovo da scoprire – che William Shakespeare trasmette nella sua celebre tragedia non è solo comune ai filosofi della natura e non esprime solo i sentimenti dei membri della Repubblica della Scienza, ma si alimenta appunto delle nuove conoscenze scientifiche oltre che delle novità (minerali, piante, animali) che giungono dai Nuovi Mondi raggiunti dagli esploratori europei dopo Colombo.

D'altra parte la straordinaria simultaneità con cui appaiono sulla scena della conoscenza le novità scientifiche e le novità geografiche colpisce gli stessi filosofi naturali. Nel frontespizio dell'*Instauratio Magna*, che Francis Bacon pubblica nel 1620, si vede la nave del sapere che oltrepassa le Colonne d'Ercole, simbolo dei limiti della conoscenza umana. Scrive Bacon: «L'apertura dei confini del mondo attraverso la navigazione e il commercio nonché le ulteriori scoperte della conoscenza si sono incontrati in un unico tempo e in un unico spazio» (Bacon, 1620).

Vi sono, poi, aspetti più specifici della rivoluzione scientifica, ripresi e diffusi dagli artisti del Seicento. La rivoluzione copernicana, in primo luogo. L'idea che la Terra, e quindi l'uomo, non sono al centro – il centro – dell'universo. Scalzare l'uomo dal centro del creato è un'impresa culturale titanica. Che suscita fiere e violente reazioni, come ha modo di verificare Galileo. Non solo l'*Amleto* di Shakespeare o le opere letterarie di Giordano Bruno, ma tutta l'arte barocca sarà, per l'appunto, dominata da questa titanica proposta di cambio di paradigma e dalle reazioni enormi che suscita.

Ivi compresa la «riscoperta» della potenza della ragione. Il fatto di saper leggere il libro della natura, il fatto di poter scoprire le grandi leggi di natura che governano l'universo, restituisce all'uomo un motivo d'orgoglio e, in qualche modo, lo compensa per la perdita della centralità cosmica. Spesso, anzi, quell'orgoglio diventa così grande da non avere precedenti nella storia umana.

Tutto questo l'arte barocca vede e comunica.

C'è, poi, la «scoperta dell'infinito» cui abbiamo già accennato. Prendiamo la prima e la terza novità che caratterizza, a detta di Wölfflin, il barocco, ovvero il passaggio dal lineare al pittorico e dal chiuso all'aperto. Ebbene il primo consiste non solo nella transizione da un modo di rappresentare statico e plastico a uno mosso e in divenire, ma anche dal limitato allo sconfinato. E con ciò si lega al passaggio dal chiuso all'aperto. O, come direbbe Koyré, dal mondo chiuso all'universo infinito. L'infinito domina così tanto l'arte barocca da spingere Arnold Hauser a identificarlo, addirittura, come il suo vero tratto unificante (Hauser, 2001).

E chi ha (ri)scoperto l'infinito, se non la *nuova scienza*?

C'è, ancora, la scoperta della «simmetria galileana»: ovvero del fatto che l'intero universo risponde alla medesima legge naturale. A una grande e ineluttabile necessità che non è Dio (che non ha bisogno di Dio). È l'inizio del disincanto. E questo disincanto trova espressione e amplificazione e diffusione nelle opere degli artisti barocchi.

Il secondo carattere distintivo del barocco individuato da Wölfflin è il passaggio da una visione di superficie a una visione di profondità. Nei quadri dei pittori barocchi è infatti piuttosto frequente trovare enormi primi piani che si stagliano su sfondi lontani. Anche qui c'è un ripensamento del concetto di spazio cui non sono del tutto estranee le novità della scienza. Come non è del tutto estranea la nuova cultura scientifica.

Ma analogo discorso si potrebbe fare per le transizioni dall'assoluto al relativo o, anche, dall'attenzione al molteplice all'attenzione all'uno.

L'arte del Seicento, dunque, intercetta la nuova visione scientifica del mondo e la diffonde tra le masse: tra i nuovi ceti borghesi emergenti e pure, come si diceva una volta, tra le classi meno abbienti. Anche questa costituisce una differenza netta tra Cinquecento e Seicento: il messaggio di Galileo viene captato e rilanciato dal teatro popolare nel XVII secolo come, probabilmente, non avrebbe fatto potuto fare nel XVI secolo. Non è forse vero, per esempio, che Copernico tocchi il cuore e la mente (critica) di Bruno, ma non giunga affatto alle grandi masse? L'unica reazione popolare al copernicanesimo di cui si abbia nota nel XVI secolo, rileva Lewis Feuer, è un'imitazione satirica che viene proposta durante il carnevale di Frauenberg nel 1551: ma il polacco e il suo pensiero vi vengono dileggiati non osannati (Feuer, 1969). I tempi, a metà Cinquecento, ancora non sono maturi per una diffusione tra le masse del pensiero scientifico.

Gli esempi di contaminazione tra ambiti culturali e di percolazione delle nuove conoscenze scientifiche sono innumerevoli. Gli effetti sull'architettura, sulla pittura, sulla letteratura della scoperta dello spazio infinito o dell'idea di verifica sperimentale o di tramonto del geocentrismo non sono dunque casuali. La verità, come sostiene Elizabeth Eisenstein, è che si è creata in Europa una rete di comunicazione che connette diverse attività intellettuali (Eisenstein, 1995). C'è, dunque, un travaso incessante di idee, di concetti, di immagini del mondo – di *imago mundi*, appunto – tra questi vari ambiti culturali. E talvolta questo travaso è esplicito e riconoscibile. Talaltra è sotterraneo e invisibile. D'altra parte la rete di comunicazione e, quindi, di contaminazione è molto estesa. Non si limita alle classi intellettuali, ma si estende all'intera società con modalità affatto nuove. È la rete della cultura di massa.

Anelli primari di congiunzione di questa rete sono i libri. Che hanno il dono ulteriore di essere una merce da commerciare con profitto: condizione che favorisce la creazione di una cultura di massa e di operatori della cultura di massa. In questa veste i tipografi, anche i piccoli tipografi, assumono una funzione, sociale e culturale, peculiare e innovativa. «Le industrie tipografiche [rappresentano] un'impresa "avanzata", su larga scala, che [fiorisce] meglio in piccoli stati confederati che in regni più vasti ben consolidati» (Eisenstein, 1995). Insomma, gli artigiani stampatori diventano «classe progressiva» e sono l'olio che permette alla macchina culturale del Seicento di muoversi veloce, fino a fare di quel secolo «il secolo dei geni» e fino a creare l'ambiente adatto per la «rivoluzione scientifica».

Ma anelli non meno importanti di questo sistema di comunicazione sempre più fitto sono i quadri che compaiono nelle chiese e le chiese stesse, i disegni e le cere, i musei e le camere delle meraviglie, i giardini di Versailles, le musiche riproposte dalla Camerata dei Bardi e quelle strumentali. Né va dimenticata l'arte popolare, come il teatro di strada, che, nel bene o nel male, contribuisce a rimodellare l'immaginario scientifico delle grandi masse.

5.1.1 Un ménage à trois*: arte, scienza e filosofia*

L'arte è, certo, una delle modalità di comunicazione di contenuti scientifici tra non scienziati: da non scienziato a non scienziato. Ma non è la sola. Vi sono altre modalità di comunicazione della scienza da parte di non scienziati che hanno grande impatto sull'immagine e sulla pratica stessa della scienza, perché riescono a influenzare la stessa attività dei filosofi naturali.

Prendiamo il caso, a puro titolo di esempio, delle opere e delle azioni di due uomini di pensiero come Giordano Bruno e Tommaso Campanella. Filosofi naturalistici che Galileo non riconoscerà mai come filosofi naturali, ovvero come suoi colleghi esperti. E infatti né Bruno, né Campanella sono scienziati in senso stretto. Entrambi sono fuori dalle mura virtuali della Repubblica della Scienza. E tuttavia come negare che Giordano Bruno, il poeta filosofo, con i suoi libri e con la sua ipotesi sulla pluralità dei mondi, abbia avuto un ruolo formidabile nella transizione culturale «dal mondo chiuso all'universo infinito» influenzando, in modo più o meno marcato, anche il pensiero di tanti filosofi naturali? Non a caso Lewis Feuer lo definisce un «portavoce letterario» della scienza (Feuer, 1969). D'altra parte non è, forse, uno straordinario atto comunicativo (della Chiesa che lancia un messaggio censorio, ma anche di Bruno che difende con coerenza fino all'estremo le sue idee) il rogo allestito a Campo dei Fiori nell'anno 1600 con cui Bruno viene bruciato vivo? Non influenza, forse, quell'atto tragico e spettacolare il pensiero, l'azione e la strategia di comunicazione di Galileo stesso e, in definitiva, lo sviluppo storico della stessa scienza?

Giordano Bruno è il primo filosofo europeo, alla fine del Cinquecento, ad abbracciare la visione copernicana e fortemente antiaristotelica del mondo e a comunicare questa sua visione un po' in tutte le sue opere, ma soprattutto in quelle letterariamente più riuscite, nella *Cena de le ceneri* e nel *De l'infinito, universo e mondi*, oltre che nella commedia *Candelaio*. Il naturalismo bruniano è parte di una visione sincretica e ambigua, in cui filosofia naturale, spiritualismo, elementi neoplatonici e persino relitti aristotelici si fondono. Certamente Bruno non è un uomo del «secolo novo». Ma altrettanto certamente il Nolano è tra quelli che ne favoriscono l'ingresso nella cultura e nella società europea.

La verità è che esiste un *ménage à trois* tra arte, scienza e filosofia che non è sempre estricabile, che si estende all'intera Europa, che propone nuove immagini del mondo e che ricostruisce in maniera incessante le mappe dello scibile, introducendo e caratterizzando il Seicento più di ogni altro secolo precedente.

Anche Tommaso Campanella, che con la sua opera letteraria cerca di dare «al novo secol lingua nova», è un uomo di transizione tra l'antico e il moderno: ma è un uomo di transizione che riconosce i portatori di novità e, come succede con Galileo, li celebra e il difende. La sua *Civitas solis*, l'utopica «città del sole» in cui l'uomo modifica se stesso perché conosce e modifica la natura che lo circonda, è, per dirla con Amos Funkenstein, «un'autentica immagine del cosmo, che modella la materia a imitazione delle idee» (Funkenstein, 1996). E questa immagine cosmica che Campanella propone contribuisce in maniera rilevante a rafforzare non solo e non tanto l'immagine cosmica proposta dalla *nuova scienza*, ma anche e soprattutto l'immagine stessa della nuova scienza. E che dire, poi, dell'entusiasmo con cui il frate calabrese difende Galileo, fino a proporsi quale suo avvocato nel contenzioso con le autorità ecclesiastiche (offerta che Galileo si guarda bene dall'accettare) e fino a comporre in carcere nel 1616 un libro, *Apologia pro Galileo* (che sarà pubblicato nel 1622), per cercare di dimostrare la non pericolosità e persino la compatibilità teologica del sistema eliocentrico? Non ha forse Campanella, proprio come Bruno, una qualche influenza sulla stessa strategia elaborata da Galileo per affermare l'immagine della *nuova scienza* nel mondo cattolico?

Tutto questo per ribadire che esiste una comunicazione «colta» della scienza da parte di intellettuali che non è possibile definire scienziati e che tuttavia ha effetti niente affatto effimeri nella costruzione dell'immagine della scienza presso molti pubblici. Spesso, questa comunicazione «colta» – è il caso delle lettere che Campanella scrive a Galileo – si configura come dimensione a se stante della comunicazione della scienza, che potremmo definire di comunicazione efficace da non scienziato a scienziato[1].

Il fatto è che la *nuova scienza* propone visioni del mondo. Si propone come nuova visione del mondo. E come nuova epistemologia, come nuovo processo di produzione della conoscenza.

Francis Bacon e René Descartes – per citare due intellettuali che con le loro opere filosofiche forniscono un potente contributo a definire l'immagine della scienza e che possono per questo essere annoverati tra i «padri fondatori» della scienza moderna – cercano di ridefinire, con grande rigore e sistematicità, un nuovo criterio di razionalità per indagare il mondo alternativo alla logica di Aristotele.

Con il suo *Novum organum*, pubblicato nel 1620, Francis Bacon traccia le coordinate per un modo nuovo di indagare la natura che parte da una nuova concezione del rapporto tra uomo e natura. L'uomo non è (non può essere) spettatore passivo dei fatti naturali, ma di quei fatti è (deve) essere «ministro e interprete». Da questo rapporto attivo nasce il nuovo metodo, induttivo, di indagine della natura: la sperimentazione sistematica.

Anche René Descartes propone, letteralmente, un nuovo *Discours de la méthode* (1637), un nuovo discorso sul metodo di indagine sulla natura, fondato non tanto sull'esperimento quanto sulla matematica. È la matematica lo strumento principe attraverso cui è possibile conoscere la realtà fisica del mondo. Ed è con Descartes che inizia, almeno a livello filosofico, quel processo di «matematizzazione della fisica» che a fine secolo con Isaac Newton raggiungerà, sul versante strettamente scientifico, il suo apice.

Certo, quello di Descartes è essenzialmente un progetto, mentre quello di Newton è il grande avvio di un processo. Tuttavia non possiamo sottovalutare né l'importanza epistemologica della proposta di Descartes, né la sua influenza nella costruzione dell'immagine della scienza. Sia dell'immagine della scienza che si viene costruendo all'interno della Repubblica della scienza, sia dell'immagine della scienza che si viene costruendo fuori dalle mura virtuali di quella Repubblica.

Sul piano del metodo utilizzato sul campo dagli uomini che fanno scienza avranno entrambi, Bacon e Descartes, ragione. O meglio, preverrà la sintesi galileana. Perché le varie scienze verranno tutte sviluppandosi attraverso una modulazione, sia pure molto diversificata, delle «sensate esperienze» (centralità dell'esperimento) e delle «certe dimostrazioni» (teorie matematizzate).

Ma oltre a una epistemologia, la scienza propone anche potenti metafore per rappresentare il mondo.

Da questo punto di vista una delle metafore del mondo che più rapidamente si diffonde e infine si afferma nel Seicento è quella dell'universo meccano, la quale a sua volta (ri)genera – e il verbo non è casuale – una filosofia, il meccanicismo, secondo la quale tutti i fenomeni in natura possono essere ricondotti al moto della materia nello spazio generato da cause assolutamente necessarie. Detta in altri termini, il meccanicismo è «una concezione del mondo secondo la quale l'universo fisico è visto come una grande macchina, la quale, in virtù della sua stessa costruzione, esegue l'opera per la quale è stata creata» (Dijksterhuis, 1950). D'altra parte le parole di un grande del pensiero meccanicista, Robert Boyle, sono chiare: il mondo è «simile ad un eccellente orologio nel quale tutte le cose sono così abilmente congegnate, che, una volta messa in moto la macchina, tutte le cose procedono secondo il primitivo disegno dell'artefice» (citato in Feuer, 1969).

E chi ha creato l'universo meccano se non un Dio orologiaio (l'orologio meccanico fin dal Trecento consente una misura precisa del tempo ed è alla base dell'idea stessa di conoscenza quantitativa della realtà), che ne ha assemblato i pezzi, lo ha avviato e ora lo osserva andare avanti secondo i principi con cui lo ha ordinato?

L'immagine meccanicistica del mondo, nel corso della storia della cultura occidentale, ha avuto due grandi stagioni. La prima, nell'antica Grecia, soprattutto con l'atomismo di Democrito. Anche Epicuro, per la verità, credeva in un universo di atomi in moto. Ma la sua non era una visione meccanicista. Perché gli atomi di Epicuro potevano deviare, di tanto in tanto e in modo del tutto imprevedibile (*clinamen*), dalle loro traiettorie certe e necessarie. Minando la certezza delle leggi che governano il moto degli atomi, Epicuro proponeva una filosofia non meccanicista della natura.

La seconda, grande stagione del meccanicismo inizia appunto nel Seicento. Grazie, soprattutto, a René Descartes e allo sviluppo della meccanica. Per Descartes l'universo fisico è costituito unicamente da materia estesa (*res extensa*) che si muove nello spazio seguendo, appunto, le leggi semplici, certe e necessarie, matematicamente descrivibili, della meccanica. Descartes precisa che l'universo fisico non è l'intero universo. La mente dell'uomo, infatti, è *res cogitans* e non appartiene al grande meccano. Da notare che, mettendo la mente fuori dal corpo (per Descartes il corpo è una macchina) e dall'universo fisico, il meccanicismo di Descartes non rivendica come parte integrante di sé quel riduzionismo assoluto che caratterizzerà la filosofia meccanicista nei decenni e nei secoli successivi.

Il meccanicismo di Descartes è certamente una filosofia semplice, nel senso di essenziale, ed elegante. Ma essa diviene una visione del mondo largamente condivisa nel Seicento e nei due secoli successivi perché corrisponde pienamente all'esigenza degli scienziati di quel periodo di rappresentare la realtà fisica in modo appunto semplice, rigoroso e obiettivo. E, soprattutto, perché con Isaac Newton proprio la meccanica tocca i vertici della semplicità, del rigore e dell'oggettività. Oltre che del successo sul campo. Insomma, con Newton la meccanica diviene la regina di tutte le scienze fisiche. Anzi, di tutte le scienze.

Gioco forza il meccanicismo di Descartes, che si riferisce esplicitamente alle leggi matematizzate della meccanica, diventa una visione del mondo dominante. Un paradigma, direbbe Thomas S. Kuhn.

La gran parte degli scienziati si sente sedotta dall'ideale meccanicista cartesiano. E va oltre Descartes. Non solo i fisici, infatti, ma molti chimici, molti biologi, molti medici, persino molti economisti tentano di riferirsi alla meccanica e spesso di informare la propria disciplina col rigore, con la semplicità e l'oggettività della meccanica.

Robert Boyle pensa che la chimica sia facilmente riconducibile alla meccanica. Molti biologi pensano a un universo biologico popolato da animali-macchina. E persino molti studiosi di scienze umane pensano a un universo antropico popolato da uomini-macchine: tanto che – più tardi, nel 1747 – Julien Offroy de La Mattrie scriverà il suo famoso *L'Homme-machine*, ove propone di ridurre la fisiologia e la psicologia dell'uomo a semplice espressione meccanica, appunto, delle parti del corpo.

Ma ritorniamo al Seicento. Secolo in cui la visione meccanicistica del mondo, ripresentatasi sulla scienza culturale con inusitata potenza, seduce molti filosofi, come Pierre Gassendi, (anche se il francese, grande ammiratore di Galileo, è piuttosto un epicureo) e soprattutto come Thomas Hobbes, che cerca di estenderla fino alla dimensione politica. Questi filosofi non fanno altro che riprendere e diffondere una visione del mondo (ri)nata con la *nuova scienza*.

In realtà, oltre alla filosofia meccanicista c'è almeno un'altra grande corrente di pensiero che permea di sé la rivoluzione scientifica del XII secolo, la filosofia che si richiama a Platone e Pitagora e che guarda alla natura in termini geometrici, nella convinzione che il cosmo è il tutto armoniosamente ordinato sulla base dei principi della geometria. Johannes Kepler è uno dei grandi protagonisti della rivoluzione scientifica del Seicento che si richiama esplicitamente a quest'ordine platonico. Nel *Mysterium Cosmographicum* del 1596 Kepler argomenta a favore del sistema copernicano nella convinzione che la decisione divina di creare un universo con sei pianeti (Mercurio, Venere, Terra, Marte, Giove e Saturno) era dovuta all'esistenza di cinque e solo cinque solidi regolari.

Tuttavia Kepler si mostra disponibile a cambiare la sua visione del mondo quando questa collide con le osservazioni. Infatti sarà lui a sacrificare l'idea platonica del moto circolare perfetto dei pianeti in rivoluzione intorno al Sole a favore delle orbite ellittiche. E Kepler è disponibile a cambiare la sua visione del mondo anche quando essa collide con l'idea stessa di spiegazione scientifica. Nella prima edizione del *Mysterium Cosmographicum*, per esempio, egli spiega il moto dei pianeti intorno al sole con la presenza di un'intelligenza motrice, di un'*anima motrix*, che vive all'interno della stella. Nel 1621 egli rivede completamente questa sua visione animista: «Se sostituiamo la parola "forza" [*vis*] alla parola "anima" [*anima*], abbiamo il principio stesso su cui si basa la fisica celeste nell'*Astronomia Nova*. Infatti in precedenza ero del tutto convinto che la causa che muove i pianeti fosse un'anima, essendo per la verità imbevuto dei precetti di G. C. Scaligero sulle intelligenze motrici. Ma quando riconobbi che questa causa motrice si indebolisce con il crescere della distanza dal sole, così come si attenua la luce del sole, io conclusi che questa forza deve essere per così dire corporea». Come sostiene Richard S. Westfall: «Dall'*anima motrix* alla *vis*, dal pensiero animistico a quello meccanicista, lo sviluppo del pensiero di Keplero [preannuncia] il corso della scienza del secolo XVII» (Westfall, 1999). La filosofia meccanicista e le metafore dell'universo meccano prevarranno sulla filosofia neoplatonica e le metafore del Dio geometra.

5.2 Scienziato barocco. Ancora Galileo: filosofo naturale, artista e critico dell'arte

Galileo Galilei ha attirato l'attenzione non solo di una costellazione di storici della scienza, ma anche di un grande storico dell'arte, il tedesco Erwin Panofsky. Uno studioso che in tutta la sua attività di ricerca ha scritto due soli saggi monografici, uno dedicato ad Albrecht Dürer, considerato il più grande esponente della pittura rinascimentale tedesca, e l'altro a *Galileo as a Critic of the Arts*, allo scienziato toscano visto nella veste insolita di «critico delle arti» (Panofsky, 1985).

Galileo, dunque, non solo pioniere della scienza, ma anche importante critico delle arti. Cosa induce Erwin Panofsky a proporre questa visione, davvero spiazzante, del pisano?

Beh, in primo luogo il fatto che Galileo non nasce e non vive – almeno fino all'età della giovinezza – in un ambiente scientifico, ma in un ambiente artistico: quello del padre e della Camerata dei Bardi, protagonisti di un'autentica rivoluzione in musica. Ma Panofsky rileva anche che gli interessi artistici di Galileo non si esauriscono né nei suoi anni giovanili, né nell'ambito pur fondamentale della musica. Forte è il suo interesse per la pittura e fortissima è l'amicizia con Ludovico Cigoli, il maggiore pittore fiorentino del tempo. Forte è il suo interesse per la poesia e fortissima la sua venerazione per Dante e Ariosto (Greco, 2009).

Ma Galileo non si limita a frequentare regolarmente l'ambiente artistico e a esplorarne tutte le dimensioni. In quell'ambiente, rileva ancora Panofsky, Galileo agisce da protagonista. Influenzandolo e, come vedremo, venendone influenzato. La sua azione come critico, e non di un'arte sola, ma delle arti è tale che Galileo diventa – a detta di Panofsky – uno dei protagonisti assoluti della ribellione al manierismo del nascente movimento barocco.

Galileo appoggia la rivoluzione paterna nella musica. È riconosciuto da Ludovico Cigoli – un pittore che abbandona il manierismo della scuola fiorentina per abbracciare il naturalismo *á la Caravaggio* – come un'autorità in fatto di teoria artistica. Interviene direttamente nella letteratura. E non solo come scrittore, come il più grande scrittore della letteratura italiana. Ma anche come critico, che attacca senza tregua il manierismo di Torquato Tasso e acclama l'efficace semplicità della poesia di Ariosto.

Il «critico delle arti» post-rinascimentale Galileo, infine, proprio come il pittore rinascimentale Dürer, guarda all'arte e alla scienza come a dimensioni certo diverse, eppure espressioni di una ricerca intorno al mondo che usa – che deve usare – la ragione quale potente strumento d'indagine. Il giudizio estetico di Galileo – sia esso espresso nell'ambito della musica, della pittura o della poesia – è sempre alimentato da una medesima tensione ideale, che Panofsky definisce *classicista*: l'ideale della semplicità, dell'ordine e della separazione dei generi, in avversione a ogni e qualsiasi forma di complessità e di contaminazione.

Guardiamola più da vicino, questa attività di Galileo «critico della arti».

Corre l'anno 1588. Il figlio di Vincenzio Galilei ha ormai 24 anni è un matematico di riconosciuto valore e, come tale, concorre alla cattedra vacante presso lo Studio bolognese. Il concorso viene chiuso il 4 agosto e il giovane pisano è battuto da Antonio Mangini, che ha nove anni più di lui, una buona fama e molte più pubblicazioni sia in matematica che in astronomia. Fallisce così il primo tentativo da parte di Galileo di entrare nell'università.

Ciò malgrado è proprio in questi anni che il giovane toscano inizia a pensare e ad agire come un uomo di scienze. E a essere anche riconosciuto come tale in molti degli ambienti culturali che contano. Ma se crescono e maturano i suoi interessi per la matematica e la filosofia della natura, non per questo diminuiscono gli interessi verso le discipline umanistiche e la letteratura. In particolare Galileo continua a seguire la poesia. Quella classica e quella contemporanea.

Scrive Antonio Banfi: «L'amore e la conoscenza dei classici – Virgilio, Ovidio, Orazio, Seneca erano i suoi preferiti – s'accorda con l'interesse per la letteratura volgare del tempo suo. Ciò che egli vi cerca – e che è proprio della poesia a differenza del sapere – è il gioco fresco della fantasia, sia ch'essa, esplodendo dalla composita e assestata realtà convenzionale, fiorisca di comicità satirica nei capitoli del Berni o nelle commedie del Ruzzante, liberando l'anima dal peso e dalla convenzione quotidiana, sia che, creando un proprio mondo come nel poema ariostesco, dia vita in esso alle immagini di sogno, ai miti innumerevoli in cui l'umanità si cerca e si riconosce» (Banfi, 1949).

Galileo legge i classici. Ma partecipa anche alle discussioni, accese in quel tempo a Firenze, sulla poesia contemporanea. E si infervora quando la polemica esplode e assume toni agonistici sul tema più sentito del momento: chi è superiore tra il Tasso e l'Ariosto? Il primo, Torquato Tasso, poeta contemporaneo è proposto da alcuni come l'araldo della modernità. Il secondo, Ludovico Ariosto, poeta di un passato recente è proposto da altri come il migliore interprete della purezza della lingua. Nello schierarsi, Galileo mostra di non avere davvero dubbio alcuno. Tra i due il più grande, anzi l'unico vero poeta è decisamente il secondo: Ludovico Ariosto. Per la sua ineguagliabile creatività e per la spregiudicatezza dei versi che non turbano l'armonia delle sue immagini poetiche.

Scrive ancora Antonio Banfi: se Galileo «ha del suo tempo il gusto del fantastico e del ghiribizzo bizzarro, se rimprovera al Tasso la scarsezza della fantasia e la monotonia lenta dell'immagine e del verso, ciò che ama nell'Ariosto non è solo lo svariare dei suoi bei sogni, il mutar rapido delle situazioni, la viva elasticità del ritmo, ma anche l'equilibrio armonico di questo, la coerenza dell'immagine, l'unità organica – pur nella varietà – del fantasma poetico. Il fondamento del suo gusto, nonostante i ricchi elementi barocchi, è e rimane classico: la limpidezza costruttiva, l'armonicità elegante e misurata, che senza sforzo risolve in sé il gioco dell'intuizione complessa, rimane il fondamentale criterio del suo giudizio estetico come della sua espressione letteraria» (Banfi, 1949).

Le considerazioni, ammirate, su Ludovico Ariosto e sulla «assai maggior leggiadria» della sua poesia e le considerazioni, sprezzanti, su Torquato Tasso e sulle «capriole» e «fanciullaggini» e «accozzamento» della sua poesia, Galileo le esprime in alcune notazioni, conosciute come *Postille all'Ariosto* e *Considerazioni al Tasso*, di incerta datazione ma che probabilmente inizia a scrivere proprio in questo periodo.

Colpiscono in particolare le considerazioni sprezzanti su Torquato Tasso e sulla sua poesia «acida come i cetrioli». Considerazioni che nascerebbero, come sostengono alcuni, dalla «insofferenza epistemologica verso il linguaggio ambiguo, elusivo, animistico e illusorio della terminologia aristotelica» che muove Galileo (Battistini, 1989). Mentre la passione per Ariosto nascerebbe dalla simpatia epistemologica di colui che si accinge a diventare il pioniere di una nuova filosofia naturale per «l'esattezza e la forza del lessico ariostesco» in qualche modo equivalente all'esigenza «della scienza moderna di una comunicazione precisa, stabile, netta, sorvegliata» (Battistini, 1989).

Ma, forse, la coerenza tra il Galileo giovane «critico d'arte» e il Galileo che si accinge a divenire pioniere della nuova scienza è un'immagine che appare solo a chi indossa gli occhiali dell'analisi a posteriori. Anche perché se come uomo che si sta avvicinando alla scienza Galileo inizia ad assumere una posizione, per così dire, nuova e avanzata, «in sede letteraria le sue preferenze rispecchiano la tradizione, il passato, l'amore toscano per il sorvegliato classicismo, sordo alle soluzioni patetiche del più moderno» (Battistini, 1989).

In poesia, sostiene Andrea Battistini, è Torquato Tasso l'innovatore che propone la rottura «rispetto ai canoni aurei del primo Cinquecento». E Galileo sta dalla parte del vecchio.

Molto si è detto e molto si è scritto su «Galileo critico d'arte». C'è chi, come Erwin Panofsky, giudica niente affatto banali la sua attitudine estetica e la sua capacità di analisi in ambito umanistico e chi invece, come Battistini, lo giudica sostanzialmente incapace di cogliere il nuovo che c'è nell'arte e nella letteratura del suo tempo. In realtà, nel sottoporre a giudizio il Galileo «critico d'arte» e, in particolare, critico di Torquato Tasso dovremmo tenere in conto anche quanto dice Lanfranco Caretti, che del poeta pescarese è un grande esperto: «se i suoi [di Galileo, *ndr*] giudizi sul Tasso possono oggi sembrarci oggettivamente ingiusti, ciò che conta notare è piuttosto l'ostilità che essi esprimono verso ogni forma di arte improntata ad una mera concettosità, a curiosa peregrina, a sottile lambiccatura o virtuosistico artificio, cioè verso un'arte stentatamente riflessa o troppo calcolata e priva d'impetuosa forma intuitiva» (Caretti, 2001).

Sia come sia, l'interesse di Galileo per la letteratura non è affatto superficiale. Né i suoi studi sono privati. Anzi, spesso assumono una dimensione pubblica e diventano occasione ulteriore per «farsi conoscere». È anche per questo che, dopo il fallito tentativo di salire in cattedra, Galileo accoglie con viva soddisfazione l'invito del Console dell'Accademia Fiorentina, Baccio Valori, a tenere presso la prestigiosa istituzione due lezioni sull'opera di Dante Alighieri. Il compito è impegnativo. Ma il giovane aspirante matematico non si tira certo indietro e non si lascia affatto intimorire.

È da almeno cinquant'anni che in Accademia si discute di Dante e di Boccaccio. Il tema che il Console propone a Galileo riguarda l'universo dantesco. Come è noto, il Sommo Poeta aveva genialmente incorporato nella *Divina Commedia* la scienza del suo tempo. Dalla cosmologia alle conoscenze geofisiche. Cosicché per tutto il Cinquecento, secolo in cui Dante ritorna al centro dell'interesse, i critici ne hanno vivacemente discusso, puntando l'attenzione anche sulla controversa topografia dell'inferno. Dove esattamente è collocato, che forma e che dimensioni ha l'inferno di Dante?

Il fondatore degli studi di cosmografia dantesca è stato certamente Antonio Manetti, l'uomo che sul finire del XV secolo ha tanto insistito con Lorenzo il Magnifico affinché riportasse a Firenze i resti del Sommo Poeta. Manetti, morto nel 1497, ha ricostruito per intero la visione scientifica di Dante. Si è, in particolare, soffermato sulla grandezza e la forma dell'inferno e del suo titolare, Lucifero. Tuttavia di tutto ciò non ha pubblicato nulla. I suoi studi sono però stati molto commentati: per esempio da Cristoforo Landino che, già nel 1481, cita Manetti sul *Sito, forma et misura dell' 'nferno et statura de' giganti et di Lucifero*, e poi all'inizio del Cinquecento da Girolamo Benivieni e Filippo Giunti. Benivieni ha pubblicato nel 1506 il *Dialogo di Antonio Manetti, cittadino fiorentino, circa al sito, forma et misure dello "Inferno" di Dante Alighieri* in cui ha riportato, sotto la forma del dialogo, le teorie, le costruzioni, i calcoli matematici e ingegneristici (vere e proprie *misurazioni catastali*, commenta Horia-Roman Patapievici) con cui Manetti ha ricostruito la morfologia dell'inferno dantesco (Patapievici, 2006). Filippo Giunti ha poi proposto in un suo libro, noto come «la *Giuntina*», una serie di xilografie con le immagini dell'universo di Dante e dell'inferno secondo l'interpretazione e i calcoli di Manetti.

I dibattiti sull'argomento si protraggono nel tempo. E a essi certo non si sottrae la polemica di campanile. A Lucca, per esempio, non se la sentono di riconoscere a un fiorentino, Manetti, l'onore di aver fornito le misure più precise del luogo del male così come sono state descritte dall'altro fiorentino, Dante. Fatto è che nel 1544 il lucchese Alessandro Vellutello, noto esegeta del Petrarca, pubblica a Venezia un suo commento alla *Commedia* di Dante, in cui contesta i calcoli di Antonio Manetti e propone una sua immagine, anche grafica, dell'Inferno.

La proposta inquieta non poco i fiorentini, preoccupati di perdere l'egemonia – la naturale egemonia – nell'esegesi del «loro» Sommo Poeta. L'ansia da affronto dura diversi lustri. Nessuno riesce a placarla. Finché nel 1588 Baccio

Valori, Console dell'Accademia, propone una nuova idea per risolvere la *vexata quaestio*: se i letterati non hanno raggiunto una conclusione definitiva sulla forma e misura dell'inferno, vediamo cosa dicono i matematici. E il matematico prescelto è, appunto, il giovane Galileo. Che in due diverse lezioni nella sede dell'Accademia, alla via Larga, avrà la possibilità di dirimere finalmente il secolare groviglio.

La prova è ardua. E Galileo lo sa. Così si prepara per bene, mettendo per iscritto le sue due *Lezioni circa la figura, sito e grandezza dell'Inferno di Dante*. E poi, nelle due riunioni, affollatissime, con una serie di lucide dimostrazioni geometriche e con una padronanza perfetta del testo di Dante, propone la sua ipotesi, che corrobora quella di Gianozzo Manetti.

L'inferno descritto da Dante, sostiene Galileo, ha forma conica, con una sezione pari a un dodicesimo della Terra. Al vertice il Sommo Poeta ha posto la dimora di Lucifero, conficcato nel ghiaccio fino a metà del petto. Il suo ombelico costituisce l'effettivo centro del nostro pianeta. Dal principe degli inferi si dipartono due linee settoriali: una raggiunge Gerusalemme a ovest e l'altra un punto ignoto a est. L'inferno è, dunque, simile a un anfiteatro diviso in otto livelli.

Il punto cruciale della questione rimanda all'effettiva statura di Lucifero. Esiste un preciso rapporto matematico, sostiene Galileo, tra l'altezza fisica dello stesso Dante e l'altezza della statua di Nimrod, che il poeta ha posto in fondo all'inferno. E poiché esiste un rapporto matematico preciso anche tra le dimensioni della statua di Nimrod e il braccio di Lucifero, se noi conosciamo con esattezza la statura di Dante in due passaggi possiamo ricavare quella di Lucifero e, dunque, a seguire la grandezza stessa dell'inferno.

Dante era un uomo di statura media, certo più basso di me, sostiene Galileo. Poteva avere un'altezza di circa tre braccia. Poiché di Nimrod il Poeta ha scritto: «La sua faccia mi parea lunga e grossa / Come la pina di San Pietro a Roma» (*Inferno*, XXXI, vv. 58-59); poiché la pigna sulla basilica romana è misurabile e risulta lunga cinque braccia e mezza; e poiché la statura di un uomo – come ha dimostrato Albrecht Dürer nel suo testo sulle proporzioni del corpo umano – è circa otto volte la lunghezza della testa, il gigante deve essere alto 44 braccia.

Il calcolo non è finito, ma il modo di procedere è chiaro. Leggendo i versi di Dante sappiamo che l'uomo, Dante stesso, sta al gigante Nimrod come 3 sta a 44; ma sappiamo anche che il gigante sta al braccio di Lucifero proprio come l'uomo sta al gigante. Allora è chiara la proporzione: 3 sta a 44 come 44 sta a X, quindi il braccio di Lucifero è poco più di 645 braccia umane e poiché la statura di un uomo è in genere tre volte quella del braccio, Lucifero è alto 1936 braccia.

Arrotondiamo a duemila e proseguiamo il ragionamento. Il petto di Lucifero, scrive Dante, si eleva fino al quinto girone, il girone degli eretici. Poiché la distanza tra l'ombelico e il petto è pari a un quarto circa dell'altezza di un uomo, la distanza tra l'ombelico (centro della Terra) e il petto di Lucifero deve essere circa 500 braccia.

È sulla base di questi calcoli che Galileo è in grado di emettere il suo verdetto. Ha dunque ragione il fiorentino Manetti: il quinto girone si trova all'altezza di oltre 300 miglia dal centro della Terra. E l'inferno si estende per circa 500 miglia dal centro della Terra.

Le rigorose dimostrazioni di Galileo sulla «reale» topografia dell'inferno di Dante hanno grande successo. Tanto che il Console dell'Accademia fiorentina spenderà tutta la sua influenza, peraltro notevole, nel proporlo subito come candidato vincente per la cattedra di matematica che si è liberata prima presso l'università di Pisa (e, qualche anno dopo, per una medesima cattedra che si libererà presso l'università di Padova).

Ma, prima di procedere nel nostro racconto, possiamo forse tentare di ricavare un qualche insegnamento generale utile per capire perché Galileo è diventato Galileo.

Cosa dimostra, dunque, questo episodio? Beh, in primo luogo quello che sosteneva Primo Levi. E, cioè, che se c'è davvero una «schisi» tra scienza e arte, è una «schisi innaturale», perché questa divisione non la conoscevano né Dante, né Galileo e neppure «Empedocle, Leonardo, Descartes, Goethe, Einstein, né gli anonimi costruttori delle cattedrali gotiche, né Michelangelo; né la conoscono i buoni artigiani d'oggi, né i fisici esitanti sull'orlo dell'inconoscibile» (Levi, 1985).

Ma l'episodio del 1588 dimostra qualcosa di più. Ci ricorda che il grande poeta e fondatore della letteratura italiana, Dante, conosceva profondamente la scienza del suo tempo. E che il grande scienziato e fondatore della «nuova scienza», Galileo, fin da giovane conosceva bene la letteratura e, in particolare, conosceva profondamente e profondamente amava il suo concittadino, Dante Alighieri, oltre che il reggiano Ludovico Ariosto. È questa ibridazione di saperi che fa di Dante uno dei grandi divulgatori della scienza del suo tempo. E che aiuterà Galileo a diventare il più grande autore di prosa italiano (secondo gli autorevoli pareri di Giacomo Leopardi e Italo Calvino). Come riconoscerà Ugo Foscolo, la conoscenza della poesia che possiede Galileo sarà determinante per sviluppare «la purità e la luminosa evidenza della sua prosa». E l'abitudine, filologica, a misurarsi col testo, come sostiene Andrea Battistini, è una dimensione che gli tornerà utile anche nella stesura dei suoi testi letterari (Battistini, 1989).

Con le sue postille all'Ariosto, le stroncature del Tasso, la lettura attenta di Dante (e di Petrarca), Galileo comprende che la scienza può aiutare la letteratura. Ma anche che la letteratura può aiutare la scienza. E di tutto ciò farà tesoro.

Vale la pena di ricordare che anche quando diventa docente a Pisa, Galileo non si interessa solo di meccanica e di matematica. I suoi interessi culturali restano molteplici. Le sue idee – sui costumi e sulla società – netti. Come si evince dall'irriverente poemetto, *Contro il portar la toga*, che scrive per mettere alla berlina il mondo pieno di sé dell'accademia pisana.

Ma ch'io sia per voler portar la toga,
Come s'io fussi qualche Fariseo
O qualche scriba o archisinagoga

Non lo pensar [...]

Un che vada in toga non conviene
Il portar un vestito che sia frusto
A voler che la toga vadia bene [...]

E così viene a raddoppiar la spesa;
E questo a chi non ha molti quattrini
È una dura e faticosa impresa [...]

Sappi che questi tratti tutti quanti
Furon trovati da qualcuno astuto
Per dar canzone e pasto agli ignoranti,

Che tengon più valente e più saputo
Questo di quel, secondo ch'egli arà
Una toga di rascia o di velluto

Dio sa poi lui come la cosa sta!

I trecento versi, divertenti e al limite del licenzioso, hanno notevole diffusione e successo in città. Troppo spesso la toga viene usata per nascondere il reale valore degli uomini. Anche a Pisa.

E gli uomini che a Pisa usano la toga per coprire il loro reale valore se la legano al dito. Quel giovane, alto e bello, è davvero troppo sfrontato e sicuro di sé. Va ridimensionato.

La poesia, intanto, resta uno dei grandi interessi di Galileo. È forse in questo periodo pisano che scrive, se non tutte, almeno la gran parte delle *Postille all'Ariosto*, talvolta come annotazioni all'*Orlando Furioso*. Poema di cui il giovane professore è in grado di recitare a memoria larghi brani, come molti hanno modo di constatare in città.

Appartengono, molto probabilmente, a questi anni pisani anche le *Considerazioni sul Tasso* o, almeno, parti di essa. Secondo Viviani l'opera piuttosto *tranchant* – sebbene circoli a mo' di manoscritto – ha un grande successo nell'ambiente pisano. Il suo attacco al manierismo di Torquato Tasso richiama l'attacco del padre Vincenzio alla ricerca estetica fine a se stessa di Gioseffo Zarlino.

Galileo riafferma che a lui piacciono la serenità e la gioia di vivere di Ludovico Ariosto. E che non gli piace, invece, la malinconia di Torquato Tasso. Che gli piace la fantasia e la spregiudicatezza di Ariosto. E che non gli piace la prevedibilità e la monotonia del Tasso. La sua critica verso l'amico dell'amico Guidobaldo è davvero feroce. Galileo descrive il più grande poeta italiano vivente come «un uomo di poco conto ... un gambero pietrificato, un camaleonte essiccato, una mosca o un ragno intrappolati in frammento d'ambra». Leggere Tasso dopo aver letto Ariosto, sostiene, è come mangiare un cocomero dopo aver gustato un delizioso melone.

A Pisa gli attacchi di Galileo alla *Gerusalemme Liberata* diventano, se possibile, più aspri che mai. Il giovane professore definisce il poema un «ciarpame di parole ammassate», un insieme di «scioccherie fredde, insipide e pedantesche», un'opera senza forma definita; i versi di cui è composto «scambietti» e «capriole intrecciate»; l'autore un «pedantone».

Non meno cattivi sono i giudizi di Galileo sui personaggi della *Gerusalemme*: definisce Clorinda «un poco troppo manesca»; Tancredi un «fagiolaccio, scimunito» che farebbe meglio a «giocar alle comarucce», visto che è del tutto incapace nelle faccende d'amore.

Ma ecco un esempio, tratto dalla *Considerazioni*, di cosa Galileo pensa (e dice) del poeta suo contemporaneo:

> Uno tra gli altri difetti è molto familiare al Tasso [...]; ed è, che mancandogli ben spesso la materia, è costretto andar rappezzando insieme concetti spezzati e senza dependenza e connessione tra loro, onde la sua narrazione ne riesce più presto una pittura intarsiata, che colorita a olio: perché, essendo le tarsìe un accozamento di legnetti di diversi colori, con i quali non possono mai accoppiarsi e unirsi così dolcemente che non restino i loro confini taglienti e dalla diversità de' colori crudamente distinti, rendono per necessità le lor figure secche, crude, senza tondezza e rilievo; dove che nel colorito ad olio, sfumandosi dolcemente i confini, si passa senza crudeza dall'una all'altra tinta, onde la pittura riesce morbida, tonda, con forza e con rilievo. Sfuma e tondeggia Ariosto, come quelli che è abbondantissimo di parole, frasi, locuzioni e concetti; rottamente, seccamente, e crudamente conduce le sue opere il Tasso, per la povertà di tutti i requisiti al ben oprare.

Ma di Galileo «critico letterario» abbiamo già detto. Quello che forse va rimarcato è che in questo periodo pisano Galileo continua a frequentare con assiduità e in ogni forma la letteratura non solo come critico, ma anche come scrittore. E che questa frequentazione gli è utile nell'argomentazione scientifica. Anzi, gli consente di avviare quel processo che lo porterà più tardi a inventare nuovi generi letterari. È proprio in questi anni pisani infatti che Galileo scrive il *De Motu* in diverse versioni. La quarta e ultima di queste versioni può essere considerata il prototipo di un nuovo genere: il dialogo scientifico. La trama narra di due vecchi amici, Alexandrus (una maschera dietro cui si nasconde lo stesso Galileo) e Dominicus, che una mattina d'inverno passeggiano, seguendo l'Arno, dal centro di Pisa per sei miglia fino al mare. Seguendo il corso del fiume, il loro sguardo cade su un barcaiolo che rema controcorrente. Evento banale, ma sufficiente a stimolare una fitta discussione sulle leggi del moto tra l'acuto Alexandrus e il semplice Dominicus, che nella discussione pone, di volta in volta, il punto di vista del senso comune e di un aristotelismo scolastico.

Il genere è, almeno in parte, nuovo: se il dialogo è, infatti, molto usato nella letteratura, anche saggistica del tempo – come dimostrano peraltro alcuni dei libri di papà Vincenzio – non lo è affatto per comunicare la filosofia della natura. L'intuizione è ottima: alcune nuove idee di fisica che contiene non sono per nulla banali. Ma il risultato complessivo non è esaltante: il latino del *De Motu*, anche nella sua quarta versione, è ampolloso e il dialogo pesante. Il Galileo letterato, come il Galileo scienziato, ha bisogno ancora di tempo per esprimersi al meglio.

Ma non c'è dubbio che a Pisa l'uno (lo scienziato) e l'altro (lo scrittore di scienza) iniziano a manifestarsi. La crisalide sta per diventare farfalla. Il «critico delle arti» sta per trasformarsi nell'«artista toscano».

5.3 L'arte ispira la scienza

5.3.1 Vincenzio e Galileo Galilei

Galileo Galilei nasce a Pisa il 15 febbraio 1564 da Giulia Ammannati di Pescia, nobildonna, e da Vincenzio Galilei di Santa Maria a Monte, musicista. A Trento si sta chiudendo la terza sessione del Concilio con cui la Chiesa di Roma intende rilanciare la sua egemonia sulla cristianità dopo la rivoluzione protestante. E il bambino viene al mondo in una città della cattolica Toscana che sta vivendo un periodo di rinnovato splendore. Il duca di Firenze, Cosimo de' Medici, ha da poco bonificato le paludi che da sempre circondano Pisa, dragato i canali, costituito un ministero dei lavori pubblici e costruito nuove banchine per ospitare barche e navi e rinnovare l'antica vocazione della repubblica marinara. Ma, per far tornare a risplendere la città, il duca non ha puntato solo sui lavori pubblici e sull'economia. Vuole che Pisa si imponga anche come centro di cultura: come il maggior centro culturale della Toscana. Per questo ha rilanciato l'università e creato un orto botanico: il primo in Europa.

È dunque in questo particolare momento storico della cristianità e in questa ambiziosa città che viene al mondo il piccolo che i genitori hanno battezzato in maniera così inusuale, Galileo. Il fatto è che le famiglie toscane più in vista usano dare al primo figlio un nome che rinnovi quello della casata. E papà Vincenzio, sebbene non possa certo definirsi una persona ricca, intende ben rinnovare il cognome glorioso di una famiglia che è stata, in passato, tra le più facoltose e influenti della facoltosa e potente città di Firenze. Non aveva, forse, un suo antenato avuto l'onore supremo del consolato nel 1210? Non aveva la sua casata donato ben 18 priori alla città di Firenze? E non aveva uno degli avi, Tommaso di Buonajuto, fatto parte di quel governo democratico succeduto alla disastrosa tirannide del Duca d'Atene nel 1343? E circa un secolo più tardi un altro membro della famiglia, il *magister Galilaeus de Galilaesis*, al secolo Galileo Bonaiuti, non era forse diventato medico di gran fama e, nel 1466, gonfaloniere di giustizia nella città di Firenze? Ah, che gran personaggio il *magister Galilaeus*! Tanto grande da indurre i parenti più prossimi a ribattezzarsi in suo onore *familia Galilei* e ad apporre sulla sua tomba una lapide con su scritto, per l'appunto, Galileo Galilei[2]. Sicché quando Vincenzio battezza Galileo il suo primo figlio, nella speranza che rinnovi le glorie dell'antico parente, il cognome torna finalmente a diventare nome.

Quanto a lui, Vincenzio, è nato intorno al 1520 a Santa Maria a Monte, cittadina distante una trentina di chilometri da Pisa ma che fa parte del distretto di Firenze, dove suo nonno, Giovanni Galilei, fratello del *magister*, si era trasferito intorno al 1470 per motivi economici e dove è nato anche suo padre, Michelangelo.

Vincenzio si sente e si definisce un «nobile fiorentino». A Firenze ha i suoi amici e tutti i suoi interessi intellettuali. Ma di Santa Maria a Monte conserva la cittadinanza e in paese ha tuttora una sorella, Lucrezia, alla quale sono rimaste alcune proprietà di poco valore. Tuttavia sia i legami con Lucrezia che col paese natale sono ormai piuttosto labili. O forse si sono del tutto interrotti. Negli scritti di Vincenzio (e anche in quelli del figlio Galileo) non compariranno mai né il nome della zia né un riferimento a Santa Maria a Monte. È probabile che prima di morire, intorno al 1540, il padre Michelangelo gli abbia conferito la sua parte di eredità e che Vincenzio abbia lasciato per sempre il borgo natio.

Giunto dunque a Firenze, grazie anche all'aiuto e all'acquisita amicizia di Giovanni Bardi dei conti di Vernio, il giovane di Santa Maria a Monte si dedica anima e corpo alla musica, diventando qualcosa di più che un abile liutista, un valente compositore e un appassionante insegnante. Vincenzio è un musicista che, in età non più giovanissima, coltiva addirittura l'intenzione di rifondare l'arte del suono. Gli studi di musica contrappuntistica, condotti tra il 1561 e il 1562 presso il grande maestro veneziano Gioseffo Zarlino, lo hanno infatti iniziato alla teoria. E ben presto, grazie alla sua originalità accompagnata a una veemente *vis polemica*, coniugando pratica e teoria, ribellandosi al maestro, il papà di Galileo realizzerà in musica «una rivoluzione comparabile a quella del figlio nella scienza» (Drake, 1981).

Ma stiamo correndo troppo. Per adesso, seconda metà di febbraio 1564, Vincenzio non ha ancora compiuto alcuna rivoluzione; ha superato i quarant'anni; abita a Pisa, dove è giunto in un momento e per ragioni non ben precisate; cerca di guadagnarsi da vivere insegnando musica; da qualche mese ha dato alle stampe a Roma le *Intavolature de lauto, madrigali e ricercate* e ora, con la sua giovane sposa Giulia Ammannati, ascolta felice i primi vagiti del primo figlio.

Già, la madre di Galileo. Se la famiglia di papà Vincenzio è stata facoltosa, quella di mamma Giulia lo è ancora. Originari di Pescia e Pistoia, gli Ammannati vantano un cardinale piuttosto influente a Roma. Trasferitisi a Pisa intorno al 1536, si sono ben inseriti nel tessuto cittadino, commerciando con successo nel settore sia della lana e della seta che del legname. Insomma la casata è ricca e Giulia non si stanca di ricordarlo continuamente al marito.

I due hanno contratto matrimonio il 5 luglio 1562 innanzi al notaio Benedetto Bellavita. Vincenzio ha concluso la cerimonia infilando al dito della sposa un bell'anello d'oro. Giulia ha portato una dote complessiva di cento scudi, parte in denaro sonante e parte in vestiario, oltre all'impegno del fratello Lione di sostenere per un anno le spese di vitto e di alloggio dei due coniugi.

Gli Ammannati sono in affari, tra gli altri, con Iacopo del Setaiolo, cittadino pisano e canonico della Cattedrale. Ed è proprio Iacopo a favorire la stesura del contratto col quale, a partire dal primo agosto 1563, il colonnello Giuseppe Bocca concede casa in affitto per un anno al maestro di musica Vincenzio Galilei.

Passato un anno dalle nozze, mentre Giulia aspetta il primo figlio, Vincenzio non può più contare sull'ospitalità e sul sostegno del cognato. La famiglia Galilei ha bisogno di una casa tutta per sé. Pagando uno scudo al mese, il maestro di musica dà fondo a una parte rilevante del suo reddito per regalare alla sposa e al figlio che sta per nascere un'abitazione grande e dignitosa: quattro piani, un chiostro con pozzo e l'affaccio sul mercato.

In questa casa di via Mercanti, vicina a quella dei Bocca, Vincenzio insedia subito la sua scuola. Ma, sebbene il maestro insegni liuto e organo, arrangi preziose composizioni che accompagna con la sua solida voce tenorile, componga memorabili madrigali e fughe come nessun altro a Pisa, la scuola non ha gran successo. Non economico, almeno. Cosicché, pressato da Giulia e dalla necessità di pagare l'onerosa pigione, l'abile musicista è costretto controvoglia a occuparsi anche del commercio della lana.

Non sappiamo se, all'inizio del 1564, la famiglia Galilei abbia già lasciato la bella casa dei Bocca. O se la gestante non vi sia mai entrata. Fatto è che il bambino nasce non nella casa presa in affitto dai Bocca, ma nella casa che gli Ammannati posseggono in via Giusti, nel quartiere di san Francesco. Una borgata di artigiani e bottegai, non molto distante dal palazzo che Cosimo de' Medici occupa in città e dalla caserma che ospita la guarnigione, ma collocata fuori dalle mura e abbellita dalla sola chiesa di Sant'Andrea. Nella casa di via Giusti abitano la madre, Lucrezia, e la sorella, Dorotea, della puerpera. È in quella casa che, probabilmente, Lione ha assicurato a Giulia il vitto e l'alloggio promessi il giorno del matrimonio. Ed è in quella casa che, probabilmente, i coniugi Galilei continuano ad abitare anche dopo aver preso in affitto la dimora di via Mercanti.

Galileo nasce, dunque, in via Giusti il giorno 15 del mese di febbraio dell'anno di grazia 1564. In realtà la data esatta della sua venuta al mondo è meno certa del luogo ed è tuttora controversa. Quello che c'è di sicuro, perché attestato da documenti, è che il nuovo venuto della famiglia Galilei è battezzato nella chiesa di Sant'Andrea il 19 febbraio 1564. Data se non storica, certo tentatrice. Infatti appena il giorno prima, il 18 febbraio, a Roma è morto Michelangelo Buonarroti. Cosicché – affascinati e pressoché soggiogati dalla coincidenza tra il giorno della morte di Michelangelo e il giorno della nascita di Galileo, ovvero dal cambio di testimone di due grandi toscani – in passato molti biografi del nostro hanno ceduto alla tentazione, appunto, e hanno accreditato la tesi che il figlio di Vincenzio e di Giulia sia venuto alla luce il giorno prima del battesimo, il 18 febbraio.

E tuttavia, benché suggestiva, la tesi non ha alcun fondamento (Vergara Caffarelli, 1992).

Non è che possediamo documenti certi sulla reale data di nascita di Galileo. Ma utili indizi sì. Per esempio, gli indizi astrali. Non suoni come un paradosso, ma a suggerirci la data esatta di nascita del pioniere della scienza moderna è un residuo della scienza antica, l'astrologia. Esistono, infatti, vari documenti astrologici che riguardano Galileo e che indicano concordemente nel 16 febbraio il giorno della sua venuta al mondo. Esiste, in realtà, anche un'annotazione autografa di Galileo che consente di svelare forse definitivamente il piccolo mistero. Il rampollo di Giulia e Vincenzio scriverà, infatti, di aver visto per la prima volta la luce il 15 febbraio 1564 alle ore 22,30. Ma, in quei tempi, si usa contare le ore a partire dal tramonto. E quel giorno il sole è tramontato, secondo precisi calcoli astronomici, alle ore 17,30 (del modo moderno di contare le ore). Poiché Galileo, per sua stessa ammissione, è nato 22,30 ore dopo quel tramonto, è facile dunque calcolare che è venuto al mondo alle ore 16,00 del 16 febbraio 1564 (Vergara Caffarelli, 1992).

L'inferenza è confermata da una postilla del futuro scienziato. Cosicché la *querelle* sembra definitivamente chiusa. E invece no. Perché in quegli anni è in vigore, ancora per poco, il calendario giuliano. Che ha dieci giorni in meno del nostro. In conclusione: oggi dovremmo festeggiarne il compleanno di Galileo il 26 febbraio, per tenere nel debito conto i dieci giorni aggiunti dalla riforma gregoriana del calendario. Ma, forse, la questione non è di così primaria importanza.

Ciò che conta davvero è che Galileo Galilei venga al mondo in una città, Pisa, ricca di stimoli culturali in un periodo, la seconda parte del Cinquecento, che di fermenti culturali è addirittura ricchissimo. Tant'è che Galileo nasce proprio mentre a Roma si va spegnendo un titano dell'arte rinascimentale, l'aretino Michelangelo Buonarroti, e appena un paio di mesi prima che in Inghilterra, tra il 21 e il 23 aprile, nasca un titano del teatro e della letteratura, William Shakespeare.

Vincenzio, il padre di Galileo, possiede ed è posseduto dallo "spirito dei tempi". È, infatti, un intellettuale inquieto, di gran temperamento, in età matura ma più che mai pronto a compiere la grande impresa.

La madre, invece, si contenterebbe di una normale vita borghese. Che Vincenzio non è in grado ma soprattutto non ha intenzione di assicurarle. Le frustrazioni di Giulia si fanno e si faranno sentire sulla famiglia.

Sappiamo poco di come tutte queste variegate condizioni a contorno determinino i primi anni di vita di Galileo. Se non che il papà Vincenzio continua ad avere difficoltà nelle sue intraprese pisane. Per almeno due anni dopo la nascita di Galileo l'uomo vive a Pisa, ma ha la testa a Firenze, cuore pulsante dell'arte musicale toscana e italiana. Che abiti, almeno col corpo, nella città della torre pendente lo dimostra il fatto che, il 21 marzo 1566, viene accolto nella Compagnia di S. Guglielmo, a cui possono iscriversi solo i fiorentini residenti nell'antica città marinara. Che abbia la testa a Firenze lo dimostra il fatto che, nei mesi successivi, lascia a Pisa la sua famigliola e si trasferisce nel capoluogo toscano.

Ancora una volta non conosciamo i motivi esatti che inducono Vincenzio a traslocare. È probabile che a Firenze il maestro di musica trovi allievi devoti e soprattutto paganti molto più facilmente che a Pisa. Ma è certo che nella «sua città» trova proprio gli stimoli intellettuali che cerca. E, in ogni caso, ritrova il suo amico Giovanni, conte de' Bardi. Che, come sempre, lo incoraggia e lo aiuta a riprendere con tenacia i suoi studi sulla teoria della musica.

E, infatti, a Firenze il pensiero di Vincenzio, ormai prossimo ai cinquanta, si chiarisce definitivamente. E si chiarisce nella direzione di un rifiuto senza appello della tradizione musicale veneziana con cui si è formato. Un rifiuto che riguarda, in particolare, quel contrappunto a quattro parti così amato da Gioseffo Zarlino e che, sostiene Vincenzio, si è potuto sviluppare a Venezia solo grazie alla perfetta acustica delle quattro cupole di San Marco, dove i cori possono inseguirsi, rispondersi e intrecciarsi in una magica armonia. Ma lì dove l'acustica è meno perfetta, ovvero in ogni altro luogo al mondo, le voci dei quattro cori finiscono non per unirsi, ma per scontrarsi e ne viene fuori una musica esoterica, apprezzabile forse dai musicisti di professione, che sanno giudicare l'esecuzione a prescindere dall'effetto sonoro, ma non dal pubblico inesperto che ne può valutare solo il risultato obiettivo. Insomma, conclude Vincenzio, la musica polifonica vocale può intrigare qualche esigente professore, ma non riesce a creare emozione nella gente comune.

Che fare, dunque? Beh, sostiene il papà di Galileo, la musica deve riacquistare le funzione e il potere che aveva nell'antica Grecia. Non deve parlare alla mente dei soli esperti, ma deve suscitare emozione nei cuori di tutti. Cosa in pratica intenda lo scrive nel libro che pubblica a Venezia nel 1568: *Fronimo. Dialogo di Vincentio Galilei fiorentino. Nel quale si contengono le vere et necessarie regole del intavolare la musica nel liuto.* Il liuto, questo sì che è uno strumento capace di esprimere «le sfumature, come la durezza e la delicatezza, l'asprezza e la dolcezza». Questo sì che è capace di riflettere la malinconia, i lamenti e i gemiti, il pianto, i sentimenti più importanti delle persone. È il liuto, non certo l'organo, il messaggero della nuova musica capace di farsi sentire dai cuori e di farli vibrare.

Il fatto che nel 1568 Vincenzio abbia fatto pubblicare il libro a proprie spese a Venezia indica che la situazione economica in casa Galilei è migliorata. Forse perché insegnare musica a Firenze offre maggiori opportunità che a Pisa. O forse perché – come abbiamo già ricordato – nel capoluogo toscano c'è sempre il generoso mecenate Giovanni de' Bardi, pronto a tirar fuori quattrini ogni volta che serve per rendere più confortevole la vita del nostro valente musicista.

Mentre dunque Vincenzio è a Firenze a teorizzare nuova musica e a rimpinguare le finanze familiari, Giulia e il piccolo Galileo sono nella casa pisana degli Ammannati. Li segue da presso Muzio Tebaldi, un uomo d'affari che di Giulia è parente e di Vincenzio è amico. È lui che, mandando periodici rendiconti al padre, si confermerà come una delle poche fonti dirette ancorché parziali sulla fanciullezza di Galileo che, a quanto ne sappiamo, trascorre serena.

Altra fonte, anche se indiretta e postuma, è Vincenzio Viviani, che alcuni decenni dopo, nel 1654, su incarico di Leopoldo de' Medici, scriverà il *Racconto istorico della vita del Sig. Galileo Galilei ...*, la prima biografia dello scienziato fiorentino (anche se nato a Pisa, Galileo come il padre si considererà sempre di Firenze). Viviani è stato ottimo discepolo di Galileo e, probabilmente, ha avuto direttamente dal maestro le informazioni sui suoi anni pisani. Sebbene il *Racconto istorico della vita del Sig. Galileo Galilei ...* non sempre sia attendibile, perché l'allievo devoto ha una malcelata tendenza all'agiografia (è lui, per esempio, che accredita la tesi della coincidenza tra la data di nascita di Galileo e quella di morte di Michelangelo), non c'è ragione di credere che Viviani abbia completamente distorto le vicende relative ai primi anni di vita del maestro. Ecco, dunque, come li ricostruisce (Viviani, 2001):

> Cominciò questi ne' primi anni della sua fanciullezza a dar saggio della vivacità del suo ingegno, poiché nell'ore di spasso esercitavasi per lo più in fabbricarsi di propria mano vari strumenti e machinette, con imitare e porre in piccol modello ciò che vedeva d'artifizioso, come di molini, galere, et anco d'ogni altra machina ben volgare. In difetto di qualche parte necessaria ad alcuno de' suoi fanciulleschi artifizii suppliva con l'invenzione, servendosi di stecche di balena in vece di molli di ferro, o d'altro in altra parte, secondo gli suggeriva il bisogno, adattando alla macchina nuovi pensieri e scherzi di moti, purché non restasse imperfetta e che vedesse operarla.

Il fanciullo pisano sembra possedere, dunque, una certa propensione per la manualità e per le macchine. Tuttavia non è certo questo l'imprinting culturale che Galileo riceve a Pisa, soprattutto quando raggiunge l'età adatta e inizia a frequentare la scuola. Anche di questa fase della sua vita abbiamo poche notizie dirette. Tuttavia, come rileva Roberto Vergara Caffarelli, è possibile cercare di ricostruire in maniera relativamente sicura il percorso formativo di Galileo.

Sappiamo per certo, infatti, che il municipio dell'ambiziosa Pisa ha un'attenzione particolare per l'insegnamento. Che per la sua scuola sceglie maestri abili, quasi sempre provenienti da altre città. E che i maestri sono tre: il *magister grammaticae*, chiamato a insegnare le regole grammaticali, il *magister scribendi* chiamato a insegnare l'arte dello scrivere e il *magister abbaci*, chiamato a insegnare l'aritmetica e l'arte di far di conto. Per tutti la procedura di selezione è rigorosa: il maestro è «eletto per tre anni dai Priori, in seduta di consiglio nella sala priorale, con tre scrutini alla presenza delle altre magistrature cittadine e dei dottori» (Vergara Caffarelli, 1992).

Sappiamo per certo, inoltre, che tra il mese di ottobre 1569 e il mese di aprile 1571 a Pisa è maestro eletto Antonio Leonardi da Castiglione, con l'incarico di insegnare la grammatica e anche il greco. Ecco come Leonardi, con una nota datata 18 giugno 1569, comunica di voler organizzare le sue lezioni (citato in Vergara Caffarelli, 1992):

> Sia obligato fuor de giorni festivi tener li scolari tre hore la mattina et tre hore doppo desinare almeno ed il lunedì, martedì, mercoledì et giovedì legger quattro lectioni per ogni giorno, dua la mattina et dua la sera et il venerdì leggere una lectione et il sabato far leggere una lectione ad uno scolaro con farli argumentare alli altri et insomma fare che ogni sabbato si legga una lectione per uno scolare del primo circolo tanto che tocchi una volta per ciascuno. Medesimamente sia obbligato fare tre circoli di scolari almeno uno di epistolanti, laltro di latinanti per tutte le regole, terzo di principianti cioè delle concordanze et di quelli della prima regola. Et a epistolanti sia obligato i soprascripti giorni quattro dare ogni giorno una epistola, a latinanti dua latini et a principianti attenda il ripetitore tenendoci sopra lochio il maestro advertendo che il venerdì faccia a tutti una examine generale et il sabbato oltre la lectione da leggersi per lo scolare faccia ripetere i versi imparati a mente per lo adreto.

I ragazzi – e presumibilmente Galileo tra loro – vanno a scuola tutti i giorni feriali, divisi in tre classi, anche se le lezioni sono in contemporanea e la classi alloggiate tutto il giorno nella medesima sala. Insomma, sono tutti insieme anche se svolgono compiti diversi. Il sabato lo scolaro tiene una lezione e gli altri la criticano. Con questo metodo tutti si abituano a discutere con tutti, a tenere in conto il giudizio degli altri, ad argomentare in maniera logica e convincente, a rispettare l'opinione altrui. Insomma, la scuola del maestro Leonardi è una buona palestra di retorica e di filosofia. Non c'è ragione di credere che le cose cambino in maniera sostanziale quando, nell'aprile 1571, Antonio Leonardi da Castiglione lascia l'insegnamento e il mese dopo, giunge a sostituirlo Giacomo Marchesi da Piacenza, che ricopre l'incarico fino al maggio 1574.

Mentre apprende in maniera così rigorosa e gioca in maniera così creativa, in questi anni Galileo riceve ben poco dal padre. Ben poco, almeno, in relazione alla sua formazione. Vincenzio vede il figlio a intermittenza, anche se spesso gli manda diversi e graditi regali attraverso l'amico Muzio Tebaldi. Galileo riceve in dono, per esempio, uno "schizzatoio", un pallone, una maschera. Anche se, con uno spiccato senso pratico, durante il carnevale del 1574 preferisce scambiare la maschera «in un paro di pianelle, che così si è contento».

Ma proprio dopo quel carnevale, nel 1574, la famiglia Galilei decide finalmente di riunirsi. A Firenze. E così, a dieci anni di età, il bambino lascia la natia Pisa per andare a vivere nella «sua città».

A Firenze il piccolo Galileo trova la grande città, governata in maniera brillante da Cosimo de' Medici, da quattro anni incoronato Granduca di Toscana dal papa di Roma per meriti speciali. Ma trova soprattutto il suo papà, da due anni membro attivo e prestigioso della Camerata de' Bardi – o Camerata Fiorentina – costituita nel 1572 da un gruppo di nobili e intellettuali, musicisti dilettanti e professionisti, che si incontra regolarmente per discutere – in maniera del tutto informale ma con passione e impegno – di letteratura, scienza, arti e soprattutto di musica.

La Camerata prende il nome dal conte Giovanni de' Bardi, nella cui abitazione il 14 gennaio 1573 si è tenuta la prima riunione e dove si terranno le altre a venire. I membri del gruppo non sono tutti noti. Ma è certo che, oltre al conte Giovanni e a Vincenzio Galilei, ne fanno parte Girolamo Mei, Jacopo Peri, Ottavio Rinuccini, Giulio Caccini, Emilio de' Cavalieri e svariati altri tra musicisti, drammaturghi, intellettuali che hanno un progetto comune: riportare in auge la musica e il canto e il dramma degli antichi Greci antichi attraverso un nuovo stile, recitativo, che susciti nuove emozioni cadenzando il canto e persino la parlata corrente.

L'approccio può sembrare nostalgico. Ma, a parte il fatto che in quel periodo gli europei pensano che il meglio di sé l'umanità lo ha dato nel passato – nella Grecia classica, appunto – e che, di conseguenza, il massimo cui si possa aspirare è di rinverdirlo, quel favoloso passato, guardando indietro la camerata de' Bardi finisce per sperimentare qualcosa di nuovo: una sorta di inedito «teatro in musica».

Certo, all'inizio il nuovo stile è applicato a composizioni piuttosto semplici, come monodie e intermedi, ma nel tempo le composizioni diventano più complesse. E il «teatro in musica» si dimostra davvero come un modo originale e innovativo di fare musica. Insomma, la Camerata de'Bardi sta inventando quello che sarà poi chiamato melodramma o, anche, opera lirica. E in questa invenzione Vincenzio Galilei ha grande parte. Come più tardi testimonierà Pietro de' Bardi in una lettera a Monsignor Pietro Dini del 16 dicembre 1654.

Mio padre, scrive il figlio del conte Giovanni:

> Aveva sempre d'intorno i più celebri uomini della Città [...] Vincenzio Galilei [...] s'invaghì in modo di quell'insigne adunanza, che aggiungendo alla Musica pratica, nella quale valeva molto, lo studio ancora della Teorica, con l'aiuto di quei virtuosi, e ancora delle molte sue vigilie, cercò egli di cavare il sugo de' Greci scrittori, de' Latini, e de' più moderni, onde il Galilei divenne un buon maestro di Teorica d'ogni sorta di musica.

Teorico, dunque, del melodramma. Ma teorico anche «d'ogni sorta di musica». La forza creativa di Vincenzio sta raggiungendo l'apice. E conviene darne conto più in dettaglio. Il «nobile fiorentino» è sempre più persuaso della superiorità della musica antica. Per questo inizia a studiare i classici in maniera sistematica. E per questo inizia un fitto dialogo con Girolamo Mei, che a Firenze è considerato il più grande tra gli esperti di musica greca. La potenza di quella musica, sostiene Mei, deriva da una sua specifica caratteristica: propone un canto con una e una sola melodia, il cui ritmo si fonda sul metro della poesia. Nella musica dei Greci il testo viene prima del suono e la musica è al servizio del testo. Sono questi, conclude Mei, gli ideali che devono rivivere nella musica moderna, non quelli della polifonia vocale.

Vincenzio concorda. Con grande passione. E indomita *vis polemica*. Che lo portano in breve a un pubblico e clamoroso scontro con il suo vecchio maestro, Gioseffo Zarlino. Sia perché, con sconcerto del maestro, Vincenzio rinnega i madrigali polifonici che egli stesso ha composto, definendo il contrappunto una «impudenza», una musica decadente e sterile quando è pensata per le voci e non è strumentale. Sia, soprattutto, perché il «nobile fiorentino» ha da ridire sulla teoria musicale di Zarlino e sul ruolo che il suo antico maestro assegna alla matematica nel generare l'armonia dei suoni.

La teoria, sostiene Vincenzio, è succube di una matematica astratta, che non tiene conto della realtà fisica del suono. Sia chiaro, la matematica è essenziale in musica perché, ci mancherebbe altro, la musica è un rapporto, per l'appunto, armonioso di numeri. Ma non si può assumere l'armonia matematica dei numeri e traslarla nell'armonia musicale dei suoni in maniera rigida e automatica, astratta appunto, perché questo irrigidisce la teoria e impedisce l'innovazione. Occorre tener conto in primo luogo che il suono è ciò che si sente. Con l'orecchio. Fisicamente. L'astrazione matematica viene dopo, per meglio comprendere quel suono e poterlo migliorare. Ma il suono è, prima di tutto, un fenomeno fisico che avviene nel tangibile mondo naturale.

Naturalmente Vincenzio non si limita a proclami gratuiti. Le sue idee – le sue visioni della musica – le vuole mettere in pratica. Ed è così che nella casa de' Bardi viene alla luce la sua prima composizione nel nuovo stile. Vincenzio sceglie un testo di grande significato e importanza, i settanta versi del canto XXXIII dell'*Inferno* che Dante dedica al conte Ugolino, e li adatta in modo tale che siano cantati da un tenore solista accompagnato da un complesso di viole. L'esperimento, per la verità, non viene bene accolto e ha scarso successo. Ma la Camerata Fiorentina fa quadrato. Continueremo lungo la strada dell'innovazione.

Intanto Vincenzio pensa di mettere per iscritto i fondamenti teorici del nuovo credo musicale. E nel 1581 scriverà un libro a mo' di dialogo (immaginario) tra il conte Bardi e un altro aristocratico di Firenze sullo scopo della musica, i limiti dell'arte musicale contemporanea e la sua nuova proposta. Lo stile del libro, intitolato *Dialogo della musica antica et della moderna,* è polemico e piuttosto categorico. La musica contemporanea, fa sostenere Vincenzio ai suoi personaggi, suscita solo il riso e il disprezzo degli ascoltatori, con le sue note sincopate che suonano come singulti. Nelle note basse il cantante moderno sembra voler spaventare i bambini, nelle note alte gridare per il troppo dolore. No, non c'è segno alcuno che la musica contemporanea possa raggiungere i vertici della musica antica. L'attacco è diretto soprattutto al contrappunto vocale e il suo araldo, Gioseffo Zarlino: «Si consideri il ruolo dei contrappuntisti. Non si preoccupano che del piacere dell'orecchio, ammesso che di piacere si possa davvero parlare. L'ultima cosa di cui i moderni si preoccupano è pronunciare le parole con la passione che esse richiedono, se non in modo ridicolo».

Ma, ancora una volta, stiamo correndo troppo. Torniamo al momento in cui Vincenzio, nel 1574, chiama a sé la famiglia lasciata a Pisa. Il «nobile fiorentino» è ormai un personaggio molto noto a Firenze e in tutta Italia. Suona frequentemente alla corte del Granduca e qualcuno vocifera che sia tra i favoriti della nuova Granduchessa, la bellissima Bianca Cavallo che tanto scandalo ha suscitato tra Firenze, Venezia e Roma per essere divenuta prima l'amante e poi la moglie di Francesco I. Le voci della *liaison* con Galilei sono infondate, ma è vero che Vincenzio ha scritto un intero libro di madrigali per la Granduchessa. Un libro molto apprezzato da Bianca Cavallo.

Al netto delle maldicenze, vanno bene le cose, dunque, a Vincenzio. Tanto che il musicista è in grado di concedere un prestito di 100 scudi all'amico Tebaldi, per due anni e a titolo gratuito. Prestito che allo scadere sarà rinnovato alle medesime condizioni per altri due anni.

Le cose vanno bene e la famiglia Galilei può, quindi, riunirsi a Firenze sul finire del 1574. Con Giulia e Galileo giunge in città anche Virginia, la piccola venuta l'anno precedente a colmare il vuoto lasciato da Benedetto, il secondogenito della coppia scomparso prematuramente.

Certo, non è che Vincenzio sia divenuto improvvisamente ricco e possa disporre delle risorse economiche cui ambirebbe Giulia. Insomma, la famiglia finalmente riunita va ad abitare in una casa relativamente modesta, in quella che oggi si chiama Piazza de' Mozzi. È qui che Galileo continua la sua formazione, fuori dalla scuola o da qualche oneroso collegio e dunque in maniera strettamente privata. L'impronta educativa è sempre di tipo umanistico e Vincenzio la affida al maestro di grammatica Jacopo Borghini da Dicomano. Riservando a se stesso, naturalmente, il compito di educare alla musica il figliolo. Insegnamento, quest'ultimo, che Galileo apprezza moltissimo. Tanto che impara presto a suonare con perizia sia il flauto che l'organo e il liuto.

In realtà Galileo non vive affatto in una famiglia poverissima e, in ogni caso, non è certo un autodidatta. Non solo perché può contare sulle solide basi che si è costruito alle scuole elementari di Pisa. Ma anche perché Vincenzio vuole, fortissimamente vuole, che il figlio continui a studiare e, quindi, si assume il compito di istruirlo in prima persona – impartendogli regolari lezioni di greco, di latino e di letteratura classica – quando percepisce che il maestro prescelto, Jacopo Borghini, non è all'altezza della situazione.

Sono mesi felici, questi, per Galileo. Mesi in cui cementa il suo rapporto col padre, che ammira senza condizioni. Per l'abilità artistica. Per le doti intellettuali. Per la ricerca indomita della verità. E, soprattutto, per quell'aperta insofferenza che nella sua ricerca della verità musicale Vincenzio dimostra verso l'autorità costituita. «A me sembra – va sostenendo pubblicamente il nobile fiorentino – che chiunque si basi semplicemente sul peso dell'autorità per provare qualsiasi affermazione, senza cercare argomentazioni che la sostengano, si comporti in modo assurdo. Da parte mia, desidero porre liberamente domande e rispondere altrettanto liberamente, senza alcuna sorta di adulazione. Il che ben si addice a chiunque sia sinceramente alla ricerca della verità».

Il papà non accetta l'*ipse dixit*. E Galileo ne è fiero.

Non sappiamo, invece, come nel 1575 Galileo, ormai un ragazzino robusto dai folti capelli rossi, apprenda la decisione del padre di mandarlo in convento. Il motivo è l'educazione del ragazzino. Le lezioni paterne, davvero intensive, sono efficaci. Galileo è bravo nell'apprendere. Sia in campo musicale – col liuto ha raggiunto una capacità che «per stile e delicatezza di tocco» sembra addirittura eguagliare quella del padre – che nelle lettere.

Ma se con la musica Galileo non potrebbe aspirare a un insegnante migliore, la situazione è diversa col greco e col latino. Vincenzio sa di aver trasmesso il massimo al figlio anche in queste materie e che il figlio ha assimilato tutto. Ma sa anche che Galileo ha ormai bisogno di un insegnamento formale. Inoltre in casa arriva il terzo figlio, Michelangelo, dopo la nascita e la prematura morte di Anna. È per tutto questo che, come peraltro è consuetudine tra le famiglie nobili toscane, Vincenzio pensa di mandare il primo figlio in convento, tra i bravi monaci dell'abbazia di Santa Maria di Vallombrosa, venti miglia a est di Firenze, sull'Appennino tosco-romagnolo, a mille metri di quota e non lontano dalla confluenza del Sieve con l'Arno.

Quello del monastero è un ambiente severo, ma anche sereno. I monaci dell'ordine di Vallombrosa, fondato all'inizio del millennio da San Giovanni Gualberto, vi menano una vita austera, tutta dedita all'insegnamento e allo studio. I ragazzi che ne sono ospiti fanno altrettanto. Si alzano presto per seguire le lezioni di greco e di latino, di logica, di filosofia e per accrescere la loro educazione religiosa.

Galileo trascorre quattro anni nel monastero di Santa Maria di Vallombrosa, a quanto pare come novizio. È qui che coltiva i suoi interessi principali, che sono la letteratura e il disegno. È qui che acquisisce i primi elementi di teologia. E di filosofia. Legge la *Retorica* e l'*Etica* di Aristotele, oltre ai dialoghi platonici che ammira ed esalta «sopra le stelle». Legge gli scrittori latini e, secondo Gabriello Chiabrera, «ogni leggiadra letteratura». Traduce dal greco e dal latino. Si esercita sulla *Tractatio de dimostratione*. Conosce Isocrate e Plutarco. Ed è a Vallombrosa, infine, che riceve i primi elementi di logica, di matematica e di scienze della natura.

Certo non sono queste ultime, le scienze della natura, al centro degli interessi culturali dei monaci di Vallombrosa e del giovane figlio del musicista Vincenzio. Tuttavia esse non sono neppure trascurate né dagli uni né dall'altro. A mezzo secolo di distanza Galileo ricorderà la cometa apparsa nei cieli nell'anno 1577 e di come egli l'abbia scrutata «continuamente» perché «sempre si mantenne bassa e molto inclinata» e quindi «sempre si vide incurvata notabilmente». Se i ricordi, vivissimi, sono anche quelli giusti, allora è certo che il novizio non guarda in maniera distratta all'evento celeste. Il primo che, a quanto se ne sappia, abbia colpito la sua immaginazione.

Parlando di questo periodo Viviani racconta che Galileo:

> Udì i precetti della logica da un padre Valombrosano; ma però que' termini dialettici, le tante definizioni e distinzioni, la moltiplicità degli scritti, l'ordine et il progresso della dottrina, tutto riusciva tedioso, di poco frutto e di minor satisfazione al suo esquisito intelletto.

Viviani accredita l'idea del genio scientifico refrattario agli studi umanistici e impaziente di esercitare altrove la sua intelligenza. In realtà le cose nel monastero vanno diversamente. I monaci dell'abbazia con cura e sollecitudine gettano le basi di un rigore logico e di uno stile letterario, agile e brillante, destinati a diventare famosi. Difficilmente un ragazzo insofferente a quegli studi e a quel destino avrebbe assimilato tanto. Quanto al destino di quel ragazzo, ormai a Vallombrosa sembra essere chiaro a tutti, Galileo compreso: diventerà monaco tra i monaci.

Ma, ancora una volta, ecco intervenire a sorpresa il vigile papà Vincenzio. Scrive il frate Diego Franchi da Genova, abate del Monastero di Santa Prassede, in un manoscritto conservato nell'Archivio di Santa Maria di Vallombrosa, realizzato dopo aver avuto l'incarico di scrivere un compendio intorno agli uomini illustri della religione di Vallombrosa:

> Non si deve tralasciare il celebrato nome di Galileo Galilei matematico insigne. Questi fu novizio Vallombrosano, e fece i suoi primi esercizi dell'ammirabile ingegno nella scuola di Vallombrosa. Il padre di lui, sotto pretesto di condurlo a Firenze per curarlo di una grave oftalmia, con trattenerlo assai, il traviò dalla religione in lontane parti.

È il 1578. Il novizio Galileo Galilei, colmo di pietà religiosa, dichiara solennemente la sua intenzione di farsi monaco. Ma il papà Vincenzio non glielo consente, interviene tempestivamente e lo ritira dal convento, prendendo a pretesto un'infiammazione agli occhi che richiede quelle cure mediche, accusa, che i frati di Vallombrosa non gli hanno saputo assicurare.

Nella mente del padre il futuro del ragazzo non può certo consumarsi in convento. Per lui Vincenzio ha ben altre prospettive. Qualcuno sostiene che il musicista ha intuito le grandi capacità del figlio e vuole che le indirizzi verso studi più laici. Altri propongono che nella determinazione paterna abbia un qualche ruolo anche il quadro economico. L'anno prima, infatti, è arrivata Livia, la seconda figlia femmina di casa Galilei. E Vincenzio ha difficoltà a mantenere una famiglia ormai numerosa e un figlio in convento cui bisogna pagare in anticipo la sostanziosa retta, con in più la prospettiva di dover allestire due doti per altrettante figlie femmine (sia che andassero spose, sia che andassero in convento). Insomma, Vincenzio avrebbe bisogno che il primogenito, Galileo, trovi presto un'occupazione ben remunerata per contribuire a sostenere la famiglia (i due fratelli e le quattro sorelle).

Non abbiamo elementi per decidere quale delle due tesi – peraltro non incompatibili tra loro – sia la più vicina alla realtà. Potremmo ricordare che, in fondo, Vincenzio nella sua vita ha anteposto la passione per la musica ai calcoli economici. E che sarebbe strano che facesse il contrario nell'immaginare e progettare il futuro del figliolo. Perché non avanzare l'ipotesi, in fondo, più semplice: Vincenzio ha chiamato Galileo il suo primogenito in onore dell'illustre avo, medico e *magister*. Probabile, dunque, che dia fondo al massimo delle sue ambizioni e immagini che in futuro il figlio diventi medico e magari *magister* proprio come Galileo Bonaiuti e conferisca rinnovato onore e nuova fama alla famiglia. Ma siamo nel campo pericoloso del puramente speculativo. Meglio tornare ai fatti.

E il solo fatto che conosciamo è che Vincenzio, con una scusa, porta via il figlio dal monastero di Vallombrosa. Che inoltre, tornato finalmente a Firenze, il ragazzo continua gli studi presso una scuola diretta dagli stessi monaci camaldolesi, ma da laico e quindi non più come candidato ad entrare nell'ordine. Galileo stesso perde in breve ogni interesse alla vita del religioso. La sua prospettiva diventa tutt'una con quella del padre. Quale? Ce la lascia intendere Muzio Tebaldi in una lettera spedita a Vincenzio il 16 luglio 1578: «mi è grato di saper che haviate rihavuto Galileo, et che siate di animo di mandarlo qua a studio».

Nel futuro di Galileo c'è il ritorno a Pisa. A fini di studio. Che papà Vincenzio pensa indirizzati alla medicina.

Non si tratta, però, di un futuro immediato. Per alcuni mesi il ragazzo resta in famiglia. Una famiglia che tende ad allargarsi. Giulia Ammannati, infatti, è di nuovo incinta e nel 1580 mette al mondo una bambina di nome Lena. Purtroppo anche lei morirà in breve tempo. Ma intanto casa Galilei, lì in Piazza de' Mozzi, è ormai davvero affollata. Forse è anche per questo che Vincenzio consolida l'intenzione di avviare il primogenito agli studi di medicina, per fargli seguire le orme del *magister*. Prende, pertanto, accordi con Muzio Tebaldi affinché Galileo torni a Pisa, suo ospite, per iscriversi all'università e seguire i corsi di medicina.

In realtà Vincenzio spera che il ragazzo sia ammesso al Collegio della Sapienza, istituito nel 1543 da Cosimo I affinché «senza alcuna spesa sieno raccettati, e muniti tutti quelli buoni Ingegni, che oppressi dalla Povertà domestica, non potrebbero senza simile aiuto, attendendo alle lettere mostrare l'eccellenza, e la nobiltà degl'animi loro». Ma il tentativo di farlo rientrare tra i quaranta allievi toscani che hanno diritto all'istruzione e al vitto gratuiti, e, quindi, di farlo studiare senza oneri per la famiglia non riesce. La domanda di iscrizione al Collegio della Sapienza è respinta.

D'altra parte Muzio Tebaldi ambisce alla mano di una delle sorelle Ammannati. E non è conveniente che l'aspirante sposo ospiti in casa il cugino della ragazza che vuole impalmare, onde evitare che la cosa suoni come una indebita pressione su casa Ammannati affinché acconsenta al matrimonio. In breve, Galileo deve attendere che la faccenda di cuore tra il suo ospite e sua cugina si concluda (positivamente) prima che, nel settembre 1581, possa iscriversi all'università della città natale ed essere regolarmente immatricolato presso la Facoltà «degli artisti» quale scolaro di medicina, come risulta dal *liber matriculae* dello Studio pisano.

Il primo anno di corso è dedicato agli studi teorici: la filosofia naturale di Aristotele, la fisiologia di Galeno, la teoria della guarigione di Avicenna, oltre naturalmente al greco, al latino e all'ebraico. Galileo incontra così filosofi di chiara fama, come Girolamo Borro di Arezzo, Francesco Verini e Giulio Libri di Firenze e il portoghese Rodrigo Fonseca. Si tratta di filosofi della scuola peripatetica. Aristotelici dotti e convinti, che rafforzano le capacità argomentatrici di Galileo e lo introducono ai temi della filosofia naturale. Girolamo Borro, in particolare, è autore di un'opera, *De motu gravium et levium*, che cattura l'attenzione del giovane scolaro.

Già questo dovrebbe essere sufficiente a spazzare via il luogo comune secondo cui Galileo si rivela a Pisa uno studente svogliato. Al contrario, è uno studente selettivo. Che inizia a focalizzare la sua attenzione sulle questioni di filosofia naturale che ritiene fondamentali e non si lascia distrarre dalle questioni che ritiene più tecniche o comunque meno rilevanti. Per esempio dalla medicina in senso stretto: non lo appassionano né gli studi di anatomia né i primi rudimenti di chirurgia, anche perché a proporli quegli studi sono forse docenti incapaci di catturare l'attenzione dello studente.

Tra poco vedremo chi, come e quanto gli studi presso l'università di Pisa contribuiscano alla formazione di Galileo. Prima, però, conviene ricordare che proprio nell'anno in cui il giovane si iscrive allo Studio pisano il suo papà pubblica a Firenze un'opera decisiva per il percorso culturale di entrambi, il già menzionato *Dialogo di Vincentio Galilei nobile fiorentino. Dialogo della musica antica e della moderna*. Il libro, come abbiamo detto, contiene tutte le idee elaborate da Vincenzio sui limiti della musica moderna (quella del contrappunto vocale) e il valore della musica greca e costituisce uno dei testi attraverso cui prende forma e viene inaugurata la grande stagione del melodramma.

Il papà di Galileo attacca sia la dottrina matematico-pitagorica che è alla base della teoria musicale prevalente sia la versione aggiornata che ne dà Zarlino. Secondo Pitagora e la sua scuola il suono musicale può essere rappresentato dall'insieme dei numeri più semplici, quelli che vanno da 1 a 4 (il *tetrakys* o *quaternario*,) e dai loro rapporti. È con questi rapporti che si generano quelle consonanze conosciute ai Greci che oggi chiamiamo unisono, ottava, quinta e quarta. E su questa idea si fonda la scienza del «numero sonoro», che – ricordiamolo – è parte delle discipline matematiche al pari di aritmetica, geometria e astronomia.

Gioseffo Zarlino ha ripreso questa tradizione, rinnovandola. Per il veneziano, che ha cercato di formalizzare la prassi musicale per deduzione logica dalla teoria ed è considerato il «Principe dei Musici», il suono musicale deve essere rappresentato dall'insieme dei numeri che vanno dall'1 al 6 (*senario*). I nuovi rapporti che si creano col *senario* generano le consonanze introdotte dalla musica polifonica medievale e rinascimentale.

Vincenzio Galilei critica la teoria musicale pitagorica e, soprattutto, la variante introdotta da Zarlino. Non solo e non tanto perché questa estensione è estranea alla pratica musicale degli antichi, ma anche e soprattutto perché non è la matematica, ma l'orecchio il giudice finale della buona musica: ovvero, della buona consonanza e della buona accordatura.

In pratica Vincenzio propone di suddividere la tastiera del liuto – a suo giudizio il migliore strumento musicale – in modo che le distanze tra i tasti siano tra loro in rapporto (anomalo secondo la teoria canonica) di 18:17. Vincenzio riconosce che questo rapporto è valido solo in maniera pragmatica e approssimata. Tuttavia pone un problema epistemologico decisivo, che riguarda il rapporto tra la matematica e il mondo fisico. La spiegazione di questo mondo e la costruzione di strumenti che su questa spiegazione si basano non possono essere ottenute per semplice deduzione da astratte basi matematiche, ma devono poggiare su solide evidenze empiriche. Non è il rispetto dei «numeri sonori» e dei loro rapporti a distinguere la buona dalla cattiva musica (della buona consonanza/accordatura), ma l'orecchio.

Galileo mostrerà molto presto quanto apprezzi e condivida il pensiero del padre. Il quale, peraltro, riconosce il debito che ha maturato nei confronti del suo amico e mentore, Giovanni de' Bardi, per aver potuto liberare questo moderno pensiero. Come è possibile constatare leggendo la dedica che apre il libro:

> Come potrei io pure in minima parte ricompensare le comodità che ella mi ha date di potere con quieto animo attendere a quelli studij a' quali da primi anni mi diedi, e che senza l'aiuto suo non haverei condotti in quel termine nel quale hora si ritrovano? A che si aggiugne la prontezza dell'animo suo in far venire ad instanza mia, dalle più lontane parti d'Europa varij libri e instrumenti, senza i quali impossibile era potere della Musica quella notizia havere che mediante quelli habbiamo; e acciò questa scienza si mostrasse per me al mondo assai più chiara di quello che forse dopo la sua perdita non è ancora stato, non li è paruto grave darmi comodità di viatico, e prestarmi il suo favore in ogn'altra cosa opportuna per cercare molti luoghi, e indi ritrarre e da costumi degli habitatori, e dalle memorie antiche e da huomini della musicale scienza intelligenti, quelle maggiori e più vere notizie che possibile è stato.

Galileo è ammirato dalla generosità di Vincenzio e, insieme, dalla sua orgogliosa rivendicazione di totale libertà intellettuale. E a Pisa inizia a praticare quei valori profondi trasmessigli dal padre. Mostrando una certa insofferenza per la medicina e, soprattutto, per il modo dogmatico in cui viene insegnata, ma lasciandosi coinvolgere dalla filosofia naturale e, in particolare, da quella sua branca che oggi chiamiamo fisica.

A Pisa la fisica è insegnata da Francesco Buonamici, professore di filosofia fiorentino. Non ci sono testimonianze dirette, ma è certo che Galileo ne abbia seguito i corsi. E che ne subisca l'influenza. La fisica che insegna Buonamici è, naturalmente, la fisica di Aristotele. D'altra parte l'opera dello Stagirita costituisce il fondamento dell'insegnamento universitario in ogni campo e settore in ogni parte d'Europa. Tanto che non è esagerato affermare che la cultura universitaria del tempo è una rilettura, più o meno critica, del grande filosofo vissuto in Grecia nel IV secolo avanti Cristo.

Francesco Buonamici è, per l'appunto, un dotto e raffinato aristotelico, fedele interprete dei testi di Aristotele, ma dotato di un buon senso critico. Senso che traspare nell'opera in dieci volumi, *De motu*, che Buonamici ha scritto qualche anno prima e in cui il filosofo fiorentino non si limita a riassumere e commentare il pensiero dello Stagirita sul movimento dei corpi, ma, come rileva Enrico Bellone, affronta i temi scientifici che sono sul tappeto alla fine del XVI secolo (Bellone, 1998).

Per esempio il tema non risolto della descrizione dei moti celesti aperto dal modello proposto quarant'anni prima da Niccolò Copernico (il *De revolutionibus* è del 1543) in alternativa al modello aristotelico-tolemaico. Dal punto di vista dei calcoli, sostiene Buonamici, il sistema di Copernico funziona. Tuttavia esso viola l'esperienza dei sensi. Se il modello fosse vero, infatti, quando lanciamo un oggetto verso l'alto, lungo una direzione perfettamente verticale, esso non potrebbe ricadere al suolo nel punto esatto del lancio – come invece avviene – perché secondo Copernico nel frattempo la Terra si è spostata. Proprio l'esperienza sensibile dei lanci verticali degli oggetti dimostrano che è il sistema aristotelico-tolemaico, dove la Terra è fissa al centro dell'universo, quello vero. Anche se, continua Buonamici, il modello di Copernico offre una buona spiegazione del fenomeno delle maree, che potrebbe essere attribuito al moto diurno della Terra.

È facile rilevare come Buonamici eserciti un'influenza su Galileo. Entrambi i temi da lui trattati – il modello Copernicano e le maree – in un futuro non troppo lontano saranno al centro degli interessi del suo giovane studente. In realtà Buonamici prende in considerazione, nel suo enciclopedico *De motu*, anche altri problemi di meccanica, per esempio il moto del pendolo, che susciteranno l'attenzione del giovane che lo legge e lo ascolta a lezione.

Ma Buonamici contribuisce a formare Galileo anche e, forse, soprattutto in un'altra dimensione: quella della filosofia della conoscenza. Nel *De motu*, infatti, il filosofo fiorentino sottolinea più e più volte un concetto epistemologico che certo è contenuto nel pensiero di Aristotele ma non sempre è fatto proprio dai suoi moderni interpreti. Il concetto che, in materia di filosofia naturale, conta l'esperienza. Sopra tutto. Anche sopra la ragione e la logica. E quando la ragione e la logica entrano in conflitto con le indicazioni fornite dai sensi, sono le sensate esperienze a dover prevalere.

Le idee di Francesco Buonamici sono dolci melodie per le orecchie di Galileo. Sono infatti le medesime che va affermando suo padre in tema di musica o, se volete, di fisica del suono.

Tuttavia, sostiene Buonamici, in alcuni ambiti, come l'astronomia, i sensi hanno poteri limitati. Certo è possibile seguire con l'occhio le orbite dei pianeti e magari effettuare misure con quadranti e astrolabi. Ma la sola vista non basta a consumare esperienze significative sul moto nei cieli. In questo caso a prevalere nella descrizione dei fenomeni deve, necessariamente, essere la ragione. E come, se non stabilendo regole precise per costruire una solida conoscenza? E cosa c'è di più preciso ed esatto della matematica? Cosa, meglio della matematica, può trasformare lo studio del mondo naturale in scienza esatta lì dove i sensi non possono arrivare?

Insomma, sostiene Buonamici, la matematica offre al filosofo naturale solide basi sia nello studio dei problemi geometrici (relativi anche allo spazio in cui gli oggetti si muovono) sia nei problemi tipici dell'ottica (problemi relativi al cammino che la luce compie nello spazio), e della meccanica (problemi relativi al cammino dei gravi, i corpi dotati di massa, nello spazio), oltre che nell'astronomia così lontana dalla possibilità di esperienze sensibili che vadano oltre la semplice osservazione con gli occhi. Matematica e filosofia naturale si trovano a esplorare terreni in parte comuni. La matematica può offrire un aiuto decisivo alla filosofia naturale e allo studio del mondo naturale mediante l'esperienza sensibile. Tuttavia esse restano discipline diverse e autonome.

Francesco Buonamici si dimostra un aristotelico critico anche nella definizione dei rapporti che la filosofia, o meglio la metafisica, deve intrattenere con la matematica e la filosofia naturale. La metafisica, sostiene, non può proporsi come fondamento della matematica e della filosofia naturale. Che sono discipline autonome. D'altra parte è anche vero che, sebbene la matematica e la filosofia naturale possano essere strumenti utili per indicare il cammino verso la verità, non sono e non possono essere le dimostrazioni matematiche o le esperienze sensibili a farci raggiungere la verità, perché questa consiste nella conoscenza delle cause, delle sostanze universali e di Dio. E queste conoscenze le può fornire solo la metafisica. Che è e resta al vertice della piramide della conoscenza.

Sarà Galileo stesso a darci le prove dell'influenza che l'aristotelico Buonamici esercita su di lui quando, nel 1584, butta giù il suo primo lavoro di filosofia naturale, nota come *Juvenilia*, di cui ci restano solo frammenti. L'opera dimostra che in questi anni spesi a studiare presso l'università di Pisa – mentre entra in vigore il nuovo calendario gregoriano (1582) e il granduca Francesco I a Firenze fonda l'Accademia della Crusca – Galileo è tutt'altro che un allievo distratto e fannullone. Dimostra, al contrario, che è uno studente attento, critico e creativo. E dimostra che al giovane è ormai definitivamente scoccata la scintilla della fisica.

Certo Galileo si muove ancora nell'ambito di una fisica antica, aristotelica. Ma è anche vero che il giovane va chiarendo a se stesso quali debbano essere i rapporti tra le certe dimostrazione e le sensate esperienze, tra la matematica e lo studio della natura.

Il fatto è che Galileo la matematica ancora non la conosce. Non fosse altro perché a Pisa non viene insegnata. Il suo primo, vero incontro con la scienza dei numeri avviene nel 1583. Ed è un colpo di fulmine. Ma diamo la parola ai fatti e i fatti ci dicono che il 1583 è un anno davvero decisivo nella formazione del giovane Galileo.

In primo luogo perché all'università il giovane mostra chiaramente di non gradire gli studi di medicina. Ai corsi – a questi corsi – è davvero distratto, assente. Se si aggiunge poi il fatto che nei rapporti coi professori è schietto fino al limite della mancanza di rispetto – ormai lo chiamano l'«attaccabrighe» – ecco che diventa chiaro perché in facoltà non risulti particolarmente benvoluto. Certo non dai docenti delle materie che suscitano la sua profonda indifferenza.

Poi perché è l'anno in cui Galileo realizza la sua prima scoperta di fisica: l'isocronismo delle piccole oscillazioni del pendolo (tema su cui ritornerà nel 1638 con la sua maggiore opera scientifica). Osservando la lampada sospesa del Duomo di Pisa, il giovane studente di medicina si accorge che il tempo impiegato da quel pendolo per percorrere un arco completo è indipendente dalla lunghezza dell'arco. Sia che l'oscillazione è ampia e l'arco lungo, sia che l'oscillazione è stretta e l'arco breve, il tempo impiegato dal lampadario del Duomo di Pisa è il medesimo. Le oscillazioni del lampadario e di qualsiasi pendolo, ne deduce Galileo, sono dunque perfettamente isocrone.

Certo, l'isocronismo del pendolo – come osserva Adolf Müller – era già stato scoperto dall'astronomo arabo Ibn Junis. Ma il fatto è poco noto in Europa e Galileo non ne ha mai sentito parlare. Certo, come scoprirà Christiaan Huygens qualche decennio dopo, l'isocronismo di un pendolo risulta perfetto solo se le sue oscillazioni sono di piccola ampiezza. Ma, anche al netto di queste considerazioni, la scoperta del giovane studente non è affatto banale. Anche e, forse, soprattutto perché Galileo non si limita a «vedere» il fatto e a registrarlo. Lo studia (misura il tempo di oscillazione in funzione del peso e della lunghezza di un pendolo), cerca di ricavare da questi studi regole generali e – caratteristica tipica di un atteggiamento scientifico maturo – di creare nuovi strumenti sulla base delle leggi elaborate. L'isocronismo del pendolo può essere utilizzato per costruire il migliore degli orologi, sostiene il giovane. Può, infatti, essere usato per misure precise del battito del polso e in ogni caso di brevi intervalli di tempo.

Detto, fatto. L'università si appropria dell'idea e i tecnici dell'ateneo realizzano un'apparecchiatura chiamata *pulsilogia* destinata a essere utilizzata per molto tempo in ambiente medico. Quanto a Galileo, il giovane non vede riconosciuta la proprietà intellettuale della sua scoperta e non ne trae beneficio alcuno. Non economico, almeno. Ma, almeno per un attimo, torna a essere benvoluto dai professori di medicina.

Il 1583 è, tuttavia, un anno decisivo per la formazione di Galileo soprattutto perché il giovane cerca e incontra la matematica. Non come astratta categoria filosofica. Ma come concretissimo studio. Mentre trascorre un periodo di vacanze a Firenze, Galileo, all'insaputa del padre, ottiene da un amico di famiglia, Ostilio Ricci, matematico di corte, di essere introdotto allo studio della scienza dei numeri. Galileo, che ha ormai 19 anni, se ne innamora. Tanto da continuare da solo lo studio degli *Elementi* di Euclide.

Ostilio Ricci da Fermo è un discepolo di Nicolò Tartaglia. Alla scuola del grande algebrista, che ha trovato la formula risolutiva per la soluzione delle equazioni di terzo grado, Ricci ha appreso la scienza dei numeri con approccio da ingegnere: come matematica applicata all'architettura, all'arte militare e ai lavori pratici in genere. La sua è una formazione, in qualche modo, da matematico sperimentale. D'altra parte era proprio l'approccio sperimentale alla matematica che aveva indotto Tartaglia a pubblicare in latino varie opere di Archimede.

Ricci, come il suo maestro, è uno studioso di tutta la matematica antica: dei grandi geometri greci, in primis Euclide ovviamente. Ma, proprio come il suo maestro, Ricci ha una spiccata predilezione per Archimede, in cui ritrova la più alta espressione di quella matematica sperimentale che egli stesso coltiva. E, dunque, è questa la matematica che insegna a Firenze, presso l'Accademia del Disegno: una scuola per artisti sorta nel 1563 dove si tengono corsi anche di teoria della prospettiva, astronomia, meccanica, tecnica architettonica, anatomia.

Ricci è un pensatore dalle idee progressiste e piuttosto eclettico. Si interessa di ingegneria idraulica come di cosmologia. Per lui la matematica non è un esercizio astratto, ma un modo di vedere il mondo e di agire su di esso. I principi matematici, sostiene Ricci, possono benissimo sostituire la logica, fosse anche la logica di Aristotele, nella spiegazione del cielo stellato e dei moti dei pianeti, così come sui campi di battaglia.

Ricci insegna la matematica applicata e dà personale testimonianza della sua pubblica utilità. È particolarmente bravo nello studio delle fortificazioni militari ed è profumatamente pagato per fornire la sua consulenza sulla costruzione delle fortificazioni dell'isola di If, al largo di Marsiglia (destinata a diventare famosa perché vi si svolge la vicenda narrata nel *Conte di Montecristo*, di Dumas).

È questo, dunque, l'intellettuale che introduce Galileo allo studio sia di Euclide che di Archimede. Il giovane legge e apprezza oltremodo sia gli *Elementi* del matematico alessandrino sia il *De sphaera et cylindro* dello scienziato siracusano. Viene così in contatto sia col pensiero astratto puro di Euclide che col pensiero matematico sperimentale di Archimede. Come rileva Ludovico Geymonat: «Questo amore per Archimede sarà una delle più preziose eredità trasmesse da Ricci a Galileo» (Geymonat, 1969). Perché in Galileo la passione per la matematica non sarà mai fine a se stessa, ma sarà sempre accompagnata dall'interesse per le sensate esperienze, per la misura, per la raffigurazione precisa mediante il disegno. Cosicché: «la matematica gli apparirà [...] fin dall'inizio, come un potentissimo strumento per conoscere la natura, per coglierne i segreti più intimi, per tradurre i processi naturali in discorsi precisi, coerenti, rigorosamente verificabili» (Geymonat, 1969).

Se dunque l'approccio allo studio della natura di Galileo non sarà platonico (come pure sostiene Alexandre Koyré), ma archimedeo (come invece sostiene Geymonat), è anche in questo rapporto con Ostilio Ricci e la scuola archimedea di Tartaglia che bisogna cercarne le chiare origini.

D'altra parte il matematico di corte ha un'influenza non solo di lungo periodo su Galileo e sulla visione del mondo. Ma ha un'influenza immediata e concreta sulla sua vita a breve. Ostilio Ricci infatti resta così colpito dall'entusiasmo di Galileo per gli studi matematici che decide di parlarne con il padre affinché lo autorizzi a continuare le lezioni. Vincenzio acconsente, a patto che non siano così frequenti e intense da distrarre il giovane dagli studi universitari di medicina.

A Pisa intanto l'assenza dalle lezioni di Galileo viene notata. E anche i dirigenti dell'università, ma per motivi diametralmente opposti a quelli di Ricci, decidono di prendere contatto col padre. È questo, forse, uno dei momenti di maggior tensione tra Vincenzio e Galileo. È venuto il momento di decidere sul futuro del giovane. Problema su cui Galileo ha le idee più chiare di Vincenzio e, in ogni caso, una maggiore determinazione. Fatto è che il ragazzo riesce a convincere Ostilio Ricci perché a sua volta convinca papà Vincenzio affinché consenta al suo figliolo di lasciare gli studi di medicina a Pisa e di dedicarsi a tempo pieno, sotto la direzione del matematico di corte, allo studio della scienza dei numeri.

Corre l'anno 1584. Vincenzio sta pubblicando presso un editore fiorentino una nuova opera – il *Tenore de' contrappunti a due voci di Vincenzio Galilei nobile fiorentino* – e non ha voglia di contrastare la volontà del figlio o, forse, non ne ha intenzione alcuna. Fatto è che si lascia facilmente convincere da Ricci, così come Ricci si è lasciato facilmente convincere da Galileo.

La conseguenza è che, per circa un anno, il giovane resta a Firenze in una sorta di limbo: ufficialmente è ancora iscritto all'università di Pisa, di fatto segue solo le lezioni private di Ricci. Dagli antichi Euclide ad Archimede, al moderno Leon Battista Alberti. Dalla geometria pura alle teorie della prospettiva e alle tecniche della misurazione astratta, Galileo divora matematiche. Con grande intensità e passione. Con ottimi risultati. Dopo un po' è in grado di approfondire da solo gli studi. E, di fronte ai progressi conseguiti, anche il padre si arrende e gli concede di lasciare l'università senza aver conseguito la laurea per dedicarsi interamente agli studi più amati.

Nell'anno 1585, dunque, Galileo lascia anche ufficialmente Pisa senza aver terminato gli studi e aver conseguito il titolo di dottore. A Firenze trascorre quattro anni: accolto in famiglia, senza una specifica posizione e studiando, studiando, studiando. Non solo matematica, ma anche filosofia. E letteratura. «In fecondo contatto con il vivissimo ambiente culturale frequentato dal padre» (Geymonat, 1969).

Un ambiente che lo stimola. E che lo nota.

Per quanto riguarda la matematica, Galileo concentra la sua attenzione soprattutto sullo studio della geometria, in particolar modo quella archimedea. Con una naturale propensione ad applicarla nel campo della filosofia naturale. In questi mesi, infatti, effettua contemporaneamente sia alcune originali ricerche geometriche sul baricentro dei solidi, dettagliatamente enunciate nei *Theoremata circa centrum gravitatis solidorum* (1585), sia alcune ricerche di tipo fisico che lo portano a inventare la bilancetta idrostatica, uno strumento che migliora la bilancia idrostatica realizzata da Archimede per determinare il peso specifico dei corpi. In pratica Galileo studia attentamente l'invenzione di Archimede, la bilancia idrostatica, e cerca di migliorarla, mettendo a punto uno strumento di misura «esattissimo», la bilancetta appunto.

Per descrivere la sua nuova invenzione nel 1586 scrive, in volgare, quella che possiamo considerare la sua prima opera scientifica, *La bilancetta*, che non viene stampata anche se ne circolano alcune copie tra gli amici e i conoscenti. A chi la legge balza agli occhi la consapevolezza che ha ormai assunto in Galileo l'importanza della precisione della misura nello studio dei fenomeni fisici e, allo stesso tempo, si manifesta la capacità acquisita dal giovane – una capacità destinata a diventare tipica dello scienziato fiorentino – di applicare le leggi astratte della fisica per realizzare nuovi strumenti tecnici. Insomma *La bilancetta* mostra ancora una volta interessi teorici e pratici e mette in evidenza quanto influente sia diventato ormai Archimede per il giovane Galileo. E quanti frutti stia dando l'insegnamento di Ostilio Ricci.

D'altra parte la venerazione di Galileo per lo scienziato ellenistico è evidente: leggendo le opere di Archimede, sostiene, si comprende quanto superiore sia la mente del Siracusano rispetto a tutte le altre e quanto poco probabile sia realizzare scoperte paragonabili alle sue.

Con quella mente superiore del passato, tuttavia, Galileo osa cimentarsi, anche se è ben consapevole di non poterlo fare ancora pubblicamente. Non è un caso, infatti, che eviti di stampare non solo *La bilancetta*, ma anche i *Theoremata* – ovvero i teoremi che crede di aver dimostrato e che proporrà al pubblico solo mezzo secolo dopo, in appendice ai *Discorsi e dimostrazioni matematiche intorno a due nuove scienze*. Tuttavia, ancora una volta, la timidezza non è assoluta. Galileo è prudente, ma anche ambizioso. Insomma, fa circolare alcune copie scritte a mano dei *Theoremata*. E non solo tra gli amici. Ma, «con l'intraprendenza tipica dei giovani consapevoli del proprio talento» per dirla con Andrea Battistini (Battistini, 1989), fa in modo che qualche copia giunga tra le mani dei più grandi e affermati matematici del tempo. In particolare tra le mani di Guidobaldo del Monte e di Cristoforo Clavio.

Guidobaldo è un ricco marchese che gode di grande influenza presso la corte dei Medici. Originario di Pesaro, amico di Torquato Tasso, è autore del *Liber mechanicorum* (1577), che ha fama di essere il miglior libro di statica mai scritto dal tempo dei Greci.

Cristoforo è un gesuita di origini tedesche che è considerato non solo il più grande matematico vivente, ma è anche l'esponente più in vista del Collegio Romano: è lui che ha portato a termine la riforma gregoriana del calendario.

Sia l'uno che l'altro si interessano non poco del lavoro proposto loro dal giovane e sconosciuto fiorentino. Prova ne sia che Guidobaldo del Monte diventa, a detta dello stesso Galileo, la persona che più di ogni altra sospinge il giovane a continuare questo tipo di studi. Un autentico paladino e mecenate. Mentre Cristoforo Clavio trova il tempo e l'interesse per avviare con Galileo un carteggio scientifico e una collaborazione che induce il giovane fiorentino a dichiarare di «anteporre il parere» del gesuita «ad ogn'altro».

Tutto questo contribuisce ad accrescere la stima per il giovane «matematico» e persino una certa fama nei circoli dei dotti di Firenze. Galileo viene invitato sempre più spesso a tenere conferenze e a impartire lezioni private. Ed è forse per assolvere a questo compito divulgativo e didattico sempre più pressante che il giovane, in quel medesimo 1587, inizia a scrivere il *Trattato della Sfera ovvero Cosmografia* che riprende l'omonima opera proposta nel XIV secolo da Sacrobosco.

Lo stile del nuovo libro di Galileo è piuttosto convenzionale. Non c'è in quest'opera alcun richiamo alla matematica. Vi è citata la teoria copernicana, ma solo per rigettarla. E sebbene Galileo abbia già iniziato a mettere in discussione alcune proposizioni di Aristotele, in questo lavoro – che oggi chiameremmo di *review* – non si distacca da uno stretto aristotelismo né mette mai in discussione i principi consacrati della filosofia della natura.

Intanto per guadagnarsi da vivere Galileo, come già aveva fatto il padre con la musica, impartisce lezioni private di matematica sia a Firenze che a Siena. Ma il giovane inizia ad avere ben altre ambizioni: occupare in una qualche università una cattedra di matematica. Non sono molte le occasioni per cercare di realizzare il sogno. Una, tuttavia, si presenta: a Bologna, dove la morte di Ignazio Danti ha liberato per l'appunto la cattedra di matematica dell'antica università. Galileo sa che per concorrere con una qualche speranza di riuscita ha bisogno di appoggi. I più autorevoli possibili. E chi, in fatto di matematica, è più autorevole di Cristoforo Clavio?

Eccolo dunque mettersi in viaggio, recarsi per la prima volta a Roma con una lettera di raccomandazione di Ricci e chiedere di essere ricevuto da padre Clavio, per meglio illustrare al grande matematico i contributi originali che pensa di aver apportato alla soluzione del problema del centro di gravità dei corpi. La segreta speranza è che il gesuita spenda il suo prestigio e quello del Collegio Romano per favorire la sua candidatura alla cattedra di Bologna.

Clavio mostra sincero interesse per Galileo e per i suoi teoremi. Anche se le dimostrazioni addotte non gli sembrano stringenti. Invita comunque il giovane a frequentare le lezioni del Collegio Romano. Durante una di queste Galileo ascolta un gesuita esperto di astronomia babilonese calcolare, sulla base della narrazione biblica, l'effettiva età dell'universo: il cosmo, sostiene il dotto astronomo, è nato esattamente 5.748 anni fa.

Clavio deve aver intuito il valore del giovane e intraprendente fiorentino. Sia perché lo invita a restare in contatto epistolare, sia perché non trascura i motivi più prosaici della visita di Galileo. Così, anche se non si spende in prima persona, lo presenta al cardinale tesoriere del Vaticano, Enrico Castani, affinché lo aiuti. Il cardinale tesoriere si dice lieto di perorare la causa del giovane e invia una raccomandazione formale all'università di Bologna.

Purtroppo per Galileo, l'autorevole sostegno non basta. Il 4 agosto 1588 lo Studio bolognese chiama a occupare la cattedra vacante Antonio Mangini, che ha nove anni più di Galileo, una buona fama e molte più pubblicazioni sia in matematica che in astronomia. Fallisce così il primo tentativo di entrare nell'università da parte del giovane fiorentino.

Sono gli anni in cui il giovane matematico mostra, anche in pubblico, le sue capacità di «critico delle arti». Ed è in questi anni col papà Vincenzio, che intraprende il percorso culturale ed epistemologico forse più profondo e formativo della sua vita.

I due sono in grande sintonia. Suonano, insieme, il liuto. Si parlano come mai in passato. E parlano sempre più di musica e sempre più di scienza. Vincenzio cerca prove decisive, prove sperimentali, per corroborare la sua teoria in contrasto sia con gli assiomi della teoria musicale pitagorica sia con gli assiomi della teoria riformata da Zarlino. Vincenzio è interessato a capire, in particolare, come dotando uno strumento di corde di diversa lunghezza fosse possibile ottenere effetti differenziati all'interno di locali di diverse dimensioni. Galileo gli dice che il problema si presta a una trattazione matematica: c'è una proporzione esatta, infatti, tra vibrazione e lunghezza di una corda.

È così che tra il 1588 e il 1589 il padre Vincenzio, con Galileo assistente, riempie una stanza di apparati sperimentali e inizia una serie di esperienze per verificare come varia l'altezza del suono in funzione della lunghezza, del diametro e della tensione di corde messe in trazione con un peso all'estremità.

Da quelle esperienze Galileo non ricava solo insegnamenti metodologici preziosi – che avrebbe rimesso in pratica quando, più tardi, misurerà la mutevole velocità dei gravi che cadono lungo un piano inclinato – ma ricava insegnamenti epistemologici persino più preziosi perché, se ci è concesso un gioco di parole, sperimenta l'importanza della sperimentazione.

Quanto al padre, Vincenzio ottiene quanto cercava per pubblicare il suo nuovo libro: *Discorso di Vincenzio Galilei nobile fiorentino intorno alle opere di messer Gioseffo Zarlino da Chioggia, et altri importanti particolari attenenti alla musica, et al medesimo messer Gioseffo dedicato.* Un'opera, stampata a Firenze nel 1589, con cui finalmente può rispondere – dati sperimentali alla mano – ai contro attacchi affidati da Zarlino a un libro, *Demostrazioni Harmoniche*, pubblicato qualche mese prima. Nel suo libro Vincenzio sublima le sue doti di polemista implacabile, ironico alle volte fino al sarcasmo, che il figlio erediterà per intero, insieme alla predilezione per la forma narrativa del dialogo. Nel *Discorso intorno all'opere di messer Gioseffo Zarlino* vi sono, infatti, passi che per *vis polemica*, ricchezza di paradossi, esempi, parabole, osservazioni penetranti, dimostrazioni matematiche e notizie storiche, pur tralasciando le discussioni di teoria musicale, non sono inferiori al meglio che produrrà Galileo 24 anni dopo nel *Saggiatore*. Un solo esempio, davvero degno della prosa del figlio:

> Secondo l'ordine promesso, verrò con quei pochi principi di matematica che da fanciullo apparai, a rispondere a quanto di essa il Zarlino mi riprende; e prima dico, che nel mio Dialogo, tutti i calcoli, e i computi che vi sono, son giustissimi. E con assai facilità spiegati. Ben è vero, che la più parte di essi son facili, perché il luogo non ricercava difficultà maggiore; la quale ho con ciascun mio sapere fuggita; e quello che si poteva fare con semplici parole, non ho voluto per predicar me stesso, adoperare difficili strumenti, o farne difficili dimostrazioni: prima per non esser queste da ciascuno intese; e quelli per non trovarsene in tutti i luoghi e non saper ciascuno adoperargli. E venendo al caso del Zarlino dico, ch'io non so vedere in quel suo libro che lui intitola Demostrazioni Harmoniche, quello c'abbia voluto dire, ne anco quello ch'abbino a fare quelle sue novelle di che è pieno, con le dimostrazioni da dovero.
>
> E venendo al particolare si è compiaciuto ch'io contro mia voglia facci, lui scrive

> nel capo ottavo del primo dei suoi Supplimenti, questa bella sentenza in suo favore; dicendo che non può esser huomo di fama, di reputazione, o di valore, senz'esser versato nelle matematiche: laonde se dal saper matematica si ha da far giuditio del valore de gl'huomini, verrò a dimostrare quanto lui ne sappia.
> E di qui cominciandomi dico; che nel primo ragionamento, pone la quarta domanda per notissima, la quale per la sua oscurità ha dato occasione di affaticarsi a huomini grandissimi per dimostrarla: com'è Eutochio, Pappo, e Teone; lasciando ch'ei la pone per domanda essendo da Euclide stata posta per diffinitione.
> Ma questo fa in tutte le seguenti che lui nomina dignità, le quali sono proposizioni di Euclide; e per la difficoltà loro degne d'esser dimostrate; come è la prima, la quarta, la sesta, la settima, e altre. Hora questo è l'ordinario de comentatori dei luoghi facili, i quali comentatori passano con silentio le cose difficili per non esser da loro intese; scusandosi poi come io ho detto, d'esser brevi e stringati. In quelle cose poi che sono note, vi fanno sopra; lunghissimi discorsi. Lascio stare il poco ordine che in esse osserva, ponendone alcune fisiche, com'è la seconda, tra le altre che sono matematiche; ponendole inoltre indifferentemente tolte dalle definizioni del primo e del settimo d'Euclide [...] lui per mala sua fortuna non dimostra mai alcuna cosa, e lascia sempre nella penna, tutto quello ch'è di buono nelle matematiche, che è il dimostrare necessariamente le sue conclusioni [...].
> Hor dicami di gratia Messer Gioseffo, appresso quali matematici ha imparato che si ponghino le diffinitioni e nel medesimo tempo si cerchino di dimostrare? Il che fare è appunto un voler litigare quello che d'accordo ci è conceduto.

Chissà se Galileo non abbia letto le bozze e controllato i calcoli e le citazioni di quell'Euclide, per amore del quale aveva ottenuto dal padre di lasciar da parte la medicina?

La musica, dunque, costituisce per Galileo il primo – o uno dei primi – campi di sperimentazione. Quanto al liuto, gli sarà fedele compagno ad Arcetri, negli ultimi anni di vita.

Due anni dopo, nel 1591, muore a Firenze Vincenzio Galilei.

5.3.2 La dimensione tematica della scienza

Apriamo una parentesi nella ricostruzione degli avvenimenti che caratterizzano l'osmosi – la comunicazione – tra la rivoluzione scientifica e la rivoluzione artistica nel Seicento e proponiamo una prima riflessione teorica. Le vicende non solo di Vincenzio e Galileo Galilei, ma anche di Kepler e Descartes e Mersenne e di molti altri protagonisti del *secolo novo* dimostrano che la *nuova scienza* ha una dimensione significativa che va oltre sia la dimensione fenomenica (le osservazioni della natura) sia la dimensione analitica (l'elaborazione e/o la scoperta delle leggi della natura). Ha anche una dimensione che lo storico Gerald Holton ha definito *tematica* (Holton, 1988).

La dimensione informa di sé anche la comunicazione della scienza e costituisce il filo rosso che non solo tiene insieme scienza e società, ma lega anche le dimensioni psicologiche, storiche, sociologiche e filosofiche dell'attività degli scienziati che altrimenti sarebbero incommensurabili.

Vediamo come e perché.

Scienza oggettiva e «personal struggle» degli scienziati

Hans Reichenbach, uno dei pochi allievi di Albert Einstein, filosofo della scienza vissuto nel XX secolo ed espressione di quel movimento definito neopositivista scrive: «Il filosofo della scienza non è molto interessato ai processi di pensiero che portano alle scoperte scientifiche ... non è interessato al contesto della scoperta, ma al contesto della giustificazione» (Reichenbach, 1949).

Con ciò vuole intendere che il filosofo è interessato alla dimensione logica, oggettiva, formale e astorica del discorso scientifico (contesto della giustificazione) mentre non è interessato ai percorsi soggettivi, personali e anche storici che compartecipano allo sviluppo della conoscenza (contesto della scoperta).

I filosofi come Reichenbach riconoscono come significanti due soli tipi di proposizioni scientifiche: le proposizioni che riguardano la verità empirica (proposizioni fenomeniche) e le proposizioni che riguardano la logica e la matematica (proposizioni analitiche).

Il filosofo della scienza, secondo Reichenbach, deve muoversi nello spazio bidimensionale definito da questi due tipi di proposizioni. Uno spazio cartesiano che può essere rappresentato mediante un *asse formale* (y), che riguarda le proposizioni analitiche e la loro struttura logica, e un *asse fenomenico* (x), che riguarda i dati sperimentali e le osservazioni. Il terzo asse (z) nel diagramma cartesiano dello spazio della scienza deve essere posto uguale a zero. Il discorso scientifico significativo si sviluppa, dunque, in un piano (il *piano contingente*) definito dall'asse x delle proposizioni fenomeniche e dall'asse y delle proposizioni analitiche. È solo nel piano xy – oggettivo e ben consolidato, con una proiezione completa nella comunicazione formale della scienza – che il filosofo della scienza deve valutare ogni dichiarazione e l'intero discorso scientifico.

Sir Arthur Eddington misura la deviazione della luce di una stella lontana da parte del campo gravitazionale del Sole (fenomeno naturale osservato) e corrobora la teoria della relatività generale (proposizione analitica), in questo modo il discorso scientifico progredisce sul *piano contingente* spostandosi dalla descrizione classica alla più generale descrizione relativistica del mondo. Non importa chi (Newton), quando (alla fine del Seicento) e come (se attraverso l'intuizione o attraverso la limpida deduzione) ha definito il punto x_1y_1 della meccanica classica sul *piano contingente*. Né importa chi (Einstein), quando (inizio del Novecento) e come (se attraverso l'intuizione o attraverso la limpida deduzione) ha definito su quel medesimo piano il punto x_2y_2 della meccanica relativistica.

Quei due punti sono oggettivi e senza storia. Pongono semplicemente in corrispondenza biunivoca le osservazioni empiriche e la teoria scientifica.

Il *piano contingente* del discorso scientifico, con le sue proposizioni fenomeniche e le sue proposizioni analitiche, ha una chiara e precisa proiezione nel sistema di comunicazione della scienza. Perché tutto quanto avviene su quel piano viene trasmesso alla comunità scientifica mediante comunicazioni formali: espresse per iscritto con precisi rendiconti (gli articoli scientifici originali, le review) o con libri. L'insieme di queste comunicazioni formali tra membri delle comunità scientifiche costituisce la letteratura primaria della scienza. L'archivio pubblico del discorso scientifico.

In realtà, la comunicazione del *piano contingente* del discorso scientifico non avviene solo attraverso la scrittura, avviene anche in forma orale. Per esempio nei congressi scientifici. La forma orale non consente, tuttavia, un'archiviazione sistematica, cosicché diventa comunicazione davvero pubblica solo quando viene codificata per iscritto. Cosicché potremmo dire che tutta la comunicazione pubblica rilevante del *piano contingente* della scienza è quella contenuta nella Tabella 5.1 (Ziman, 1987):

Scrive tuttavia Albert Einstein: «La scienza come corpo di conoscenze esistente e finito è l'opera più oggettiva e più impersonale che l'uomo conosca, ma la scienza come *qualcosa che sta per nascere*, come aspirazione, è soggettiva e psicologicamente condizionata come ogni altro sforzo dell'uomo» (citato in Holton, 1988).

Tutta l'attività scientifica di Einstein è stata influenzata da un suo progetto metafisico: comprendere l'intima unità della realtà fisica (Greco, 2000). Ed egli ne è sempre stato cosciente. Per Einstein dunque c'è una terza dimensione del discorso scientifico, che precede il momento in cui la conoscenza scientifica viene formalizzata, che riguarda *la scienza che sta per nascere*, ovvero le motivazioni e le modalità che portano i singoli scienziati a realizzare le loro scoperte. Einstein chiama «personal struggle» questo percorso soggettivo. Anche se, in realtà, esiste una dimensione soggettiva della *scienza che sta per nascere* che riguarda anche gruppi di scienziati o intere comunità scientifiche. La fase nascente della scienza è, infatti, l'intervallo della *science-in-the-making* che precede la definizione formale di ogni lavoro scientifico, singolo o collettivo.

Gli scienziati del Seicento hanno tutti – come abbiamo in parte già visto e come vedremo tra poco – una loro visione metafisica che li indirizza nella loro attività scientifica. Come scrive Gerald Holton, Johannes Kepler si lascia guidare da almeno tre grandi idee metafisiche nella sua ricerca astronomica: l'idea che il cosmo è una macchina fisica regolata da leggi universali; che queste leggi sono informate da una profonda armonia matematica; che l'ordine cosmico ha origine divina (Holton, 1988). E abbiamo visto Galileo lasciarsi guidare dall'idea metafisica del realismo fisico (il mondo è una realtà conoscibile); della natura matematica del cosmo; del rapporto tra il comportamento degli oggetti che popolano l'universo e la loro forma geometrica.

Molti ritengono che questa terza dimensione, benché sia molto più difficile da indagare tanto per il filosofo quanto per lo storico, sia altrettanto importante per lo sviluppo del discorso scientifico delle prime due. Perché non appartiene e non è rilevante solo per un grande scienziato del XX secolo, come Albert Einstein, o per un grande scienziato a cavallo tra il XVI e il XVII secolo, come

Tab. 5.1 – La comunicazione rilevante della scienza sul *piano contingente*

Letteratura primaria	Letteratura secondaria
Articoli e saggi con risultati originali della ricerca	Review, recensioni, raccolta dati, bibliografia

Johannes Kepler. Sia pure con gradazioni diverse appartiene ed è rilevante per tutti gli uomini di scienza, in ogni tempo.

Anche questa terza dimensione coinvolge il sistema della comunicazione della scienza, come vedremo in maniera più dettagliata nel prossimo e ultimo capitolo. Per ora possiamo dire che il coinvolgimento rilevante del sistema di comunicazione nella terza dimensione del discorso scientifico si verifica per due motivi.

Perché il discorso scientifico aperto alla *science-in-the-making* trova una sua forte proiezione nel sistema della comunicazione non formale della scienza: sia la comunicazione informale interna alle comunità scientifiche, sia la comunicazione esterna alle comunità scientifiche, quella che coinvolge il grande pubblico dei non esperti.

Perché la comunicazione non formale della scienza è parte integrante e importante del «personal struggle» con cui gli scienziati, come individui o come gruppi, si accingono a produrre nuove conoscenze.

In quest'ottica l'arte come mezzo di comunicazione informale di concetti e di temi scientifici – dalla poesia di Dante e Ariosto alla musica di Vincenzio – è una componente decisiva del *personal struggle* di Galileo e di tanti altri scienziati/artisti del Seicento.

Le origini tematiche del pensiero scientifico

Torniamo, dunque, a Gerald Holton e alla sua proposta. Secondo lo storico americano, il discorso scientifico non può essere ridotto al solo piano analitico caro a Reichenbach, ma è sempre il frutto dell'intersezione tra due diversi piani rilevanti: il *piano contingente*, S_2, relativo al contesto della giustificazione, e il *piano tematico*, S_1, relativo al contesto della scoperta (Holton, 1998).

Il piano S_2 del discorso scientifico è, come abbiamo detto, quello individuato dall'asse, x, degli aspetti fenomenici (i fatti) e dall'asse, y, degli aspetti analitici ed euristici (Tab. 5.2). È il piano, per intenderci, che analizza una teoria scientifica, come la relatività generale, guardando da un lato alla struttura logico-formale e alla capacità di spiegazione fisica e, dall'altro, alla corrispondenza coi i fatti sperimentali e/o le osservazioni: per esempio, l'osservazione della deviazione della luce di una stella da parte del campo gravitazionale del Sole effettuata da Eddington nel 1919. Nell'ambito del piano S_2 questo è tutto ciò che conta. E non hanno alcun interesse né il percorso personale seguito da Einstein per elaborare la teoria, né il contesto sociale e culturale in cui l'elaborazione della teoria e la sua verifica empirica sono avvenute.

Holton chiama appunto piano S_2 o *piano contingente* questa dimensione (Fig 5.1). Ove per contingente intende sia la contingenza delle osservazioni empiriche (nuovi fatti possono modificare il quadro) sia la contingenza delle proposizioni analitiche (l'algebra ordinaria dei gruppi commutativi è sufficiente per la meccanica newtoniana ma non per la meccanica relativistica): spesso sono i risultati teorici a modificare il quadro.

Naturalmente, in molti settori l'analisi dei fatti empirici non è così immediata. Gli apparati sono così sofisticati che, si dice, i fatti rilevati sono necessariamente intrisi di teoria. Il che complica il rapporto tra le proposizioni fenomeniche e le proposizioni analitiche. Tuttavia possiamo dire che il piano S_2 è il piano in cui un concetto scientifico o una proposizione scientifica ha sia un'evidenza empirica sia un'evidenza analitica.

Una parte notevole (forse la gran parte) degli scienziati nel proporre il discorso scientifico non ama uscire dal piano S_2 del «contesto della giustificazione», perché ritiene che è proprio in questo piano che la scienza diventa pubblica e assume quella connotazione formale che la caratterizza rispetto a tutte le altre culture dell'uomo. Sostiene per esempio Gunther Stent: il dominio della scienza «è il mondo oggettivo esterno dei fenomeni fisici. Le dichiarazioni scientifiche quindi riguardano soprattutto le relazioni tra eventi pubblici», a differenza delle dichiarazioni in contesto artistico, che «riguardano soprattutto gli eventi privati con significato affettivo» (citato in Holton, 1988).

D'altra parte tutte le discipline che ambiscono a essere riconosciute come scienza enfatizzano i concetti, le dichiarazioni, i problemi relativi al piano S_2 degli aspetti fenomenici e degli aspetti analitici ed euristici.

Anche molti filosofi (forse la gran parte dei) considerano la scienza un'attività a-storica dotata di un metodo di indagine che trascende la cultura. Per questo, come indicato da Reichenbach, si interessano solo al piano S_2 del contesto

Tab. 5.2 – I due piani del discorso scientifico

Piano	Contesto	Dimensione	Tipologia
S_1	Contesto della scoperta	Individuale	Privata soggettiva
Tematico			Science-in-the-making, speculativa, spesso non verbale, senza un metodo cosciente, con motivazioni proprie, un vocabolario proprio e un suo modo di progredire
			Ruolo decisivo dell'immaginario scientifico
			Ruolo decisivo del contesto sociale e culturale
			Asse tematico
S_2	Contesto della giustificazione	Pubblica	Istituzionale oggettiva
Contingente			Science-as-an-institution; procedure consolidate; costituita attraverso un passaggio critico che non lascia tracce dei tragitti individuali seguiti; a-temporale
			Ruolo decisivo del formale e dei processi di formalizzazione
			Asse fenomenico
			Asse analitico ed euristico

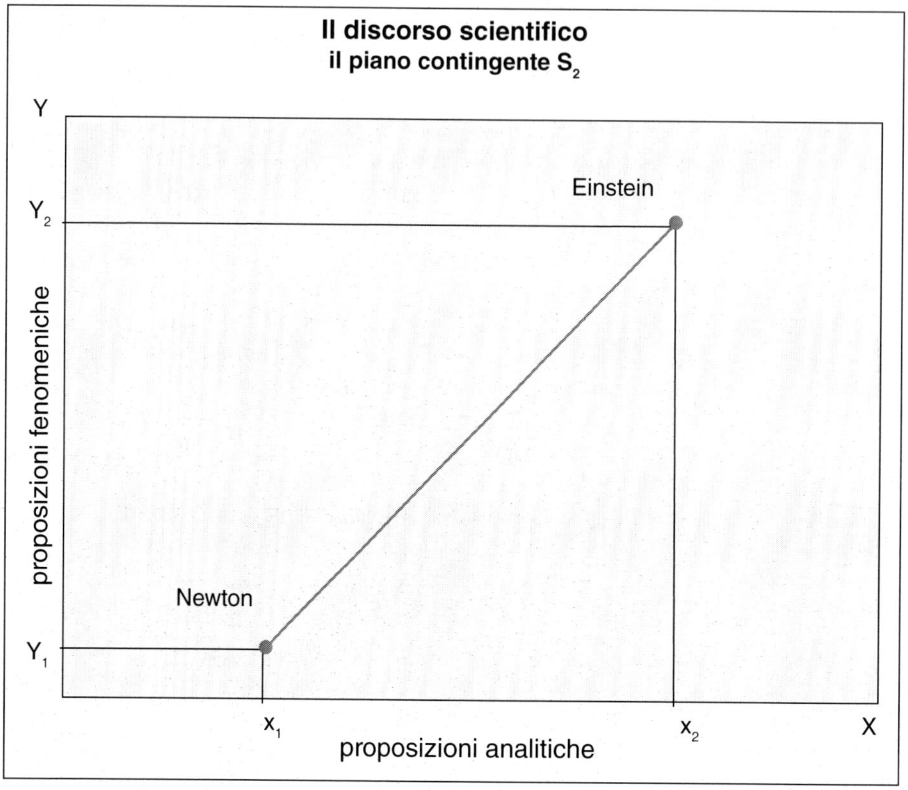

Fig. 5.1 – Il disegno scientifico

della giustificazione e considerano i temi relativi al contesto della scoperta tipici del piano che Holton chiama S_1 «problemi di metascienza»: temi e problemi che certo riguardano in qualche modo la scienza, ma che non sono realmente parte della scienza.

Anche gli storici, sostiene Holton, preferiscono muoversi nell'ambito del piano S_2 e comunque non amano molto indagare il «momento nascente della scienza» o perché ritengono che il «personal struggle» (per esempio, i motivi che spingono uno scienziato ad abbracciare un'idea guida) è interamente fuori dalla sfera della scienza o perché ritengono che, in ogni caso, l'indagine intorno al «personal struggle» dello scienziato è difficile e la possibilità di errore elevatissima. Limitarsi ad analizzare, in un contesto scientifico, solo e unicamente le proposizioni e i concetti che hanno una componente diversa da zero sul piano S_2 consente di espungere dalla discussione scientifica le proposizioni metafisiche. Tuttavia cercare di restringere l'area d'indagine storica al solo piano contingente delle dichiarazioni fenomeniche e delle dichiarazioni analitiche è del tutto artificioso.

Il piano S_2, infatti, ci dice molto intorno alla scienza, ma non ci dice tutto. Non spiega, per esempio, perché una scoperta si realizza in un certo periodo storico e non in un altro; non spiega le difficoltà che incontrano molte idee scientifiche nuove a imporsi; non tiene conto degli errori, dei bivi, delle strade senza uscita, delle sconfitte, dei pregiudizi che costellano la storia della scienza e che hanno un ruolo per lo sviluppo stesso delle idee scientifiche. In una serie di libri e di pubblicazioni Gerald Holton sottolinea in maniera efficace l'importanza che hanno i preconcetti non scientifici, le intuizioni, la fortuna, le passioni nella storia degli scienziati. E spiega come i preconcetti, le intuizioni, la fortuna, le passioni fanno sì che molte idee scientifiche siano tenacemente seguite e altre fieramente avversate (Holton, 1988; Holton, 1998).

Anche i filosofi riconoscono che «c'è qualcosa» oltre il piano S_2. Scrive, ad esempio, Richard Bevan Braithwaite: «Vi sono problemi storici, concernenti sia le cause che spingono un singolo scienziato a effettuare una scoperta sia le cause che portano un'idea scientifica a essere generalmente accettata». Ma poi aggiunge: «La soluzione di questi problemi storici implica la psicologia individuale e la sociologia del pensiero» (citato in Holton, 1988). Per cui *nessuno di questi problemi deve essere oggetto di attenzione* per il filosofo o anche per lo storico dei sistemi scientifici.

C'è chi teme – tra gli scienziati, i filosofi e persino gli storici – che parlare di scienza fuori dal piano S_2 sia un modo per aprire le porte all'oscurantismo.

Il fatto è che molte domande di storia e di filosofia della scienza non trovano risposta nel piano S_2. Nel lavoro scientifico vi sono componenti e attività che non figurano nel piano S_2 e che, tuttavia, hanno un ruolo importante. Per esempio i pregiudizi metafisici, le visioni del mondo. O quelli che Kant chiamava gli ideali scientifici (Greco, 2000a).

C'è, invece, qualcosa al di fuori del piano S_2 che è parte della scienza e vale la pena di indagare per una migliore comprensione del discorso scientifico. Questo qualcosa è la dimensione sull'asse z, soggettiva e personale, che non è – che non è mai – assente dall'impresa scientifica. Anzi, è lungo questa dimensione che molto spesso si manifesta il genio ed è da questa dimensione che molto spesso provengono i contributi geniali (Fig. 5.2).

L'approccio multidimensionale alla storia della scienza, lungi dal ridurre la scienza a un epifenomeno economico e sociale, fa sì che la scienza non possa essere ridotta a un'unica dimensione o a una popolare caricatura.

Albert Einstein, abbiamo detto, è esplicitamente interessato a questo approccio multidimensionale che abbiamo definito «contesto della scoperta». Ma Einstein non è il solo scienziato a manifestare questo interesse. Fanno altrettanto, nel XX secolo, Niels Bohr, Wolfgang Pauli, Max Born, Erwin Schrödinger, Werner Heisenberg.

Max Born, per esempio, ha una visione del discorso scientifico molto più ricca di quella formale relativa al piano S_2. «Penso che non ci siano autostrade filosofiche nella scienza, con cartelli indicatori epistemologici. No, noi siamo in una giungla e troviamo la nostra strada per prova ed errore, costruendo le nostre strade mentre andiamo avanti. Noi non troviamo cartelli indicatori ai crocevia, ma ciascuno li erige in proprio per aiutare gli altri» (citato in Holton, 1998).

L'idea che la fase nascente della scienza sia una giungla in cui ciascuno si

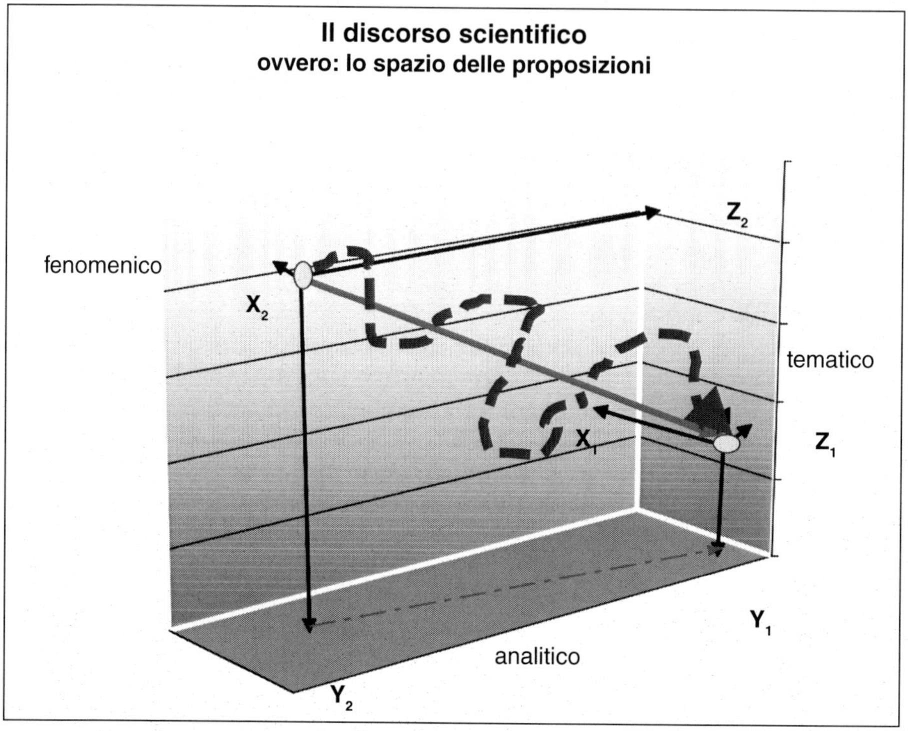

Fig. 5.2 – Il discorso scientifico ovvero: lo spazio delle proposizioni

muove senza regole sembra scoraggiare chiunque voglia indagarla con intento di studio. Tuttavia, per quanto più complesso e ambiguo del piano S_2, anche il piano S_1 merita di essere indagato e può essere indagato. La scienza «individuale», sostiene Holton, non deve restare tacita, non deve essere screditata e considerata inaccessibile allo studio razionale.

Anche Bertrand Russell sostiene che vi sono dei casi in cui: «le premesse delle scienze sono un set di presupposti che non sono né fatti empirici né necessità logiche» (citato in Holton, 1998). Occorre dunque che l'indagine storica, ma anche filosofica, prenda in considerazione l'intero spazio S_1S_2 delle proposizioni. L'intersezione, appunto, tra il piano della giustificazione e il piano della scoperta. Nello spazio S_1S_2, infatti, la contraddizione tra la natura «illogica» della scoperta e la natura logica dei concetti fisici (e più in generale scientifici) è risolta. O, almeno, può essere risolta.

Certo le due regioni obbediscono a leggi completamente diverse. E devono essere indagate in maniera diversa. Tuttavia, senza nascondersi le difficoltà, è possibile raggiungere conoscenze solide anche nella regione S_1.

In linea di principio, scrive Holton: tutti i concetti e le proposizioni possono essere soggette in generale all'analisi della contingenza (fenomenica e analitica), anche quelli che sono fuori dal piano S_2 della contingenza. E quindi occorre riformulare le affermazioni della moderna filosofia della scienza secondo cui tutti i concetti e tutte le proposizioni che hanno una componente zero e prossima a zero nel piano S_2 sono «prive di significato».

Se, dunque, vogliamo capire cosa porta uno scienziato a fare una scoperta o come un'idea scientifica viene accettata occorre uscire dal piano S_2 e inoltrarsi lungo la terza dimensione, definita dall'asse *z*. È questa la dimensione, per esempio, dei *themata*, dei pregiudizi fondamentali di tipo stabile e diffuso che non trovano posto nel piano S_2.

Ma cos'è, esattamente, un *thema*?

In prima approssimazione possiamo dire che i *themata* sono modelli, metafore, visioni del mondo che si confrontano. E con questo loro confrontarsi, scontrarsi, sovrapporsi informano di sé e talvolta indirizzano lo sviluppo della scienza.

Holton, tuttavia, distingue tre diverse connotazioni del concetto di *thema*.

1. I *concetti tematici*. L'etere, l'idea che esista una quinta essenza inafferrabile sulla Terra ma che riempie il cosmo, è per esempio un concetto tematico puro. Presente, in forma diversa, in tutta la storia della scienza. Un altro concetto tematico è la simmetria. O il continuo. I concetti tematici sono gli analoghi sull'asse z degli elementi lineari sul piano xy (le evidenze empiriche e le teorie scientifiche). I concetti tematici puri sono rari. È molto frequente, invece, la componente tematica dei concetti scientifici: tipo forza, inerzia, causa. Concetti affermatisi come scientifici che, nel corso della storia, hanno avuto un forte ed evidente contenuto tematico.

2. La *posizione tematica* o il *tema metodologico*. Sono i temi guida che vengono utilizzati dagli scienziati nel corso del loro lavoro. Esprimere le leggi della fisica in termini di costanti è, per esempio, un tema guida.

3. Le *proposizioni tematiche* o *ipotesi tematiche*. Sono le affermazioni e le ipotesi scientifiche che hanno un precipuo contenuto tematico. La costanza della velocità della luce è, per esempio, un'*ipotesi tematica*.

L'origine della scienza moderna è informata dai *themata*. Cosa sono se non *themata* «gli assiomi della fisica» cui si riferisce Copernico quando sostiene che ogni moto celeste è uniforme e che i moti degli astri sono circolari? La potenza dei *themata* è davvero grande. Copernico teorizza infatti che le ipotesi devono essere in accordo non solo con i fatti, ma anche con gli «assiomi della fisica». Alle origini di una scienza l'impatto tematico è sempre molto forte. E c'è bisogno di persone con grande coraggio (o follia) per proporre nuove visioni scientifiche sulla base di *themata* che ai più sembrano assurdi.

Copernico mostra questo coraggio quando propone il suo modello eliocentrico dell'universo. Così come lo mostra Giordano Bruno quando propone il suo universo infinito e infiniti mondi. E Galileo quando propone il principio d'inerzia. E Newton, quando propone l'azione gravitazionale a distanza senza un «mezzo» fisico che la comunichi.

Più tardi anche Charles Darwin mostrerà coraggio tematico, quando ipotizza con la discendenza dell'uomo da creature «inferiori». E che dire di Albert Einstein col suo universo relativistico definito da un limite superiore alla velocità di propagazione dei segnali, in cui diventano possibili paradossi come quello dei gemelli; di Sigmund Freud, che discute della sessualità dei bambini; o di

Werner Heisenberg, che propone quel principio di indeterminazione con cui viene meno il principio di causalità rigorosa in fisica?

I *themata* sono attivi sempre nel corso della storia della scienza. Li troviamo fin dagli inizi, in molte cosmogonie. A iniziare da Esiodo e dalla Genesi. E si ripropongono con costanza. Nella cosmologia dei Milesi la narrazione è simile a quella della moderna cosmologia scientifica. In entrambe le storie cosmiche è infatti possibile individuare tre stadi analoghi: la presenza di un'unità primaria, uno stato indistinto in cui tutti gli elementi e i fattori che emergeranno in seguito sono fusi; il superamento dell'unità primaria, da cui per progressiva separazione emergono parti di entità opposte che portano alla disposizione delle grandi masse elementari che costituiscono l'ordine cosmico e determinano la formazione dei corpi pesanti (i pianeti); la reazione e la riunione degli opposti, che determinano gli eventi meteorici e la produzione di organismi viventi.

I *themata* sono naturalmente presenti anche nella scienza moderna e contemporanea. René Descartes elegge a «suprema legge di natura» il *thema* della conservazione del moto: le particelle in un sistema o anche nell'intero universo possono cambiare il loro moto, per esempio urtandosi, ma il moto complessivo del sistema deve resta immutato. Nei secoli sono cambiate le osservazioni empiriche e anche le forme analitiche (le equazioni) con cui viene riproposto questo *thema* elevato a principio, ma, come rileva Gerald Holton, da Descartes a Einstein a Bohr non si è modificata l'idea che in natura tutto cambia, ma qualcosa si conserva: il movimento.

I *themata*, come vedremo più analiticamente nel prossimo paragrafo, sono presenti nel momento in cui la scienza moderna sta nascendo. Ma sono presenti ancora oggi nella scienza, anche se ormai in forma più implicita che esplicita. Tuttavia dietro parole e concetti scientifici come conservazione, costanza, quantificazione, comportamento intrinsecamente probabilistico, simmetria, armonia ci sono antiche idee, antichi *themata*, che informano di sé anche la fisica moderna.

Lo studio del piano tematico

Lo studio dello sviluppo della scienza sul piano tematico è di tipo storico. Ma non solo storico. Scrive Holton: «La ricerca dei pregiudizi nella e intorno alla scienza è connesso in maniera piuttosto diretta con un certo numero di altri studi moderni, compresa la cognizione umana e la percezione, l'apprendimento, le motivazioni e persino la selezione nelle carriere» (Holton, 1998).

Lo studio dei *themata* e della loro influenza sullo sviluppo della scienza amplia di necessità il campo d'indagine storica che, secondo Holton, contiene almeno nove diverse dimensioni (Tab. 5.3).

I punti 3, 4, 5, 6, 7 e 9 comportano una ricerca interdisciplinare. Scrive, per esempio, Holton: «Dobbiamo conoscere di più sull'origine dei *themata*. Mi è piuttosto chiaro che un approccio che stressa le connessioni tra la psicologia cognitiva e il lavoro scientifico individuale è un punto di partenza appropriato. Ho già espresso la mia fiducia nel fatto che molto, forse la gran parte, dell'immaginazione tematica degli scienziati si è formata nel periodo che precede il momento in cui diventa un professionista. Alcuni dei themata più stabili sono

Tab. 5.3 – Lo studio del piano tematico

1. contenuto scientifico	Ciò che si conosce scientificamente al tempo t concernente l'evento E (S_2 al tempo t)
2. traiettoria temporale	Dove l'evento si colloca lungo la linea di sviluppo storico di un'idea scientifica
3. momento nascente	Cosa ha spinto uno scienziato a perseguire un percorso di ricerca
4. traiettoria temporale privata	La traiettoria nel tempo di questa attività "privata" e, poi, l'intersezione tra S_2 (scienza pubblica) e S_1 (scienza privata)
5. stile di vita	Sviluppo psicobiografico dello scienziato. Rapporto tra il lavoro scientifico e stile di vita di uno scienziato.
6. sociologia	Studio della società in cui l'evento è stato prodotto
7. contesto culturale	Studio del contesto culturale in cui l'evento è stato prodotto
8. analisi logica	La struttura epistemologica e logica del lavoro scientifico in esame
9. analisi tematica	I themata sono pochi. In fisica non più di un centinaio. Solo raramente ne compare uno nuovo (per esempio, la complementarietà nel 1927 e la chiralità nel 1950).

evidenti fin dalla fanciullezza. Questa è senza dubbio un'area interessante per ulteriori ricerche» (Holton, 1998).

Tutti questi punti riguardano la comunicazione pubblica della scienza in tutte le sue forme (esplicita e implicita, professionale e non professionale, sistematica e occasionale). Il ruolo, spesso decisivo, che essa ha – fin dalla fanciullezza – nell'adesione degli scienziati a particolari *themata* (Greco, 2005) che lo spingono a intraprendere determinate ricerche (punto 3), a seguire determinati percorsi (punto 4 e 5). Ma anche e, forse, soprattutto il ruolo che la comunicazione pubblica della scienza ha nella costruzione del contesto culturale e sociale (punti 6 e 7) oltre che nell'affermazione o nel tramonto, in una data epoca, di alcuni *themata* (punto 9).

La comunicazione della scienza è informata dalla osmosi incessante di *themata* nella comunità scientifica, fuori dalla comunità scientifica, tra la comunità scientifica e la società.

L'analisi del piano tematico, in tutte le sue pieghe, è quindi essenziale sia per la storia, la filosofia, la psicologia e la sociologia della scienza, sia per lo studio dei fattori (cause ed effetti) che caratterizzano la comunicazione della scienza.

I *themata* che svolgono questo ruolo così essenziale nello sviluppo dell'immaginazione degli scienziati non sono – per loro natura – confinati nella Repubblica della Scienza, ma rimbalzano in continuazione – talvolta in maniera esplicita e visibile, talaltra in maniera implicita e nascosta – tra tutte le dimensioni della cultura dell'uomo. In particolare, c'è un osmosi tematica incessante tra l'arte e la scienza. Un'osmosi che, con il ciclico riproporsi di antichi *themata* e il più raro sbocciarne di nuovi, contribuisce in continuazione a rimodellare l'immaginazione scientifica degli scienziati e di noi tutti.

5.3.3 *Il* thema *dell'armonia tra arte e scienza*

Tra i grandi *themata* che attraversano il Seicento e le barriere disciplinari, concorrendo in maniera significativa alla nascita della *nuova scienza*, c'è certamente quello dell'*armonia*. E, in particolare, il *thema* dell'*armonia musicale*. Un *thema* che prende la forma di quel ramo della teoria musicale che studia la sovrapposizione «verticale» (simultanea) dei suoni, la loro reciproca concatenazione (accordi) e la loro funzione all'interno della tonalità. Un *thema* molto frequentato tra il XVI e il XVII secolo: abbiamo visto quanto potente sia stata la ricerca e la riflessione sull'armonia musicale di papà Vincenzio nel determinare l'*imprinting* epistemologico di Galileo. Vedremo in breve come il *thema* intreccerà, in maniera diversa ma sempre molto forte, in un gioco continuo di reciproci rimandi, almeno quattro dei grandi protagonisti della rivoluzione scientifica del Seicento: Kepler, Mersenne e Descartes, oltre allo stesso Galileo.

Ma, in realtà, il *thema* dell'armonia musicale attraversa per intero tutto il pensiero occidentale. Rimbalzando tra l'arte, la filosofia e la scienza. Lo ritroviamo in Eraclito (l'armonia degli opposti), in Platone e Aristotele, in Seneca e Cicerone, in Agostino. Il *thema* dell'armonia musicale lo ritroviamo prima e soprattutto in Pitagora. Dove si propone come «matematica dei suoni» e come chiave di lettura del mondo fisico (Ferguson, 2008). Pitagora e la sua scuola, infatti, pensano che l'«armonia delle sfere» non consista solo nella regolarità, armoniosa appunto, con cui i pianeti si muovono nello spazio, ma sostengono che questo loro movimento produca dei suoni e che questi suoni siano armonici. La musica delle sfere è una musica reale.

Ebbene, con una potenza quasi analoga ritroviamo il *thema* dell'armonia musicale come chiave di lettura del mondo fisico tra la fine del Cinquecento e l'inizio del Seicento, quando «la scienza dei suoni» svolge «un ruolo determinante nella genesi della scienza moderna: dalla lezione di Vincenzio Galilei alle "sensate esperienze" galileane, alle leggi di Kepler, alla filosofia naturale di Bacon, all'indagine sperimentale di Mersenne, sino alla nascente formulazione del metodo cartesiano» (Fabbri, 2008).

Il *thema* dell'armonia musicale assolve a questa funzione determinante in almeno quattro diverse modalità: perché diventa un ambito di studio scientifico e i risultati di questo studio vengono poi estesi ad altri ambiti; perché concorre a definire l'immagine del mondo nei protagonisti della nuova filosofia naturale; perché concorre a definire l'immagine della stessa scienza presso i suoi pionieri; perché attraverso le riflessioni sulla musica – intesa come scienza dei suoni e come sistema ordinato di proporzioni – favorisce la nascita di una serie di «principi di ricerca», perché la riflessione sull'armonia musicale costituisce «il primo ambito di applicazione del metodo (Descartes), una delle dimensioni privilegiate dell'indagine sperimentale (Galileo), lo strumento prediletto dell'apologia scientifica e della definizione dello statuto epistemologico delle scienze medie (Mersenne), il paradigma dell'esegesi del *Liber Naturae* e dell'essenza divina (Kepler)» (Fabbri, 2008). Tutto ciò prova come l'arte sia (più spesso di quanto si pensi) fonte di ispirazione diretta per la scienza.

Si dice che i filosofi ionici, tra il VI e il V secolo a.C., abbiano scoperto «la potenza della ragione»: la chiave per spiegare il mondo. Pitagora in particolare pensò di aver individuato nell'armonia dei numeri la chiave razionale per spiegare l'unità e la comprensibilità del cosmo: del tutto armoniosamente ordinato, appunto. In Pitagora l'armonia cosmica e l'armonia musicale si fondono: sono espressioni diverse di un unico ordine, matematico, sotteso. Verso la fine del Cinquecento il sogno ionico della profonda unità e razionalità del mondo – il *thema* dell'armonia cosmica e il suo legame con l'armonia musicale – ritorna di attualità e viene sottoposto a indagine, teorica ed empirica. A riproporla con forza e convinzione è un astronomo e matematico tedesco, Johannes Kepler.

Kepler è nato nel 1571 nel sud della Germania, a Weil der Stadt, un paesino del Baden-Württemberg. A partire dal 1589 il giovane studia astronomia e matematica a Tubinga con Michael Mästlin, un convinto copernicano. Ed è frequentando questa scuola che Johannes matura l'idea che il sistema eliocentrico non è solo un modello che funziona meglio di quello tolemaico per spiegare i movimenti apparenti nei cieli, ma è un modello che rappresenta la realtà fisica dei cieli. Una realtà armonica.

Kepler è un fervido credente, di rito protestante. È convinto che l'universo è stato creato da Dio e che, quindi, per quanto complesso possa apparire agli occhi degli uomini, sia – debba essere – l'espressione di un ordine semplice e (perché) divino, di una simmetria razionale e nascosta: di una profonda armonia, appunto. È convinto, inoltre, che Dio vuole essere conosciuto anche attraverso lo studio della natura.

Kepler pensa infine che compito dell'uomo sia scoprire questa profonda semplicità e armonia del cosmo: sia attraverso la matematica, sia attraverso l'osservazione diretta del cielo. Compito dell'uomo è trovare la risposta alle domande fondamentali. Perché Dio ha deciso di costruire il mondo in un modo (così armonioso) e non in un altro? Quale ragionamento ha usato? Perché i pianeti sono sei? Perché hanno una certa e ben determinata distanza dal Sole e non un'altra?

Mentre è ancora studente a Tubinga, il tedesco si convince che, matematica alla mano, il periodo di rotazione e la distanza dal Sole dei vari pianeti assumono un senso – un senso armonico – più nel sistema copernicano che nel sistema tolemaico e lo sostiene pubblicamente. Il Sole appare, infatti, come la fonte di ogni mutamento e i pianeti gli ruotano intorno con una velocità che risulta inversamente proporzionale alla loro distanza. Questa armonia matematica è bene espressa dal semplice modello di Copernico mentre non trova affatto espressione nel complicato modello di Tolomeo.

Dopo aver completato gli studi a Tubinga, Kepler ottiene una cattedra presso il seminario protestante Stiftsschule di Graz, nella Stiria. Qui, come egli stesso racconta, il 19 gennaio 1595, mentre è alla lavagna e sta spiegando ai suoi allievi non so quale teorema di Euclide, si accorge non senza sorpresa che le grandi congiunzioni tra Giove e Saturno descrivono nel cielo un triangolo equilatero, che ruota leggermente nel tempo. Gli allineamenti tra i due pianeti maggiori, le grandi congiunzioni, non avvengono dunque a caso nel cielo, ma si verificano ogni venti anni circa in punti precisi e prevedibili dello spazio cosmico. In punti che sono ai vertici di un triangolo equilatero, il più piccolo tra i poligoni regolari.

Il triangolo, dunque, sembra in qualche modo «dettare» la giusta distanza, la distanza armonica, nel cielo di Giove e Saturno. È quindi la geometria alla base dell'armonia cosmica?

La domanda ritorna ossessivamente nella mente del giovane professore. E Kepler cerca di rispondere con eccitata sistematicità: cercando per tutte le altre orbite planetarie una regola geometrica poligonale che le descriva. Cerca, in particolare, di verificare se la distanza tra le orbite di Giove e Marte non sia, per caso, «dettata» dal poligono successivo al triangolo, il quadrato. La prova fallisce. Il quadrato non è utile. Dopo molte riflessioni, pensa di aver individuato l'errore. Sta cercando di applicare all'universo le regole della geometria piana. Ma l'universo è tridimensionale, e quindi bisogna cercare le regole nella geometria dello spazio a tre dimensioni. Le distanze planetarie non possono essere definite da poligoni (forme geometriche piane), ma devono essere definite da poliedri (forme geometriche solide).

Ecco, dunque, dove cercare la verità: la regola dell'armonia impone che le distanze planetarie siano dettate da poliedri regolari. E i poliedri regolari (solidi con vertici e facce tutti uguali) sono solo cinque (Tab. 5.4).

I solidi platonici sono da tempo tornati al centro dell'attenzione. Studiati da matematici come Luca Pacioli e da artisti/ingegneri del calibro di Leonardo da Vinci. Più di recente il loro studio è entrato anche in ambito musicale, introdotti da Gioseffo Zarlino: il maestro e avversario di Vincenzio Galilei. È tempo che a occuparsene siano anche gli astronomi.

L'idea sembra davvero buona. Con somma soddisfazione, Johannes Kepler scopre infatti che è possibile inscatolare i cinque poliedri regolari in un complesso che coincide bene con le distanze tra le sei sfere cristalline in cui orbitano i pianeti Saturno, Giove, Marte, Venere e Mercurio. L'armonia geometrica, dunque, appare non appena la regola dei poliedri si applica al modello astronomico che ha il Sole al centro: il modello copernicano. «In capo a pochi giorni tutto funzionò e io potei osservare con quanta precisione un solido dopo l'altro prendeva il suo posto tra i pianeti» (citato in Ferguson, 2008).

Il tedesco è convinto di avere catturato il segreto dei cieli e nel 1597 lo rivela, quel segreto, pubblicando il *Mysterium Cosmographicum*: il libro che contiene la teoria dei cinque poliedri regolari. La teoria dell'armonia geometrica del cosmo.

In realtà Johannes Kepler non si limita a una descrizione platonica dell'universo. Cerca la conferma della sua teoria nei fatti empirici, tentando di accedere ai dati astronomici più precisi e quindi preziosi fino ad allora elaborati: i

Tab. 5.4 – I cinque solidi di Pitagora (e di Platone)

tetraedro	quattro facce formate da triangoli equilateri	
cubo	sei facce formate da quadrati	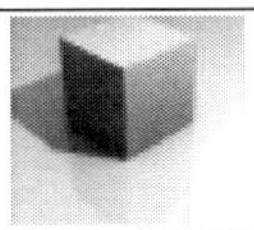
ottaedro	otto facce formate da triangoli equilateri	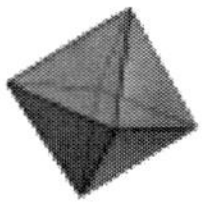
dodecaedro	dodici facce formate da pentagoni regolari	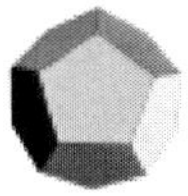
icosaedro	venti facce formate da triangoli equilateri	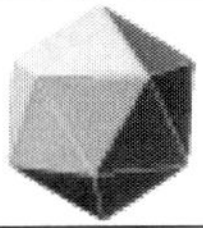

dati di Tycho Brahe, astronomo di origine olandese in forze alla corte di Rodolfo II d'Asburgo a Praga. L'olandese non ha solo dei dati. Ha elaborato anche un proprio modello della struttura dei cieli, che è in qualche modo intermedio tra quello di Tolomeo e quello di Copernico: tutti i pianeti ruotano intorno al Sole, sostiene, ma il Sole ruota, con tutta la sua corte planetaria, intorno alla Terra. Il modello non convince Kepler. E in ogni caso Brahe non è tipo da aprire il suo scrigno di conoscenza davanti al primo che passa. Il suo carattere gode di pessima fama. Quei dati sono, per ora, inaccessibili. E Kepler non ha certo la possibilità di raccoglierli in proprio.

Il tedesco, tuttavia, è studioso non solo di astronomia, ma anche di musica. E cerca l'armonia matematica non solo tra i pianeti, ma anche tra le note. E così, dopo avervi trovato (creduto di trovare) l'armonia geometrica, intende trovare nei cieli anche l'armonia musicale. Detto, fatto. Nel 1599, due anni dopo la pubblicazione del *Mysterium Cosmographicum*, ipotizza che la velocità dei pianeti nello spazio possa essere connessa con l'armonia dei suoni che essi «devono» generare. L'armonia cosmica, infatti, deve essere anche armonia musicale. Ma non un'armonia musicale qualsiasi, bensì una precisa armonia, che i musicisti stanno appena iniziando a trovare: quella dell'«accordatura giusta».

Per capire a cosa si riferisce Kepler dobbiamo risalire a Pitagora e alle sue regole della consonanza. La consonanza altro non è che la gradevolezza di un insieme di suoni. Pitagora, come abbiamo detto, era stato il primo a sostenere che ci sono delle regole matematiche che rendono possibile la consonanza. Il segreto sta nel rapporto tra gli intervalli in cui i suoni si succedono. Sono consonanti solo gli intervalli naturali dell'ottava, della quinta e della quarta, fondati sul rapporto tra i primi quattro numeri naturali: 1, 2, 3 e 4.

L'ottava è fondata sul rapporto 2:1, due note uguali separate da un'ottava, due do per esempio, che hanno una frequenza doppia l'una dell'altra. La quinta è fondata sul rapporto 3:2, la quarta sul rapporto 4:3.

Johannes Kepler è invece un sostenitore dell'«accordatura giusta», l'accordatura usata ancora oggi, che considerano consonanti anche le terze e le seste maggiori e minori, fondate su rapporti che comprendono anche i numeri 5, 6 e 8. In particolare: la terza minore è fondata sul rapporto 6:5; la terza maggiore sul rapporto 5:4; la sesta minore sul rapporto 8:5; la sesta maggiore sul rapporto 5:3.

Con l'aggiunta di questi ulteriori intervalli, sostengono i fautori dell'accordatura «giusta», la musica ottiene un miglioramento – una migliore armonia – rispetto alla musica degli antichi, fondata sulla *tetrakys*, i quattro numeri pitagorici.

Kepler pensa che l'«accordatura giusta» e, dunque, i numeri che definiscono gli intervalli della consonanza responsabili dell'armonia musicale siano i medesimi che definiscono la distanza relativa tra i pianeti, responsabili dell'armonia cosmica.

L'accostamento non è certo arbitrario. Kepler, come tutti gli astronomi del passato e suoi contemporanei, è dominato dal *thema* dell'etere e quindi pensa che i pianeti si muovano nello spazio cosmico in un mezzo – la quintessenza – che è un fluido, come l'aria. E proprio come gli oggetti che si muovono nell'aria, anche i pianeti, muovendosi nell'etere, generano un suono. Che naturalmente «deve» essere armonioso. In definitiva, Kepler ripropone la «musica delle sfere» di Pitagora sia pure con una diversa accordatura: l'«accordatura giusta».

Anche questa non è affatto una bizzarria. L'idea della «musica delle sfere» non era certo morta con Pitagora. Era stata riproposta più e più volte in passato. In particolare dall'irlandese Giovanni Scoto Eriugena nel IX secolo e dal parmense Giorgio Anselmi nel XV secolo. Giovanni Scoto aveva fatto notare che se si associa un tono musicale a un pianeta e se il tono dipende dalla distanza del pianeta dalla Terra, la teoria deve prevedere che (e come) il tono cambia al variare della distanza del pianeta dalla Terra.

Quanto ad Anselmi, aveva proposto che ogni pianeta non produce una sola nota, bensì una successione di suoni di diversa altezza e durata, una vera e propria melodia, in contrappunto con gli altri. Ma il contrappunto è quell'insieme di linee melodiche indipendenti di cui si è occupato Gioseffo Zarlino, il teorico che ha proposto la riforma e le regole dell'«accordatura giusta».

Kepler ripropone, in maniera originale, queste idee e si convince che è possibile rappresentare l'architettura dei cieli su uno strumento musicale che abbia corde di diversa lunghezza. Il rapporto tra le velocità angolari con cui si muovono Giove e Saturno nello spazio, per esempio, produce un intervallo musicale di una quarta. Il rapporto tra le velocità angolari di Giove e Marte, produce un intervallo musicale di un'ottava.

In breve, l'astronomo calcola tutti i rapporti tra le velocità angolari dei pianeti nella loro orbita intorno al Sole e ottiene i risultati indicati nella Tab. 5.5.

L'insieme di questi intervalli musicali genera un accordo composto che potremmo definire una vera e propria «sinfonia cosmica».

Keplero si accorge che gli intervalli musicali calcolati mediante i rapporti tra le velocità angolari dei pianeti, pur non essendo molto diversi dagli intervalli spaziali calcolati con la teoria di Copernico, sono, tuttavia, un po' diversi. C'è una leggera discrepanza tra l'armonia geometrica e l'armonia musicale dei cieli. E, per di più, gli intervelli musicali si accordano meglio degli intervalli geometrici con i dati empirici. E ne trae le seguenti conclusioni fisiche:

- entrambe le armonie hanno un significato fisico;
- l'armonia musicale esprime le giuste distanze tra i pianeti;
- l'armonia poliedrica è correlata all'altezza degli spazi vuoti tra le sfere in cui si muovono in pianeti.

Non c'è dubbio alcuno: l'armonia, scrive al maestro Mästlin, è il modo razionale e intelligente di descrivere il cosmo. È il modo in cui Dio ha pensato il cosmo.

L'idea che esista un'armonia cosmica e persino una «musica delle sfere» inaccessibile a orecchio umano non appartiene solo ai filosofi naturali e ai matematici. È un'idea piuttosto diffusa, nella cultura europea a cavallo. Come dimostra questo passaggio che William Shakespeare propone nella prima scienza dell'atto V del *Mercante di Venezia* (Shakespeare, 1594):

> Con quale dolcezza la luna si è assopita su questa sponda!
> Sediamoci qui, e lasciamo che il suono della musica
> Entri lentamente nelle nostre orecchie: la morbida quiete e la notte
> Ci lasciano come toccare la dolce armonia.
> Siediti, Jessica. Guarda, come la volta del Cielo
> È tutta costellata di patène d'oro splendente:
> Non c'è la più piccola stella che tu contempli
> Che nel suo moto non canti come un angelo
> In coro con gli occhi-vispi cherubini;
> Tale armonia è in ogni anima immortale;

Tab. 5.5 – Velocità angolari dei pianeti e intervalli musicali

	Rapporto tra le velocità angolari dei pianeti	Intervallo musicale
Saturno-Giove	3:4	Quarta
Giove-Marte	4:8	Ottava
Marte-Terra	8:10	Terza maggiore
Terra-Venere	10:12	Terza minore
Venere-Mercurio	12:16	Quarta

Ma, finché questa corrotta veste di decadimento
Rozzamente la rinchiude, noi non possiamo ascoltarla.

Ma se Shakespeare può accontentarsi di una visione poetica del mondo naturale, Kepler sa che non bastano né la coerenza logica e neppure la solidità geometrica per accreditare una visione scientifica di quel medesimo mondo. Kepler sa che deve portare prove empiriche precise a sostegno della suo *Weltbild*. E sa anche che quelle prove sono racchiuse nella collezione pressoché inaccessibile di dati raccolta da Tycho Brahe.

Nel 1601 Tycho muore ed è proprio Johannes Kepler che viene chiamato a succedergli come primo della corte di Rodolfo II d'Asburgo a Praga. Ora il tedesco può finalmente studiare i dati del suo grande predecessore. Lo studio gli porta via ben sei anni e gli propone non pochi rovelli. L'orbita di Marte, in particolare, così come è stata calcolata da Brahe, sembra proprio non voler rientrare nella sua teoria armonica. Kepler se ne lamenta con Dio stesso: «Finora non abbiamo trovato nelle altre sue opere una concezione così poco geometrica!».

Eppure una logica ci deve essere. Kepler la cerca con ogni mezzo, è disposto persino a rinunciare a qualcuno dei suoi più saldi principi metafisici. E i dati di Brahe gli suggeriscono, infine, di rinunciare all'idea di perfezione circolare. Le orbite dei pianeti intorno al Sole non descrivono affatto un cerchio nei cieli, come avevano pensato Platone e Aristotele, Tolomeo e Copernico: ma un'ellissi.

È forse la sua più grande scoperta. E Kepler ne è consapevole. Il movimento ellittico costituirà pure un tradimento della perfezione geometrica. Ma salva la perfezione musicale (Zanarini, 2001). Con le orbite ellittiche – scrive Kepler nel nuovo libro, *Astronomia nova*, che pubblica a Praga nel 1609 – tutto torna: la teoria di Copernico e la teoria armonica della «musica delle sfere». È l'esempio di un'applicazione che porta a risultati corretti, partendo da un'ipotesi (metafisica) errata.

Il *thema* dell'armonia attraversa fino in fondo la vita di Kepler e lo porterà a scrivere nel 1619 un altro libro, l'*Harmonices mundi*, una sorta di inno al rapporto tra astronomia e musica, entrambe informate dall'armonia, appunto.

Geometria est archætypus pulchritudinis mundi: la geometria è il fondamento della bellezza del cosmo. E l'*Harmonices mundi* è strutturato per dimostrare questa impegnativa affermazione. Il segreto dell'armonia a ogni livello, sostiene Johannes Kepler, non sta nei numeri. Ma nella geometria. Solo la geometria consente di comprendere il senso dei rapporti musicali.

Divisa in cinque libri, l'opera è interamente dominata dal nostro *thema*: i primi due libri sono dedicati all'armonia in matematica, il terzo all'armonia in musica, il quarto all'armonia in astrologia e, infine, il quinto all'armonia in astronomia.

In quest'ultimo libro Kepler parte dall'analisi comparata dell'armonia cosmica secondo le diverse scale proposte da Pitagora e Tolomeo e da lui ricostruite. E per decidere quale sia la migliore in quanto espressione dell'armonia celeste, Kepler cerca di verificare quale delle due è più gradevole all'orecchio umano. Distinguendo tra intervalli *consonanti* (gradevoli) e intervalli *concinna* (sgradevoli). Convinto com'è che anche la capacità della musica di entrare in sintonia con l'animo umano risponda a precisi rapporti numerici, anzi geometrici.

Kepler ribadisce che tutti i rapporti consonanti (che all'inizio del Seicento, come abbiamo detto, sono 1:2; 2:3; 3:4; 4:5; 5:6; 3:5; 5:8) sono ricavabili per mezzo dei poligoni regolari inscritti in una circonferenza. E si chiede: cosa ha spinto Dio a privilegiare alcuni rapporti numerici e non altri. Per esempio perché la proporzione 3:5 produce un'armonia e il rapporto 5:7 no?

Da un punto di vista aritmetico, infatti, i rapporti consonanti non hanno alcun carattere speciale, rispetto ad altri. È la possibilità di costruire geometricamente con riga e compasso questi rapporti disegnando poligoni regolari che ne assicura la razionalità, l'intelligibilità e la validità universale: «la linea circolare che può essere divisa geometricamente in 2, 3, 4, 5, 6, 8 ma non in 7, 9, 11, 13 e questo non per un difetto dell'intelligenza, ma per una caratteristica della natura». Dio non è un matematico. Dio è un geometra.

Ma è geometra musicista. Perché: «ciò che è dimostrabile in geometria – scrive Kepler – si chiama consonanza nel dominio della voce». Nei cieli l'armonia dipende non dalla distanza dei pianeti, ma dalla loro velocità angolare rispetto al Sole. I moti visti dalla Terra sono irrilevanti. È il rapporto tra le velocità angolari dei pianeti che genera la «musica della sfere».

Oggi noi sappiamo che non è così. Che la «musica delle sfere» non ha alcun significato fisico (anche se in fisica delle alte energie si fa un gran parlare di vibrazioni di minuscole e fondamentali corde e brane in spazi a svariate dimensioni). Che nel cielo non ci sono né quintessenze né sinfonie. Ma è in base al pregiudizio metafisico dell'armonia che Johannes Kepler ha scoperto la legge fisica nota come «terza legge di Keplero» o «legge armonica»: il rapporto tra i quadrati dei periodi orbitali di due pianeti è uguale al rapporto dei cubi delle loro distanze dal sole.

Lo statuto della musica ha subito tra la fine del Cinquecento e l'inizio del Seicento un importante cambiamento. A definire le consonanze musicali non è più il *tetrakys*, come proponevano Pitagora e di Platone, e non è più neppure il *senarius* di Zarlino. La verità è che i fondamenti della consonanza musicale non si basano più su quantità discrete, su *numeri numerantes*. Con Vincenzio Galilei prima, poi con lo stesso Gioseffo Zarlino, nella sua ultima pubblicazione, i *Sopplimenti musicali*, e infine con Johannes Kepler e il V libro degli *Harmonices Mundi*, le consonanze musicali sono diventate espressione di quantità geometriche e/o di fenomeni della fisica acustica, quantità tutte continue e non discrete.

Gerald Holton potrebbe rilevare come tre fra i grandi *themata* della storia della fisica – l'armonia, la dicotomia continuo/discreto, la dicotomia numero/forma o aritmetica/geometria – si intreccino intimamente in questo inizio di XVII secolo.

E, infatti, esistono in questo periodo almeno tre diversi approcci alla ricerca dei fondamenti (aritmetica e/o geometria? Discreto o continuo?) per la scienza dei suoni: quello organologico che risale a Leonardo da Vinci, quello geometrico che propone Johannes Kepler e, infine, quello fisico che propongono prima

Vincenzio Galilei e poi i francesi Marin Mersenne e René Descartes (Fabbri, 2008).

Nel suo *Libro di Pittura*, Leonardo aveva affrontato proprio il tema dell'armonia, assimilando la musica alla geometria e al continuo, distinguendola dall'aritmetica e dal discreto su cui aveva puntato Pitagora. Il guaio è, sosteneva Leonardo, che nella pratica la musica si confronta con la dissoluzione del suono nel tempo e, quindi, con la dimensione del discreto che si manifesta non solo in un inizio e in una fine della composizione, ma anche e soprattutto nell'esecuzione diacronica delle parti della composizione. È per questo, rileva Natacha Fabbri, che l'eclettico genio nato a Vinci si pone il problema di creare strumenti musicali o meccanismi sonori che garantiscano la continuità del suono in modo da aumentare l'armonia. Gran parte degli strumenti disegnati nel *Codice Atlantico* rispondono proprio a questa necessità (Fabbri, 2008). Ma è una soluzione funzionale e non fondazionale al problema.

Negli *Harmonices Mundi* Kepler propone il suo approccio integralmente geometrico e continuo, criticando a fondo quello discreto fondato sui *numeri numerantes*. Kepler pone l'origine delle consonanze nei cinque poligoni iscritti nella circonferenza, impiegati come archetipi della creazione divina. «Il fulcro della concezione kepleriana è costituito dalla corrispondenza tra ordine armonico che si coglie nella realtà creata, archetipi geometrici e musicali, e coessenza tra Dio e verità eterne della matematica» (Fabbri, 2008).

La causa dell'armonia non sono dunque i numeri in quanto tali, astratti dalla materia (i *numeri numerantes*) – sostiene Kepler – perché non hanno una forza dimostrativa in sé e per sé, bensì i numeri in quanto descrittivi di oggetti reali, le figure geometriche tracciate dal moto dei corpi celesti (i *numeri numerati*, derivanti cioè dalle misurazioni).

Ma la ricerca dei fondamenti dell'armonia musicale non si esaurisce con Kepler. Anzi, appassiona moltissimi. Tra tutti si distinguono, come abbiamo detto, due filosofi naturali e matematici francesi, Marin Mersenne e René Descartes. Che assumono ciascuno un ruolo originale nella vicenda, perché non definiscono la loro teoria musicale muovendo dalla confutazione di una diversa impostazione: essi riconoscono la perfetta identità epistemologica tra *numeri numerati* e *numeri numerantes* e la superano, proponendo invece la centralità della fisica (e del continuo che è proprio non solo della geometria, ma anche della fisica acustica).

In Descartes il punto di convergenza tra concezione geometrica continua e numerica discreta delle consonanze si verifica in un periodo caratterizzato dallo studio geometrico dei suoni, con rigorose indagini empiriche sulla lunghezza delle corde, che prelude al connubio tra geometria e aritmetica proposto poi nel libro *Géométrie*.

Pitagora aveva individuato nei numeri interi e nel rapporto tra numeri interi – tutte quantità discrete – l'origine dell'armonia. Aristotele aveva distinto tra aritmetica e geometria, negando la possibilità di ottenere dimostrazioni aritmetiche per grandezze geometriche e distinguendo le scienze subordinate alla geometria dalle scienze subordinate all'aritmetica. Una distinzione che resta attuale in tutta la tradizione antica, medievale e rinascimentale.

Nelle *Istituzioni harmoniche* e nelle *Dimostrationi harmoniche*, le sue due prime opere, Gioseffo Zarlino tiene ancora aristotelicamente distinte l'aritmetica dalla geometria. Nei *Sopplimenti musicali*, invece, il maestro veneziano inizia almeno a proporre una coesistenza non ben definita tra i «corpi sonori» (di derivazione geometrica) e i «numeri sonori» (aritmetica). Kepler nell'*Harmonices Mundi* invece colloca la musica e la geometria tra le scienze del *continuum* e relega lo studio delle quantità discrete alla sola aritmetica.

René Descartes supera gli uni e gli altri.

Nel 1618 scrive il *Compendium Musicae*, un breve saggio – in genere trascurato dagli storici, dove Zarlino è l'unico autore citato – e fa saltare il gioco delle dicotomie, proponendo un rapporto nuovo tra musica, metodo scientifico, matematica e scienza fisica.

La musica non può essere fondata sui numeri pitagorici, sul discreto. La teoria musicale non è neppure una dimensione puramente matematica, interna alla dicotomia aritmetica/geometria. Al contrario è un campo – il primo campo – dove applicare il metodo delle scienze fisiche e naturali. Egli stesso si impegna a verificare nella musica i rapporti tra *res extensa* e *res cogitans*. Di più, la musica è il campo dove la fisica può raggiungere l'ideale della sua matematizzazione. Nella musica, infatti, si verifica una corrispondenza perfetta tra *numeri numerati* e *numeri numerantes*, ovvero tra quantità continue e discrete. Descartes si dice convinto – come hanno fatto Galilei padre e figlio, Kepler e come farà Mersenne che occorra andare oltre l'approccio pitagorico del discreto in musica. Ma nel *Compendium* sostiene che aritmetica e geometria, discreto e continuo, pur essendo dimensioni diverse non sono affatto irriducibili l'une alle altre: la conciliazione è possibile.

Nel 1619 scrivendo a Isaac Beeckman il francese affronta in maniera esplicita il tema del rapporto tra quantità discrete e quantità continue nelle scienze fisiche, distinguendo le grandezze aritmetiche da quelle geometriche. Descartes allude a una scienza ancora da inventare, capace di risolvere in maniera univoca i problemi relativi al rapporto tra continuo e discreto, mediante l'impiego di un medesimo metodo.

Anche ascrivendo la musica all'aritmetica, nella tradizione pitagorica, non è affatto proibito indagarla con il metodo geometrico. Geometria e aritmetica, infatti, non hanno principi propri irriducibili gli uni agli altri, ma principi comuni. E la fisica del suono non può che sottostare a questi principi matematici unici. Le proporzioni numeriche, i cosiddetti «numeri sonori», non sono forse equivalenti sia alla lunghezza di una corda (analisi geometrica) sia al numero di battimenti (analisi fisica)? La consonanza, dunque, altro non è che la coesistenza di discreto e continuo: la durata del fenomeno sonoro può essere divisa infatti in battimenti, ma per una percezione consonante occorre anche un'emissione continua.

In definitiva, la musica è una dimensione della fisica subordinata indifferentemente all'aritmetica e alla geometria e il suo oggetto è colto sia nella discontinuità (dei battimenti) che nella continuità (dell'armonia).

Con Descartes grazie anche alla sua ricerca sull'armonia si compie un lungo processo di revisione della gerarchia delle discipline della *mathesis* di cui si è molto discusso nel Cinquecento: che ha portato molti a discutere del rapporto tra aritmetica e geometria all'interno della *mathesis universalis*. Il progetto di una scienza in grado di risolvere i problemi in forma unitaria viene sviluppato nelle *Regulae*. Tutte le scienze della *mathesis universalis*, sostiene Descartes, sono unificate dalla comune applicazione di un medesimo metodo, che ruota essenzialmente intorno alla geometria, anche se non si identifica con essa.

La *mathesis* corrisponde alla matematica comune e le forme e i numeri ne sono l'involucro più che le parti, poiché aritmetica e geometria sono le discipline più evidenti, certe e adatta all'intelletto umano. La *mathesis universalis* è dunque un metodo generale che si applica a tutte le discipline matematiche (musica, aritmetica, geometria, astronomia) mediante l'analisi della *mesura* (misura) e dell'*ordo* (ordine) che prescinde dalla natura dell'oggetto indagato.

L'armonia musicale è il grande *thema* che domina, infine, l'attività di un altro dei grandi intellettuali del Seicento: il teologo, matematico e filosofo naturale Marin Mersenne.

Il francese è noto per un'infinità di opere, in cui teologia, filosofia e scienza sono variamene miscelate: tra queste la sua poderosa *Correspondance*, raccolta in ben 17 libri, frutto di un verve epistolare estesa a tutto il continente e ai maggiori protagonisti della nuova scienza. Mersenne è noto anche per aver tradotto in francese la *Meccanica* di Galileo e per aver riassunto nella lingua d'oltralpe il *Dialogo dei massimi sistemi* (*Nouvelles pensées de Galilei*) nel 1639. Ma oltre a tutto ciò, Mersenne è noto anche per aver studiato la musica, in termini scientifici: analizzando, per esempio, le proprietà delle corde vibranti e cercando di misurare la velocità del suono nell'aria. Di musica ha scritto nelle *Questions harmoniques* (1634), e anche negli *Harmonicorum libri XII* (1635 e 1648).

Ma la visione di fondo di Mersenne sul *thema* dell'armonia trova espressione soprattutto in un libro, *Harmonie Universelle*, scritto nel 1637, che a sua volta è l'approfondimento e il prosieguo di problemi affrontati nel *Traité de l'Harmonie Universelle*, scritto dieci anni prima. Il francese vi sostiene che il *thema* dell'armonia va ben oltre l'ambito dell'acustica e della musica: è, appunto, un tema universale. Sia perché riguarda leggi e principi universali sia perché attraversa tutta la natura in ogni e ciascuna dimensione, inclusa quella morale e religiosa.

Il mondo è armonico. E l'armonia è la chiave per capire il mondo.

Anche lui pensa di averla catturata, quella chiave. E cerca di dimostrarlo con metodo e completezza. Nel *Traité de l'Harmonie Universelle* propone sia una *summa* dei sistemi d'intonazione dai Greci fino al Seicento, sia il modo in cui si intreccia il legame tra cosmologia e armonia nella tradizione ermetica e nei sistemi astronomici di Tolomeo, Copernico e Brahe. Ma è soprattutto Kepler il suo riferimento.

Anche Mersenne affronta il *thema* dell'armonia musicale alla luce della dicotomia continuo/discontinuo. La sua proposta è interessante, anche se probabilmente non raggiunge la profondità di Descartes. L'approccio è sistematico. Il teologo e matematico chiama *continus* i suoni continui emessi dagli strumenti, che sono articolati a loro volta in *successifs* (che danno origine agli intervalli, ovvero ai numeri armonici, e giungono al medesimo risultato cui giungono le quantità discrete) e in *intenses* (dati dalla condensazione e rarefazione dell'aria), che sono i suoni *continui successivi*. Anche Mersenne cerca di superare la distinzione tra *numeri numerati* e *numeri numerantes*, sostenendo che gli intervalli musicali ottenuti mediante la suddivisione di quantità continue corrispondono ai numeri armonici (o *numeri sonori*) ottenuti con quantità discrete.

Il discorso di Mersenne, come abbiamo detto, è spesso teologico, epistemologico e scientifico. Nell'*Harmonie Universelle*, per esempio, discute del ruolo anche epistemico che l'uomo ha nel mondo. Non è vero che l'uomo conosce le verità eterne perché partecipa all'intelletto divino e ne comprende le ragioni, come aveva affermato nel *Traité de l'Harmonie Universelle*. Dio, sostiene, ha donato all'uomo uno spirito incorruttibile e immortale (dunque eterno), mettendolo così nella condizione di conoscere perfettamente cose dotate della stessa perfezione ed eternità divine, che il Creatore contiene eminenentemente.

Ma nell'ultimo libro dell'*Harmonie Universelle*, Mersenne parla in maniera esplicita *De l'utilité de l'harmonie*: utilità della ricerca dell'armonia che si manifesta non solo e non tanto nella ricerca teologica, ma anche e soprattutto nella ricerca scientifica. E in particolare in geometria, in meccanica, in astronomia, in medicina e in architettura.

L'utilità dell'armonia emerge dalla meccanica, nello studio di caduta dei gravi e nella balistica. Partendo dalla teoria galileana della caduta dei gravi – nel 1634 Mersenne scrive un libro, *Les Mécaniques de Galilée*, in cui affronta e ripropone le meccaniche di Galileo – il francese integra musica e acustica (spiegazione meccanica dei suoni), trovando il modo di trattare la meccanica in sé come esempio delle relazioni armoniose che ha il prototipo nella musica. Mersenne cerca leggi del suono in analogia alle leggi della rifrazione e della riflessione luminosa. Sostiene che la musica è una scienza fisica fondata sui principi della matematica. Le informazioni della realtà sensibile portate dal suono scaturiscono da una concezione meccanicistica della natura, dove tutto è definibile in termini di movimento che a sua volta si identifica con il suono. La struttura armonica dell'universo è per Mersenne una prova fisica e non solo teologica dell'esistenza di Dio.

Più in generale, Mersenne definisce la musica scienza architettonica delle subalterne: lo studio dei suoni consente, più di ogni altro, di risalire a Dio poiché fornisce una più vasta e precisa conoscenza degli enti sensibili.

Ma non avremmo fatto riferimento a Mersenne, se egli stesso non avesse fatto riferimento a Kepler e Galileo. La verità è che il *thema* metafisico dell'armonia, connette tutti – Kepler a Galileo, Descartes a Mersenne – più direttamente di quanto si pensi. Ma connette anche questi ad altri scienziati, e poi a Leonardo e a Shakespeare, a Francis Bacon, a Vincenzio Galilei a Gioseffo Zarlino. In una rete di rapporti culturali – e comunicativi – estesa, fitta e non sempre così facilmente estricabile.

Note

[1] In questo paragrafo non abbiamo ancora citato Francis Bacon (nel 1623 il suo *De dignitate et augmentis scientiarium* porta un affondo decisivo alla logica aristotelica e diventa un testo paradigmatico di quella che oggi chiameremmo «filosofia della scienza»), per il semplice motivo che l'inglese può essere considerato a pieno titolo membro della Repubblica della Scienza. Così come membro fondatore di quella virtuale repubblica è considerato anche il filosofo-scienziato René Descartes. La comunicazione di Bacon, Descartes e, poi, di Leibniz è a tutti gli effetti comunicazione di membri della comunità scientifica. Per il solo Seicento dovremmo parlare, in qualche modo, di Hobbes e di Giansenio, di Mersenne e di Gassendi, di Spinoza e Malebranche e di tanti altri ... Ma questo comporterebbe un lavoro da storici della filosofia che esula dai nostri scopi e dalle nostre possibilità. Sta di fatto che la comunicazione filosofica è un modo potente, forse il più potente, per accreditare la *nuova scienza* presso i grandi intellettuali europei. La filosofia razionalista, di cui sono portatori insieme molti scienziati e molti filosofi, se è il frutto di questa interazione tra filosofia e scienza, è anche un modo attraverso cui si consolida l'immagine della scienza nella società europea. Non senza crisi. Persino crisi interne: Blaise Pascal, per esempio, non trovando nella ragione e nella filosofia razionalista la chiave per decifrare il ruolo e il destino dell'uomo nell'universo, si converte al giansenismo e si ritira a Port Royal.

[2] La tomba, diventata poi la tomba di famiglia, è tuttora presente in Santa Croce a Firenze e ospita le spoglie anche dell'omonimo e più celebre parente.

Capitolo 6

Il modello Venezia

Il rispetto per la scienza è tanto grande [...]
che le opinioni più assurde possono diventare
correnti purché siano espresse
in un linguaggio il cui suono ricordi
qualche espressione scientifica ben nota

James Clerk Maxwell

Per quanto i fatti della scienza possano
essere certi e per quanto le idee che ci siamo
formati di tali fatti possano essere giuste,
possiamo trasmettere agli altri
solo impressioni sbagliate
se ci mancano le parole con cui
esprimere tali idee in modo appropriato.

Antoine Lavoisier

6.1 Primi spunti per una teoria delle comunicazioni della scienza

La narrazione che abbiamo fatto finora nel tentativo di risalire all'origine della comunicazione della scienza nel Seicento è stata, almeno a tratti, ridondante e affastellata. Tuttavia ormai abbiamo dati sufficienti per tentare una lettura sintetica di questa storia.

E la sintesi è che non esiste un unico processo di trasmissione del sapere scientifico che possiamo definire «comunicazione della scienza». Come nota Marinus Stafleu, già nel Seicento esistono almeno tre diversi livelli di comunicazione della scienza (tra specialisti, tra scienziati specialisti e scienziati non specialisti, tra scienziati e non scienziati), cui bisogna aggiungere un quarto livello (quello didattico) e un quinto livello (quello della polemica pubblica o della propaganda a opera di scienziati) (Stafleu, 1987). Ma alla fine noi aggiungeremo un sesto livello, che è in realtà un'intera costellazione di processi comunicativi: la comunicazione scientifica da non scienziato a non scienziato (Tab. 6.1).

6.1.1 Da esperto a esperto

Il primo livello della comunicazione della scienza individuato da Marinus Dirk Stafleu già nel Seicento è quello tra pari: da scienziato esperto a scienziato

Tab. 6.1 – Sei diversi livelli di comunicazione rilevante della scienza nel Seicento

1	**Da esperto a esperto**	Interna ai collegi invisibili. Lo scienziato comunica con i membri della sua comunità disciplinare.
2	**Da scienziato esperto a scienziato non esperto**	Interna alla Repubblica della Scienza. Lo scienziato comunica con i membri della comunità scientifica ma con un'altra specializzazione disciplinare.
3	**Da esperto a non esperto**	Lo scienziato che comunica con il pubblico (con i pubblici) di non esperti.
4	**Da esperto a studente**	Lo scienziato che insegna.
5	**Da scienziato esperto a scienziato esperto (o anche non esperto), in polemica**	Lo scienziato che ingaggia una polemica pubblica su una questione scientifica.
6	**Da non esperto a non esperto**	Non esperti che comunicano proposizioni scientifiche o concetti scientifici o immagini del mondo prodotte dalla scienza ad altri non esperti (per esempio artisti o divulgatori che comunicano al grande pubblico).

esperto. Questo livello, con la sua terminologia specialistica, è da molti considerato il «più alto»: sia perché consente la trasmissione più rigorosa dei contenuti, sia perché è il più rilevante – alcuni lo considerano come l'unico rilevante – per lo sviluppo della scienza.

Oggi la comunicazione tra *peers*, tra colleghi esperti, si propone come il sistema sociale fondamentale dell'attività scientifica, come la fonte originaria di diffusione delle conoscenze scientifiche, come l'isola centrale di quel grande arcipelago che è la comunicazione della scienza. Questa percezione è ben viva fin dall'epoca della «rivoluzione scientifica».

Copernico, per esempio, nella prefazione al *De Revolutionibus* pubblicato nel 1543, sostiene che la «matematica si scrive per i matematici», e che lui, non a caso, ha scritto in latino, la lingua degli specialisti (Copernico, 1543). Anche Isaac Newton sostiene di aver abbandonato l'idea di comunicare nella lingua comune e di aver scelto il latino per i suoi *Philosophiae Naturalis Principia Mathematica*, pubblicati nel 1687, per evitare le dispute che potrebbero sorgere sul merito delle sue affermazioni a opera di lettori incompetenti (Newton, 1687). Persino Galileo scrive in latino il *Sidereus Nuncius* per accreditarne il contenuto «in special modo» presso i suoi pari, i filosofi e gli astronomi.

Copernico, Newton e Galileo esprimono, dunque, un bisogno chiaro: i risultati della ricerca scientifica devono essere comunicati in maniera pubblica e chiara, senza segreti e senza ermetismi. Per essere verificati e discussi. Ma, per esigenze di rigore e di efficienza, il messaggio deve essere indirizzato (principalmente) a chi possiede gli strumenti per comprenderlo. Così il *nuncius* scientifico è lanciato da esperti per esperti. All'interno di una comunità che è insieme definita e aperta. È definita perché ne fanno parte, per reciproco riconoscimento, le persone esperte. È aperta, perché chiunque acquisisce gli strumenti del sapere esperto può entrare a far parte della comunità. Un collegio invisibile, appunto. Non esistono registri formali per iscriversi a una comunità scientifica. Esiste solo il reciproco riconoscimento. Che è un vincolo invisibile, ma molto forte.

Questo bisogno di comunicazione efficiente tra pari è certo una costante della comunicazione scientifica. Ma non è l'unica sua rappresentazione.

Il rigore non costituisce neppure l'unico valore della comunicazione tra pari. Perché è sempre accompagnato dal bisogno della integrale comunicabilità che a sua volta deve consentire l'integrale verificabilità delle affermazioni, attraverso l'integrale ripetibilità degli esperimenti. Nelle attività della Royal Society questa catena di bisogni emerge con chiarezza come questione decisiva. Gli esperimenti vengono regolarmente effettuati in pubblico, alla presenza di testimoni che ne attestano l'autenticità. Robert Boyle nei suoi testi cita spesso per nome e cognome tutti quelli che hanno assistito ai suoi esperimenti con la pompa pneumatica. E presso l'accademia esiste un registro ove i testimoni annotano il loro assenso ai risultati degli esperimenti osservati.

La «comunicazione integrale» davanti a testimoni è, tuttavia, poco efficiente. Gli osservatori fisicamente presenti sono, per mera ragion pratica, pochi: in genere da tre a sei *peers*, colleghi esperti. E anche il pubblico dei non esperti, che pure assiste agli esperimenti alla Royal Society, non va oltre, in genere, le venti persone. Per questo Boyle e gli uomini dell'Accademia sentono forte il bisogno di allargare i destinatari della loro azione comunicativa. I resoconti scritti e pubblicati nelle «Philosophical Transactions» nascono da questa esigenza: trovare un modo efficiente di comunicare non a pochi testimoni oculari, ma all'intera Repubblica della Scienza, i cui membri sono disseminati per tutta l'Europa e, idealmente, per l'intero pianeta. Boyle insiste che questa modalità efficiente sia tale da garantire la ripetibilità degli esperimenti narrati, in modo che chiunque, a distanza, possa fa da testimone. Ogni resoconto deve descrivere in dettaglio i materiali usati, le tecniche sperimentali, gli strumenti, i tempi e i dettagli, in modo che l'esperimento sia replicabile. Con questa modalità circostanziata e onesta di scrivere si ottiene la trasformazione del lettore in testimone (Shapin, 2003).

Integrale comunicabilità per ottenere integrale ripetibilità e allargare il numero dei testimoni: la rivista scientifica nasce con l'ideale della trasparenza assoluta. L'attacco al paradigma della segretezza non poteva essere più radicale.

Tuttavia la comunità dei filosofi naturali avverte, fin dall'inizio, un altro bisogno: quello di documentare la priorità di una scoperta scientifica. Galileo scrive «in fretta» il *Sidereus Nuncius* per assicurarsi che gli venga riconosciuta la priorità delle scoperte sideree. Ma questa esigenza – questa gelosia – va ben oltre la persona di Galileo. Appartiene da subito a tutti i membri della Repubblica della Scienza. Ecco come Henry Oldenburg assicura Robert Boyle che, preoccupato, solleva il problema: le «Philosophical Transactions» avrebbero accuratamente registrato la priorità nelle scoperte scientifiche: «Io riconosco che quella gelosia di cui lei parla, e che riguarda i primi autori degli esperimenti, non è senza fondamento; perciò io mi offro di registrare tutti quegli esperimenti di cui lei, o qualsiasi altra persona, avrà piacere di comunicare la novità, con quella fedeltà alla quale, sia le relazioni, di cui mi onoro, con la Royal Society (che è fortemente interessata agli esperimenti), sia le mie personali inclinazioni fortemente mi obbligano» (citato in Feuer, 1969).

Il rendiconto scientifico pubblicato da riviste specializzate – grazie a una retorica precisa e controllata, alla regolarità e tempestività della pubblicazione, alla capillarità della diffusione – si afferma ben presto come il principale strumento di comunicazione da esperto a esperto. Assume nel tempo il crisma della ufficialità. Ma non è certo l'unico modo attraverso cui gli esperti comunicano tra loro.

Il libro resta uno mezzo privilegiato per trasmettere contenuti.

Gli epistolari continuano ad assolvere di primaria importanza: Galileo e Keplero, Cartesio e Mersenne, Newton e Bentley, Clarke e Leibniz si scambiano lettere autografe e personali dense di importanti contenuti scientifici.

E, all'interno delle Accademie, la comunicazione orale diventa il principale strumento informale di trasmissione e di valutazione critica delle informazioni.

6.1.2 Da scienziato esperto a scienziato non esperto

È la modalità di comunicazione che consente una diffusione interdisciplinare della conoscenza scientifica. Il fisico che comunica i risultati delle sue ricerche al medico o il botanico al chimico. Oggi diremmo è la modalità di comunicazione che consente di connettere diverse comunità scientifiche. Nel Seicento queste diverse (proto)comunità scientifiche si ritrovavano tutte nelle Accademie. Non deve quindi meravigliare il fatto che la prima rivista scientifica, le «Philosophical Transactions» della Royal Society, sia lo strumento per realizzare questa esigenza di diffusione del sapere scientifico[1]. E che, dopo aver ospitato testi in latino, le «Transactions» favoriscano la comunicazione attraverso lingue comuni: l'inglese, l'italiano, il francese, il tedesco, l'olandese. Nel tempo le riviste evolveranno e assumeranno un carattere specialistico, di strumento di comunicazione, per così dire, del «primo livello». Il giornale periodico scientifico, nato per diffondere il nuovo sapere tra i curiosi delle varie discipline, diventerà il luogo privilegiato d'incontro dei singoli «collegi invisibili», divenuti ormai comunità disciplinari. Sempre, nel corso della storia della scienza, gli strumenti di comunicazione si modificano, adattandosi alle nuove forme che gli scienziati adottano per organizzare il proprio lavoro e alle nuove, conseguenti esigenze comunicative. Talvolta succede che nuove forme di comunicazione favoriscano l'evoluzione del modo di lavorare degli scienziati.

6.1.3 Da scienziato a non scienziato

Due anni dopo aver pubblicato il *Sidereus Nuncius*, Galileo scrive il *Discorso intorno alle cose che stanno in su l'acqua* (1612). Inaugurando una lunga stagione di libri scritti esclusivamente in italiano[2] che, passando per l'*Istoria e dimostrazione intorno alle macchie solari e loro accidenti* (1613), la *Lettera a Castelli* (1613), la *Lettera a Cristina* (1615), il *Saggiatore* (1622), culmina con la pubblicazione nel febbraio 1632 a Firenze del *Dialogo sopra i due massimi sistemi del mondo, tolemaico e copernicano* – che giustamente è stato definito «capolavoro della letteratura scientifica d'ogni tempo e d'ogni paese» (Flora, 1996) – e con la pubblicazione a Leida nel 1638 dei *Discorsi intorno a due nuove scienze*, definito a sua volta il maggiore dei capolavori di Galileo. Questi libri rappresentano, ancora una volta, una novità. Non solo e non tanto perché con essi Galileo intende rivolgersi al grande pubblico, oltre che ai suoi pari, i filosofi naturali, esperti e non esperti. Ma anche e soprattutto perché, come abbiamo detto, nel perseguire questo suo obiettivo culturale e politico, o, se si vuole, di promozione delle sue idee, Galileo innova lo stile. Utilizza un linguaggio accessibile a tutti. Un linguaggio letterario, appunto.

Lo stile letterario di Galileo è multiforme. Nei suoi due libri più noti, oltre il *Sidereus Nuncius*, che sono il *Dialogo sopra i due massimi sistemi* e i *Discorsi e dimostrazioni matematiche intorno a due nuove scienze* utilizza un meccanismo di narrazione analogo: un personaggio che espone le opinioni correnti e un altro che le discute con grande intelligenza per dimostrarne l'infondatezza con argomenti scientifici (fatti e interpretazioni rigorose dei fatti).

Galileo non è il primo a scrivere intenzionalmente di scienza «per tutti». Già il matematico e fisico Simon Stevin, per esempio, aveva scritto il suo trattato di meccanica, *De Beghinselen der Weeghconst* (1586), in olandese per essere compreso da tutti. Stevin, noto anche come Simone di Bruges, era entusiasta della possibilità di comunicare scienza nel linguaggio comune dei Paesi Bassi. «I Greci sono le persone più intelligenti prodotte dalla Natura – scrive – ma loro non possedevano un buon strumento di comunicazione, qual è la lingua olandese, senza la quale nelle materie più profonde si può fare davvero poco, proprio come poco può fare nel suo lavoro un carpentiere senza strumenti ben temperati» (citato in Drake, 1970a). Galileo dirà che il Libro della Natura è scritto in lingua matematica, ma chiosa Stillman Drake: «Sembra che per Stevin il Libro della Natura sia scritto in olandese» (Drake, 1970a).

Insieme a Galileo, nel XVII secolo, altri scriveranno «per tutti» nella lingua locale. René Descartes, per esempio, usa il francese per proporre il suo *Discourse on Method* (1637) con esplicita intenzione. Se scrivo nella lingua della mia gente, il francese, e non nella lingua dei miei insegnanti, il latino, è perché – sostiene – spero che chi utilizza con onestà intellettuale la sua naturale intelligenza sia miglior giudice della mia visione del mondo rispetto a chi, leggendo in latino, crede soltanto in ciò che trova nelle antiche scritture (Descartes, 1637). Descartes, come Galileo, porta la discussione scientifica tra la gente e la sottrae agli iniziati. Riservandosi una piena flessibilità metodologica. Il *Discourse on Method* è certo un'esposizione popolare della filosofia di Cartesio. Tuttavia René Descartes torna al latino dei suoi insegnanti per scrivere, nel 1641, le sue *Meditationes de Prima Philosophia* e, nel 1644, i *Principia Philosophiae*.

La verità è che dopo il 1610 e per tutto il secolo XVII, solo Galileo, tra i grandi scienziati, scrive esclusivamente in italiano ed esclusivamente «per tutti». Ciò contribuisce non poco alla popolarità di Galileo. Una popolarità, peraltro, cercata.

Non c'è, nel Galileo che scrive in italiano, una finalità didattica. Lui non vuole insegnare la scienza. C'è una finalità culturale: vuole verificare e far verificare come le nuove conoscenze scientifiche rimodellino in profondità la visione del mondo o, se volete, rinnovino la filosofia (oh, quanto ci tiene Galileo a esser nominato a Firenze professore di filosofia naturale e non «semplice» professore di matematica!) e una parte della teologia. In altre parole, Galileo è convinto che ciò che succede nella Repubblica della Scienza non resti chiuso nell'ambito delle sue virtuali mura, ma «esca fuori». Immediatamente e, soprattutto, prepotentemente. Quella scientifica è una grande cultura e ha effetti enormi sulla società umana. Non solo e non tanto in termini tecnologici.

C'è anche – e piuttosto evidente – una finalità squisitamente propagandistica nella «comunicazione pubblica» di Galileo, cui abbiamo già accennato. Galileo è convinto che quanto più le sue idee saranno diffuse e quanto più egli stesso sarà famoso, tanto più avrà la possibilità di «convincere» la Chiesa di Roma a non contrastare la scienza o, quanto meno, a non esserle esplicitamente ostile. Galileo estende il foro della discussione a tutti non perché ritiene che i non esperti possano fornire un contributo scientifico rilevante, ma perché sa che il grande pubblico dei non esperti può creare un ambiente favorevole alla nuova scienza e può aiutare i potenti ad accettare le conseguenze filosofiche, teologiche e anche sociali connesse allo sviluppo delle conoscenze scientifiche. Il calcolo è sbagliato (il suo ardito progetto non riesce, non nella storia contingente almeno). La sua idea è pericolosa: ed egli stesso ne pagherà le conseguenze. Ma il mezzo scelto è decisamente fortunato. Galileo, infatti, dopo aver inventato, con il *Sidereus Nuncius*, il resoconto scientifico inventa, ancora una volta, un genere letterario nuovo: quello della comunicazione della scienza al grande pubblico dei non esperti.

Ancora una volta, Galileo ha piena e lucida consapevolezza di queste diversità strutturali. Nei libri «per tutti» egli ricerca da una lato il massimo della comunicabilità e dall'altro la trasmissione dei concetti importanti. Del nodo del contendere. Nei libri per gli esperti che riguardano i medesimi argomenti, egli ricerca il massimo del rigore e, quindi, il massimo della coerenza logico-formale. Le sue due ultime opere, i *Dialoghi sui massimi sistemi* e i *Discorsi sopra due nuove scienze* ne sono uno straordinario esempio. Nei *Dialoghi*, per recuperare comunicabilità, non esita a sacrificare il rigore, semplificando il modello copernicano e ignorando il tema kepleriano delle orbite ellittiche descritte dai pianeti. Molti suoi critici glielo imputeranno. Non rilevando che il libro è stato scritto «per tutti» con un fine che non è quello di dimostrare per via matematica precise proposizioni, ma quello di discutere, appunto, intorno ai massimi sistemi del mondo.

I *Discorsi* invece, giudicati il suo capolavoro scientifico – il più grande tra i suoi capolavori scientifici – sono indirizzati agli esperti. E lì Galileo fornisce la dimostrazione matematica rigorosa delle sue affermazioni.

La verità è che Galileo ha intuito che quello della comunicazione della scienza è un problema piuttosto complesso. Governato, come diremo più avanti, da una sorta di «principio di indeterminazione»: quando trasmetto un'informazione scientifica non posso avere, contemporaneamente, il massimo del rigore e il massimo della comunicabilità. Se aumento troppo il rigore formale del mio *nuncius*, perdo in comunicabilità: solo i possessori della logica formale mi comprendono. Se cerco di aumentare il tasso di comunicabilità, perdo necessariamente qualcosa in termini di rigore formale e, quindi, di precisione dei contenuti.

D'altra parte che il tema della propaganda sia ben vivo nella comunicazione del Seicento e, tra gli uomini della Repubblica della Scienza, non sia declinato solo da Galileo lo dimostra il fatto che, quando uno dei grandi allievi del fisico fiorentino, Vincenzio Viviani, scrive il *Racconto istorico della vita del Sig.r Galileo Galilei*, non esita a falsificare, sia pure di poco, la data di nascita del suo maestro, per farla coincidere con quella della morte di Michelangelo Buonarroti (Segre, 1993). Come a dire: quel giorno ci fu un passaggio di consegne tra grandi. Ma ci fu anche un passaggio «dello spirito rinnovatore» dall'arte alla *nuova scienza* (Garin, 1993). Insomma a Viviani preme curare quella che oggi chiamiamo «l'immagine» del suo maestro. E se questo implica un «ritocco» della storia, beh non è poi un gran danno.

E come altro definire, se non comunicazione pubblicitaria volta a convincere l'imperatore Rodolfo II, il proemio all'*Astronomia Nova* che Johannes Kepler redige nel 1606 e pubblica nel 1609?

> Conduco alla presenza di Vostra Maestà un prigioniero nobilissimo, catturato da me in una guerra difficile e laboriosa intrapresa sotto i Vostri auspici [...]. Questi è colui che aveva trionfato di tutte le invenzioni umane, irridendo a tutte le campagne degli astronomi, rendendo vane le loro armi, sconfiggendo le loro forze, e che per tutti i secoli addietro aveva custodito l'impenetrabile segreto del suo imperio, sottraendo il suo libero corso alle ricerche del nemico, sí che anche Plinio, il più celebre dei Latini, per quanto iniziato ai misteri della natura, dovette lamentare: «Marte è una stella inosservabile » [...].
> Il nemico, vedendomi deciso ad arrivare fino in fondo e non sentendosi più sicuro in nessun punto del suo regno, si rassegnò alla pace; e con l'intermediario di sua madre, la Natura, mi confessò la sua disfatta, e arrendendosi sulla parola passò poco dopo nel mio campo scortato dall'Aritmetica e dalla Geometria. Da allora non venne mai meno alla parola data [...]. Una sola cosa chiede a Vostra Maestà: tutta la sua famiglia è in cielo nelle regioni eteree (Giove è suo padre; Saturno suo nonno; Venere, sorella e amica, lenì già un tempo i legami che lo avvincevano; Mercurio, il fido messaggero, gli è fratello) ed ora egli sente la loro nostalgia, com'essi la sentono di lui, per la comunanza delle abitudini, e vorrebbe che anch'essi stessero insieme a lui a conversare tra gli uomini e fossero partecipi degli stessi onori che a lui vengono rivolti. Bisogna perciò continuare le operazioni: la guerra non offre più pericoli, poiché Marte è nelle nostre mani.

La verità è che tutti coloro che scrivono di storia nel Seicento sono più attenti ai problemi dell'immagine e della propaganda, che non al rigore documentale dei fatti. E ciò vale anche per gli uomini di scienza che, come Vincenzio Viviani, scrivono le prime opere di storia della scienza.

D'altra parte la «cura dell'immagine» è un'attività molto frequentata dagli scienziati del Seicento. E nessuno più di Galileo cura la propria immagine: «tanto da persuaderci che il primo ad aver lavorato consapevolmente alla costruzione del suo mito sia stato lui stesso, e non al termine della sua tormentata vita, ma molto tempo prima, durante la fase che [conduce] al riconoscimento unanime delle sue scoperte» (Bucciantini, 2003).

Ecco cosa scrive Galileo Galilei a Johannes Kepler il 19 agosto del 1610:

> Tu mi chiedi altri testimoni, carissimo Keplero. E io produco il Granduca di Toscana, il quale, avendo osservato spesso nei mesi scorsi i pianeti medicei a Pisa, mi fece dono, alla mia partenza, di più di mille pezzi d'oro, e ora mi richiama in patria con uno stipendio annuo pari a mille pezzi d'oro e con il titolo di Filosofo e Matematico di Sua Altezza, e inoltre senza alcun altro onere, perché io abbia tutto l'agio di perfezionare i miei scritti di meccanica, sulla costituzione dell'universo e sul moto locale sia naturale che violento, di cui ho dimostrato geometricamente numerose proprietà insospettate e mirabili (Galileo, 1610c).

Come dire, inutile chiedermi prove ulteriori. Il prezioso, sotto tutti i punti di vista, riconoscimento di un potente della Terra è lì a sancire al di là di ogni dubbio che il mio successo si è già consumato. Mi ha nominato Filosofo, il Granduca. Quindi tu, Johannes Kepler, non tentare neppure di confinarmi nel ruolo di semplice, ancorché geniale, osservatore. Io son filosofo. Perché ho «studiato più anni in filosofia, che mesi in matematica». Perché ho un progetto straordinario di filosofia naturale. Ma anche perché sono riconosciuto finalmente tale, pagato mille pezzi d'oro al mese solo per filosofare.

Forse Johannes Kepler s'indispettisce per questa malcelata autocelebrazione di Galileo. Sta di fatto che mai, per ammirandone la divina genialità, acconsentirà a chiamarlo filosofo. E si limiterà a nominarlo *Mathematicus Florentinus*.

L'attività di propaganda non si limita né a Galileo né all'Italia. L'accademia di Habert de Montmor in Francia si impegna nella propaganda della scienza almeno quanto si impegna nella promozione della ricerca (Westfall, 1999). Un aneddoto può chiarire cosa intendiamo. Quando nel 1658 Christiaan Huygens suggerisce che la forma di Saturno è determinata dal fatto che il pianeta è circondato da anelli di materia, de Montmor organizza la lettura dell'articolo del giovane astronomo come un vero e proprio evento pubblico, invitando nobili abati, docenti della Sorbona e, soprattutto, funzionari del governo. La conferenza risulta così affollata, che gli uomini di scienza riescono a stento a trovare un posto in ultima fila. E tutto questo per due motivi. Uno contingente: l'accademia di Montmor cerca l'aiuto dello stato per continuare la sua attività. L'altro del tutto generale: presentare al grande pubblico (potremmo dire all'opinione pubblica) la nuova concezione del mondo che viene scaturendo dagli sviluppi della scienza come un'alternativa percorribile. «Tale funzione è serbata in eterno nella discussione dei tre personaggi che si riuniscono nel *Dialogo* di Galileo, e le assemblee dell'accademia di Montmor suggeriscono dibattiti analoghi» (Westfall, 1999).

Nel Seicento nasce anche il libro divulgativo, esplicitamente rivolto al pubblico dei non esperti. Spesso rivolto alle signore, costrette ancora a stare in casa ma spesso confortate dalle buone letture. Marie Meurdrac pubblica nel 1666 un libro, poi tradotto in italiano col titolo *La Chimica caritatevole e facile in favor delle Dame*, che è il primo libro di chimica scritto da una donna per le donne. L'autrice ottiene gran successo, sostenendo che «la mente non ha sesso, e se le menti delle donne fossero educate come quelle degli uomini [...]. Esse eguaglierebbero le seconde» (citato in Castelfranchi, Pitrelli, 2007).

La più celebre opera divulgativa del Seicento è però *Entretiens sur la pluralité des mondes* (tradotto in italiano e pubblicati nel 1751 dall'aretino Michele Bellotti col titolo *Trattenimenti su' la pluralità de' mondi*) che Bernard de Fontenelle pubblica nel 1686, prima di diventare membro e segretario generale dell'Académie des Sciences. Nell'introduzione al libro Fontenelle ricorda come esista un pubblico consistente di lettori colti ma non esperti la cui voglia di conoscere deve trovare soddisfazione. Ed è compito degli scienziati soddisfare questo bisogni culturale. Non a caso, dunque, il libro è scritto nella forma di un dialogo in cui l'autore risponde alla curiosità scientifica di un'affascinante marchesa.

Il successo è tale che Fontanelle diventa un'icona stessa della scienza. In realtà Fontenelle non è il primo. È stato preceduto da altri. Per esempio dal teologo e matematico Bernard Lemy, che nel 1683 pubblica con un certo successo di pubblico i sui *Entretiens sur les sciences*, dove utilizzando il dialogo come strumento letterario, propone al grande pubblico dei non esperti un metodo didattico, di ispirazione cartesiana, per acculturarsi a tutto campo, nelle scienze naturali come nelle scienze umanistiche, attraverso la matematica.

Nei medesimi anni sempre in Francia vengono pubblicati a cura di Antoine Furotière un *Dictionnaire universel des arts et sciences* (1690) e, su commissione di Thomas Corneille dell'Académie Française, *Le Dictionnaire des arts et sciences* (1694). I titoli sono simili, ma i contenuti diversi. Il primo è un dizionario rivolto al grande pubblico dei non esperti. Il secondo è stato voluto esplicitamente dai *savants*, piuttosto scettici sia sui modi in cui viene informato il grande pubblico sia sulla utilità stessa di informarlo, per fornire un'informazione universale rigorosa e controllata a beneficio degli esperti. Come nota Paola Govoni, le due comunità degli esperti e dei non esperti, iniziano a percepire di essere diverse e di avere esigenze diverse (Govoni, 2002).

C'è, infine, l'invenzione del romanzo scientifico. Cos'è il *Somnium seu Astronomia Lunari* di Keplero se non l'espressione di un genere letterario nuovo che inizia a circolare nel 1611, in cui l'autore usa un'invenzione letteraria, un immaginario viaggio sulla luna, da un lato per indagare nel suo inconscio e dall'altro, come rileva Lewis Feuer, per «far conoscere il punto di vista della nuova astronomia» e sostenere che, vista dalla Luna, la Terra sarebbe apparsa come un qualsiasi pianeta che si muove intorno al Sole descrivendo un'orbita in modo analogo a qualsiasi altro pianeta?

Il genere letterario serve a Keplero non solo per raggiungere un pubblico più vasto degli esperti. Ma anche per camuffare la sua visione copernicana. Copernicano è, infatti, è il protagonista del *Somnium*, il giovane Duracotus, che può raggiungere la Luna grazie al magico mezzo di trasporto messogli a disposizione dalla madre Fioxhilda, descritta come collaboratrice del demonio.

Purtroppo lo stratagemma letterario dello scienziato si rivela incauto. Tutti riconoscono in Duracotus lo stesso Keplero e credono di riconoscere in Fioxhilda sua madre. L'opera letteraria del figlio Johannes contribuisce non poco a far trascinare la signora Kepler davanti a un tribunale, accusata di stregoneria.

6.1.4 Da scienziato a studente

Sebbene nasca fuori dall'università, la nuova cultura scientifica ha bisogno di essere trasmessa, con finalità didattiche, per addestrare gli scienziati di domani. Nel XVII secolo la didattica scientifica non è quasi mai istituzionale. Tuttavia si formano delle scuole, sia pure spesso in senso molto lato. Galileo stesso avrà una «sua» scuola. Nel senso che avrà dei collaboratori e dei discepoli che continueranno il suo lavoro. Da Castelli a Viviani a Torricelli, gli scienziati della «scuola galileana» saranno molti, bravi e famosi (Segre, 1993). Tuttavia occorrerà che passi un certo tempo perché la trasmissione delle conoscenze scientifiche «da professore a studente» venga istituzionalizzata e nascano dei manuali per l'insegnamento della scienza, benché l'*Epitome Astronomiae Copernicanae* scritto da Keplero tra il 1617 e il 1621 possa essere considerato un testo didattico (Stafleu, 1987).

6.1.5 Da scienziato a scienziato, in polemica

Il *Sidereus Nuncius* non ha fatto in tempo a uscire, che già a Bologna – pare su ispirazione nascosta di Giovanni Antonio Mangini, vincitore nel 1588 proprio a scapito del fisico fiorentino della cattedra di matematica presso lo Studio della città emiliana – il giovane tedesco Martin Horky da Lochovic pubblica a proprie spese, a Modena, una *Brevissima peregrinatio contra Nuncium Sidereum*, un libello di aperta polemica in cui si afferma che Galileo ha scambiato per astri rotanti intorno al pianeta Giove delle semplici macchioline sull'obiettivo del suo *perspicillum*. La polemica tra esperti, aperta e pubblica, è un genere letterario tuttora molto frequentato dalla comunità scientifica. Ma nel Seicento è particolarmente viva e tenuta in grande considerazione: Galileo si reca personalmente a Bologna, cannocchiale alla mano, per cercare di convincere Mangini e lo stesso Horky. La polemica contribuisce non poco ad approfondire il dibattito scientifico, a creare le premesse di quella che poi sarà chiamata *peer review*, ma anche a drammatizzare lo scontro. In qualche modo a spettacolarizzarlo e a renderlo, quindi, oggetto di attenzione anche per i non esperti. Insomma, la polemica scientifica entra a pieno titolo nella cultura di massa inaugurata nel Seicento. E il suo esito, proprio come succede oggi, può trascinare il perdente alla gogna. E in quel secolo, diversamente da oggi, la gogna non è sempre virtuale.

In questo caso il perdente è lo sprovveduto Horky. Non solo perché il suo antico mentore, Johannes Kepler, lo smentisce immediatamente e senza remore si schiera con Galileo. Ma anche perché lo abbandona lo stesso Antonio Mangini.

Possiamo dire che Horky utilizza male il genere della polemica, ma certo non possiamo dire che sia l'unico a praticarlo. Come nota Fernando Flora, riferendosi a Galileo: «quasi tutti i suoi scritti sono polemici e talvolta aspri, sino ingiuriosi, e non certo tali, mai, da blandire l'avversario». E in questi scritti polemici Galileo è «di volta in volta insofferente, ironico, sarcastico, beffardo» (Flora, 1996).

Talvolta la polemica assume i caratteri della sfida pubblica. Della spettacolarizzazione (che è insieme carattere ed esigenza di una società di massa, qual è quella barocca) del conflitto. Nel corso della quale non si esita a sferrare anche colpi proibiti. Nel 1696, per esempio, il matematico svizzero Jacques Bernoulli sfida i colleghi di tutta Europa a risolvere il problema delle figure isoperimetriche e – come usa ancor oggi – offre un premio a chi ne dovesse trovare la soluzione. Molti sono i tentativi. Nessun consegue il risultato. Anche se numerosissimi sono i falsi annunci. Lo stesso fratello di Jacques, Jean Bernoulli, inventore del calcolo esponenziale, proclama di avere la soluzione in tasca. Si sbaglia, ma non vuole riconoscerlo. I due fratelli e illustri matematici altercano in pubblico, per usare un'espressione di Lewis Feuer. E Jean non esita a pubblicare come sua la soluzione «vera» di Jacques, dopo che il fratello è morto.

La gelosia sfocia, spesso, in aperta polemica. Due tra i grandissimi protagonisti della rivoluzione scientifica del Seicento, Isaac Newton e Gottfried Leibniz, non esitano a litigare in pubblico per rivendicare la priorità nella scoperta del calcolo infinitesimale.

Richiamare alla mente la nota vicenda del contenzioso tra Newton e Leibniz può essere interessante ai nostri fini, perché mostra in modo chiaro quale sia il ruolo della comunicazione nella neonata Repubblica della Scienza.

Isaac Newton inizia a condurre le sue ricerche sul calcolo infinitesimale intorno al 1665. Ma non pubblica nulla prima del 1687. In questi venti anni e più mostra alcuni dei risultati ottenuti solo agli amici. Nel 1669, in particolare, consegna una monografia, *De analisi*, al suo maestro, Isaac Barrow. Il quale la fa pervenire al segretario della Royal Society, John Collins.

Nel 1672 un giovane diplomatico tedesco, Gottfried Leibniz di Lipsia, si sposta a Parigi dove resterà fino al 1676, avendo modo di fare un salto a Londra (1673). Nella capitale francese Leibniz è introdotto alla geometria superiore, all'algebra e alla «nuova analisi» da Christiaan Huygens. In breve il giovane legge le opere dei grandi matematici del Seicento: Descartes, Torricelli, Roberval, Pascal, Wallis, Barrow. E subito va oltre. «Sono rimasti i suoi manoscritti del periodo parigino: è veramente entusiasmante vedere come da una lettura passiva, di "studio", egli sia passato a una fase "attiva", a una fase creativa» (Guicciardini, 1998). Insomma, in poco tempo Leibniz arriva alla formulazione del «calcolo differenziale e sommatorio», che sarà poi chiamato «calcolo differenziale e integrale».

Tornato in patria, Leibniz fonda una rivista, gli *Acta eruditorum* per favorire la diffusione del sapere tra i dotti di tutta Europa. Leibniz persegue l'idea dell'unità politica e religiosa del continente. Sugli *Acta*, a partire dal 1684, inizia a pubblicare regole e applicazioni del calcolo differenziale.

Alla metà degli anni '80, dunque, abbiamo due persone che pubblicano risultati molto simili rivendicando una scoperta che sia i matematici sia i fisici considerano, a ragione, di straordinaria importanza. Chi è arrivato prima a questa scoperta? La polemica si accende, anche se a scoppio ritardato. Nel 1699 un allievo di Newton, Nicolas Fatio de Duillier, accusa Leibniz di plagio. L'accusa viene reiterata poco dopo da un altro allievo di Newton, John Keill, che nel 1710 la rende pubblica addirittura sulle pagine delle «Philosophical Transactions».

Oggi sappiamo che l'accusa è infondata (Kline, 1996). Sebbene Newton avesse lavorato al calcolo infinitesimale e avesse ottenuto i risultati decisivi prima di Leibniz, è certo che il filosofo e matematico tedesco è giunto «da solo» a soluzioni sostanzialmente analoghe. Insomma, come si direbbe oggi, Newton e Leibniz hanno realizzato la medesima scoperta «indipendentemente l'uno dall'altro». Ed entrambi, nell'arco addirittura di un ventennio, hanno mostrato la medesima ritrosia a pubblicare.

Entrambi nella polemica utilizzano colpi bassi (Arnol'd, 1996). Leibniz pubblica nel 1710 sugli *Acta Eruditorum*, in maniera anonima, una lettera del suo discepolo Johann Bernoulli di duro attacco a Newton. E sì che Bernoulli è diventato membro della Royal Society grazie proprio a Newton. Il matematico elvetico è piuttosto maldestro anche nella ricerca dell'anonimato: Newton, infatti, lo riconosce e, piccato, reagisce pubblicando in capo a un anno la risposta alla «lettera di Bernoulli». Lo svizzero, vistosi scoperto, accusa (ingiustamente) Leibniz di aver rivelato il segreto. Leibniz, a sua volta, scrive una lettera alla principessa Carolina, moglie del principe di Galles, esortandola a non credere «a quel miscredente di Newton» e di non consentirgli di turbare la sua «ingenua fede germanica».

Il colpo è davvero basso. L'accusa di ateismo potrebbe costare a Newton la direzione della Zecca di stato. Ma la reazione di Newton, ancora una volta, non è da meno. Nel 1713 il grande fisico inglese si dà da fare per allestire una commissione che faccia luce sulla disputa e assegni la giusta paternità al calcolo differenziale. Ma la commissione è solo formalmente indipendente. In realtà è pesantemente influenzata dallo stesso Newton. E, infatti, i risultati dell'indagine risultano tutti a favore del fisico inglese. Per di più, nel 1715, Newton recensisce, in forma anonima e largamente favorevole, il lavoro della commissione sulle «Philosophical Transactions».

Insomma ha ragione Vladimir Arnol'd: la vicenda che coinvolge due tra i grandi geni del Seicento, è piuttosto squallida. Tuttavia il fatto importante non risiede tanto nella natura, a tratti piuttosto povera, della polemica tra Newton e Leibniz. Ma nel fatto che essa divide in due «la Repubblica dei matematici». Quelli inglesi tutti schierati con Newton. Quelli del continente, a partire da Bernoulli, tutti a favore di Leibniz. Lo scontro assume ben presto toni asperrimi (Johann Bernoulli si spinge fino alle invettive contro tutti gli Inglesi) e il risultato è che i matematici inglesi e continentali cessano di scambiarsi idee tra loro. Cessano di comunicare.

Pregiudicando non poco, almeno in Inghilterra, lo sviluppo della matematica. Per almeno un secolo, infatti, i matematici inglesi usano il metodo di calcolo infinitesimale proposto da Newton nei *Principia*, fondato sulla geometria. I continentali, invece, seguono il metodo analitico di Leibniz, che risulta molto più efficiente. Come scrive Morris Kline, il risultato è non solo e non tanto che «gli Inglesi si [trovano] ben presto distanziati» rispetto ai colleghi continentali, ma anche e soprattutto che tutta la «matematica [è] privata dei contributi che le sarebbero potuti venire da alcuni degli ingegni più acuti» che hanno la ventura di vivere nell'isola britannica (Kline, 1996).

6.1.6 Da non scienziato a non scienziato

Marinus Dirk Stafleu non la cita tra le principali modalità di comunicazione della *nuova scienza* (Stafleu, 1987). E, in realtà, è da molti considerata, ancora oggi, con un certo disprezzo e pressoché ininfluente per l'effettivo progresso delle conoscenze. Tuttavia è nostra opinione che, fin dal XVII secolo, esista un'altra modalità di comunicazione della scienza: quella da «non scienziato a non scienziato». E che questa modalità, sebbene sia largamente inefficace nella trasmissione dei dettagli, sia estremamente potente nella comunicazione dei concetti fondamentali della *nuova scienza* e dell'immagine del mondo «ricostruita» incessantemente dalle nuove conoscenze scientifiche.

In qualche modo, abbiamo già dimostrato che questa modalità di comunicazione esiste fin dalla nascita della *nuova scienza*. Cos'è, se non comunicazione della scienza da «non scienziato a non scienziato» quella che propongono i poeti che cantano o denigrano le imprese di Galileo, appena dopo il *Sidereus Nuncius*? Cos'è se non comunicazione della scienza quella che propongono pittori e uomini di teatro, architetti e letterati?

Il rapporto tra arte (letteratura compresa) e scienza è stato spesso al centro di attenzione e di analisi. A lungo molti hanno considerato queste due dimensioni della cultura umana addirittura incommensurabili. L'una, la scienza, essendo la dimensione in cui una collettività si muove per ricercare le regolarità della natura e produce una conoscenza senza tempo; l'altra, l'arte, essendo la dimensione in cui singoli individui si muovono per ricercare eccezioni, limiti, differenze nell'ambito di una conoscenza della natura fondata sulla storia. In questa visione l'arte risulta in costante dialogo con la sua tradizione, mentre la scienza è del tutto indifferente alla sua costruzione storica ed è interessata solo e unicamente ai suoi prodotti finali. Questa visione ha così spesso trionfato, da spingere Charles Percy Snow a denunciare l'autentica frattura che si sarebbe creata nel XX secolo tra «le due culture» (Snow, 1964).

In realtà questa visione è stata completamente screditata da un'intera generazione di storici, di filosofi e di critici (Antonello, Gilson, 2004). Katherine Hayles, per esempio, sostiene che la letteratura (e, per estensione, l'arte) sono entrambi prodotti culturali e ciascuna esprime e contribuisce a creare la matrice culturale da cui emergono (Hayles, 1991). Anche la scienza, come abbiamo detto, emerge da una matrice culturale complessa. E le stesse rivoluzioni scientifiche non si creano *ex nihilo*, né nascono solo nel chiuso dei laboratori, ma sono il frutto di un complesso riorientamento metaforico, o se si vuole, di un nuovo modo di vedere e pensare il mondo, che investe l'intera società e che comporta la rottura di equilibri consolidati in campo ideologico, estetico e culturale in senso lato. In sintesi, potremmo dire che le rivoluzioni scientifiche sono aiutate da una rimodellamento dell'immaginario culturale e, a loro volta, contribuiscono a rimodellare l'immaginario culturale.

In particolare, arte e scienza contribuiscono a creare nuove matrici culturali scambiandosi non solo parole, immagini, metafore, concetti, ma anche quei veri e propri strumenti epistemologici, che Holton chiama *themata*, e che contribuiscono sia al modo con cui tutti, artisti e scienziati, raccontano le loro rispettive storie, sia al modo con cui tutti noi formiamo il nostro immaginario scientifico, sia alla forma che usiamo per renderlo esplicito. Durante le rivoluzioni scientifiche o, se si vuole, i cambi di paradigma, «gli artisti sono più facilmente investiti dalla potenza delle analogie e delle metafore contenute nelle grandi teorie» (Antonello, Gilson, 2004).

Il processo co-evolutivo non riguarda solo la scienza e l'arte, ma, pur con modalità diverse, la scienza e tutte le altre forme della cultura umana. Per questo la comunicazione di contenuti scientifici da non esperto a non esperto, lungi dall'essere ininfluente, costituisce la matrice fluida entro cui si svolge l'attività scientifica. Talvolta la densità del fluido è bassa e le mura della «torre d'avorio» in cui agisce comunità scientifica ben sigillate, cosicché l'influenza è minima (ma non assente). Talaltra – come nel Seicento e come, poi, nella seconda parte del Novecento – la densità del fluido è piuttosto alta e le mura di protezione della comunità scientifica piuttosto aperte. Allora l'influenza sulla scienza di ciò che avviene nel mondo fuori dalla «torre d'avorio» diventa chiara e rilevante.

6.2 Il Modello Venezia

Venezia ha un ruolo davvero speciale nella nostra storia. Venezia è, infatti, la città dove, tra il 1465 e il 1600, vengono stampati la metà di tutti i libri pubblicati in Italia. Nella Repubblica di Venezia la stampa gode di inusitata libertà. E per rispettare questa libertà le autorità lagunari non esitano a sfidare le ire e persino gli interdetti del Papa di Roma.

È da Venezia che, il 12 marzo 1610, Galileo Galilei lancia il suo *Sidereus Nuncius*. Una data che, con un pizzico di arbitrio ma in maniera non del tutto infondata, abbiamo proposto come data di nascita della nuova scienza.

È a Venezia, con questo annuncio sidereo, che Galileo dà corpo alla sua pericolosa idea e inizia a spostare il foro competente per il discorso scientifico dalle università e dalla sacrestie al grande pubblico.

È, dunque, a Venezia che nasce, nella forma e nello spirito, la comunicazione scientifica moderna. Gelosa della propria autonomia. Costituita da rendiconti che riassumono fenomeni fino al momento della pubblicazione ignoti, esposti con prosa incisiva, agile nel ragionamento ed economica nell'argomentazione. E rivolta non a caste intellettuali chiuse, clericali o laiche che siano. E neppure, solamente, a comunità di esperti. Ma, democraticamente, a tutti.

Ed è quindi a Venezia che vogliamo dedicare una sintesi interpretativa della nostra ricostruzione. Una sintesi che è provvisoria – perché necessita di ulteriori approfondimenti – ma che è anche (lo speriamo, almeno) provocatoria. Una sintesi che parte dal XVII secolo, ma affaccia prepotentemente sull'oggi.

Questa sintesi interpretativa si poggia su quattro argomenti che sono (devono essere) oggetto di ulteriori verifiche, ma che, tuttavia, ci sembrano corroborati da prove di fatto sufficienti per proporli come ipotesi scientifiche:

- Siamo entrati, a partire dalla seconda metà del XX secolo, in una nuova era dell'organizzazione del lavoro degli uomini di scienza: un'era che è stata definita post-accademica (Ziman, 2002). Questa era è caratterizzata dal fatto che «decisioni rilevanti» per lo sviluppo della conoscenza scientifica vengono prese sempre più dalla comunità scientifica (dalle comunità scientifiche) in compartecipazione con una serie variegata e variabile di altri gruppi sociali[3].
- Questa nuova era del modo di lavorare degli scienziati ha comportato una ridefinizione del ruolo che la comunicazione della scienza ai pubblici di non esperti (d'ora in poi la chiameremo per semplicità comunicazione pubblica della scienza) ha per lo sviluppo della scienza stessa, oltre che per la crescita culturale e civile della società nel suo complesso. L'ipotesi, dunque, è che nell'era post-accademica, la comunicazione pubblica della scienza assume un «ruolo rilevante» per lo sviluppo della scienza stessa (Greco, 1999).
- Il sistema di comunicazione della scienza, interno alle comunità scientifiche e pubblico, è un sistema dinamico, formato da flussi che si svolgono in mille diversi canali significativi (o, se si vuole, in mille «flussi rilevanti») di comunicazione bidirezionale non solo tra scienziati esperti, ma tra una costellazione di gruppi sociali diversi chiamati, a loro volta, ad assumere, in compartecipazione, decisioni rilevanti per lo sviluppo della scienza.
- I punti 1, 2, e 3 – che costituiscono una novità del processo di comunicazione rilevante della scienza nell'era dei rapporti post-accademici tra scienza e società rispetto a un'era precedente (che definiremo, con John Ziman, accademica e che riguarda un arco temporale dei rapporti tra scienza e società che copre essenzialmente l'Ottocento e la prima parte del Novecento) – sono tutti presenti nel Seicento.

L'insieme di queste quattro ipotesi definisce due tesi piuttosto forti:

- C'è oggi una nuova comunicazione rilevante nell'era post-accademica della scienza, che va studiata (e praticata) con strumenti nuovi. Chiamiamo «modello Venezia» lo strumento di analisi che ci sembra più pertinente per questo studio.

- Il «modello Venezia» è applicabile con poche modifiche sostanziali al Seicento: mentre non è significativamente applicabile all'Ottocento e alla prima parte del Novecento. Perché nel secondo Novecento e nel Seicento la Repubblica della Scienza non è protetta da alte mura e si registra una profonda interpenetrazione tra scienza e società, mentre in altri periodi storici (segnatamente nell'Ottocento e nella prima parte del Novecento) intorno alla Repubblica della Scienza si ergono mura alte e difficilmente penetrabili: scienza e società sono largamente separate. Ne consegue che lo studio del sistema di comunicazione della scienza in Europa nel XVII secolo ha molto da insegnarci nell'analisi del sistema di comunicazione della scienza nel mondo di oggi.

L'idea con cui vogliamo chiudere questo libro nella speranza di avviare una discussione è, dunque, questa: la comunicazione rilevante della scienza – ovvero la comunicazione che ha effetti rilevanti e rilevabili sia sullo sviluppo della scienza sia sullo sviluppo della società – è tornata sui suoi passi. Nella seconda parte del XX secolo e in questi primi anni del XXI, il sistema di comunicazione rilevante della scienza ha ripreso molti dei caratteri essenziali che possedeva nel XVII secolo.

Ma, prima di addentrarci nella descrizione del «modello Venezia» di comunicazione della scienza occorre definire, con maggior rigore, cosa intendiamo per comunicazione della scienza; cosa intendiamo per era pre-accademica, era accademica ed era post-accademica della scienza; e, in primo luogo, cosa intendiamo per scienza.

6.2.1 Cos'è la scienza?

Ci sono almeno quattro modi per guardare a quell'«insieme di conoscenze ordinate e coerenti, organizzate logicamente a partire da principî fissati univocamente e ottenute con metodologie rigorose, secondo criteri propri delle diverse epoche storiche» che chiamiamo scienza (Ziman, 1987). C'è il modo del filosofo, che guarda ai processi logici e metodologici attraverso cui le conoscenze scientifiche si sviluppano e si organizzano. C'è il modo dello storico, che guarda alla successione dei processi attraverso cui le conoscenze scientifiche si sono organizzate e sviluppate nel tempo. C'è il modo dello psicologo, che guarda ai processi mentali con cui i singoli scienziati producono nuova conoscenza scientifica. E c'è, infine, il modo del sociologo, che guarda ai processi sociali con cui gli scienziati, come comunità, producono e organizzano le loro conoscenze.

È quest'ultima prospettiva la più interessante ai nostri fini. Perché se la comunicazione della scienza è un aspetto di grande interesse per il filosofo, per lo storico e per lo psicologo della scienza, è solo nella prospettiva del sociologo che essa assume una centralità assoluta. Infatti, da un punto di vista sociologico la scienza può essere definita come: «un'istituzione sociale dedita alla costruzione di un consenso razionale d'opinione sul più vasto campo possibile» (Ziman, 1987).

E, in effetti, ogni processo scientifico può essere schematizzato in due soli stadi fondamentali. Il primo è uno stadio per così dire privato: riguarda lo scienziato che osserva la natura. Per esempio, Galileo che tra l'autunno del 1609 e l'inverno del 1610 da solo nella sua casa di Padova punta il cannocchiale verso il cielo e si imbatte in spettacoli «grandi invero [...] grandi, dico, sia per l'eccellenza della materia per se stessa, sia per la novità loro non mai udita in tutti i tempi trascorsi, sia anche per lo strumento, in virtù del quale quelle cose medesime si sono rese manifeste al senso nostro».

Il secondo è uno stadio pubblico: riguarda lo scienziato che comunica i risultati delle sue interrogazioni. Galileo che il 12 marzo 1610 pubblica il *Sidereus Nuncius* e «apre, ed espone allo sguardo d'ognuno e in special modo di filosofi e astronomi» quegli spettacoli «grandi invero».

Questi due stadi possono avere forme diverse e anche piuttosto articolate. Si può osservare la natura senza interferire con essa, come fa Galileo col suo nuovo occhiale; oppure la si può «interrogare» con esperimenti controllati, come fa lo stesso Galileo studiando il moto delle biglie lungo un piano inclinato o, insieme a papà Vincenzio, studiando l'acustica delle corde in laboratorio; o infine si possono ricavare le leggi che governano il cosmo mediante strumenti logico-matematici, come fa Johannes Kepler quando propone le sue tre leggi sul movimento dei pianeti.

Analogamente, si possono comunicare i risultati di queste differenti «interrogazioni» della natura in diverse forme: con un rendiconto chiaro e preciso come il *Sidereus* o con un oscuro anagramma, come quello elaborato da Galileo per annunciare via lettera a Kepler che «altissimum pianetam tergeminum observavi»; con un'equazione matematica o con il verso di una poesia. E si possono comunicare i risultati delle osservazioni con diversi mezzi: con la parola (in un'aula universitaria o a tavola), con gli scritti (con un libro, un articolo, una lettera), con immagini realistiche (come quelle della faccia visibile della Luna proposte da Galileo nel *Sidereus*), con immagini stilizzate (come quelle delle lune di Giove proposte dal medesimo Galileo nel medesimo annuncio) o con grafici e diagrammi (come sarà possibile fare dopo che Descartes ha sviluppato i suoi studi di geometria analitica).

Ebbene: non è possibile fare scienza se non passando attraverso il processo che prevede entrambi gli stadi: quello privato della osservazione e quello pubblico della comunicazione. In altri termini, non esiste scienza senza comunicazione.

Come scrive ancora John Ziman: «Il principio basilare della scienza è che i risultati della ricerca devono essere resi *pubblici*. Qualsiasi cosa gli scienziati pensino o dicano individualmente, le loro scoperte non possono essere considerate come appartenenti alla conoscenza scientifica finché non sono state riferite e registrate in modo permanente» (Ziman, 1987).

Non è dunque un caso che la scienza moderna sia nata dopo l'invenzione della stampa e, quindi, dopo che si è creata la possibilità tecnica di una comunicazione pubblica e rapida, che consente di riferire, registrare e discutere i risultati dell'osservazione della natura. Avrebbero avuto lo stesso dirompente impatto, scientifico e culturale, le prime osservazioni del cielo col cannocchiale nel 1609, se Galileo Galilei non le avesse rese pubbliche immediatamente mandando alle stampe e facendo circolare il suo *Sidereus Nuncius*? La domanda è del tutto retorica. Senza la rapida pubblicazione e diffusione in tutta Europa di quel libro, sia pure stampato in poche centinaia di copie, le rugosità della Luna e la scoperta delle lune di Giove e di un cielo popolato di molte più stelle di quelle visibili a occhio nudo non avrebbero superato il muro dell'attenzione, non sarebbero state immediatamente ripetute e sarebbero affondate nell'oceano delle lente e dotte discussioni scolastiche. Ammettiamo che avessero ragione Adolf Müller e Baldassarre Capra e che sia stato Simon Mayr a puntare tra il 1609 e il 1610 per primo il cannocchiale al cielo (Festa, 2007). Ammettiamo che abbia ragione Allan Chapman e che sia stato invece l'inglese Thomas Harriot a puntare un cannocchiale contro il cielo e a redigere, tre mesi prima di Galileo, una mappa (molto rudimentale, peraltro) della Luna (Chapman, 2009). Ma non avendo né il tedesco Mayr né l'inglese Harriot rese pubbliche le loro osservazioni, il loro gesto privato non ha avuto effetti rilevanti sulla scienza. Anzi, non è diventato scienza. La priorità scientifica delle scoperte astronomiche col cannocchiale appartiene a Galileo non solo perché lui ha visto cose mai viste prima, ma perché ha pubblicato cose mai pubblicate prima. È questo combinato disposto che trasforma in «scienza» l'azione di Galileo e lascia nel limbo delle osservazioni private quelle di Mayr o di Harriot.

Detta in altri termini e generalizzando: non c'è scienza se non c'è (reale) comunicazione pubblica della scienza.

Come abbiamo visto, nel Seicento si forma una comunità scientifica, perché i filosofi naturali iniziano in maniera sistematica ad avere relazioni tra loro – a sentirsi comunità – attraverso un complesso e variegato sistema di comunicazione.

È la comunicazione che fa la comunità scientifica. Ha dunque ragione, ancora una volta, John Ziman: «il sistema di comunicazione è l'istituzione sociale fondamentale della scienza» (Ziman, 1987).

Ma, in cosa consiste esattamente il sistema di comunicazione?

6.2.2 Cos'è la comunicazione della scienza?

Il sistema di comunicazione è sia il collante che tiene insieme i membri della Repubblica della Scienza sia il motore che conferisce una forte dinamica al processo di osservazione della natura, contribuendo all'evoluzione della scienza. Tuttavia è esso stesso un sistema in evoluzione. Che si modifica nel tempo.

Ai tempi di Galileo, cioè agli inizi del XVII secolo e di quella che abbiamo definito scienza moderna, la comunicazione dei risultati scientifici era abbastanza informale: affidata ai libri, oltre che, in parte niente affatto banale, agli epistolari e alla pubbliche discussioni.

Ma poi, a partire dalla fine del XVII secolo, la comunicazione della scienza si è andata sempre più formalizzando. Tanto che oggi possiamo distinguere almeno due diverse modalità formali nel modo in cui gli scienziati comunicano tra loro: la *letteratura primaria* e la *letteratura secondaria*.

La *letteratura primaria* è l'insieme di articoli, saggi, documenti che danno notizia di risultati originali dell'attività di ricerca. Il *medium* utilizzato per questo tipo di comunicazione è, essenzialmente, la rivista scientifica (anche se la modalità del libro non è affatto scomparsa). L'accesso alla pubblicazione sulle riviste scientifiche è definito da un processo piuttosto rigoroso. Nelle forme (lunghezza definita degli articoli, uso di una particolare retorica, precisi riferimenti alla conoscenza scientifica già acquisita) e nei contenuti (Ziman, 1987). Gli articoli vengono preventivamente vagliati da uno o più colleghi esperti e anonimi. Questo sistema della revisione a opera di colleghi, chiamata *peer review*, assicura (tende ad assicurare) che i risultati pubblicati siano davvero originali, siano stati conseguiti con procedure corrette e siano significativi.

La *letteratura secondaria* è invece formata da un insieme di saggi riassuntivi (le cosiddette *review*), di recensioni, di raccolta dati, di bibliografie che non danno notizia di risultati originali, ma organizzano e razionalizzano le conoscenze acquisite.

Insieme, la *letteratura primaria* e la *letteratura secondaria*, formano il grande *archivio formale* della scienza, in cui è raccolta e catalogata l'intera conoscenza scientifica. Questa biblioteca virtuale, ancorché delocalizzata nello spazio e nel tempo, è di estrema importanza. Potremmo infatti dire, parafrasando Pierre-Simon de Laplace, che un'intelligenza che, in un dato istante, conoscesse l'intero archivio della comunicazione formale della scienza, sarebbe in possesso dell'intera conoscenza scientifica prodotta dall'uomo fino a quell'istante. E nulla della scienza umana le sarebbe ignoto.

È nel Seicento che, come abbiamo visto, nasce la struttura dell'archivio pubblico che ancora oggi costituisce l'istituzione sociale primaria della scienza.

Ma è davvero tutta raccolta nel grande archivio della letteratura primaria e secondaria la comunicazione rilevante della scienza?

Gli scienziati non comunicano tra loro solo in maniera formale, attraverso un libro o un articolo scientifico. Utilizzano anche modalità informali, anche le lettere e, oggi, le e-mail. Galileo ha scritto migliaia di lettere. E Mersenne aveva un epistolario ancora più fitto. Molte hanno avuto un ruolo rilevante per lo sviluppo della scienza. Oggi gli scienziati non utilizzano più la vecchia lettere, ma ciascuno ogni anno scrive centinaia se non migliaia di messaggi trasmettendoli per via elettronica. La possibilità di scrivere tanto e di far giungere i messaggi praticamente in tempo reale sta modificando il modo stesso di lavorare nella Repubblica della Scienza.

Ma gli scienziati non comunicano tra loro solo per iscritto. Comunicano tra loro anche per via orale. Come abbiamo detto, dopo aver pubblicato il *Sidereus*, Galileo va a Roma per comunicare ufficialmente e di persona, per via orale, con Clavio e con gli altri esperti del Collegio romano. A Roma per Galileo i gesuiti del Collegio romano organizzano quello che oggi chiameremmo un seminario o un congresso o un workshop.

Naturalmente prima e dopo le comunicazioni orali formali sono stati infiniti – ma culturalmente non meno produttivi – gli scambi di opinione, i convenevoli, le limature, le semplici chiacchiere che Galileo e Clavio e gli altri gesuiti esperti del Collegio romano hanno avuto a margine della conferenza formale. E certo queste «chiacchiere», di cui non è restata traccia documentale, hanno avuto certo un qualche peso non banale nella storia dei rapporti tra Galileo, il Collegio romano e la Chiesa di Roma.

Oggi queste discussioni tra esperti continuano ad avvenire, anche se non sempre in sale maestose come quelle del Collegio romano, ma più modestamente in un ufficio, in un laboratorio o al bar.

È dunque evidente che la comunicazione rilevante (quella che incide direttamente sullo sviluppo) della scienza non si esaurisce nella comunicazione formale scritta, ma si articola anche nella comunicazione formale orale (congressi, conferenze) e nella comunicazione informale, scritta e orale (Tab. 6.2).

Tutte queste forme di comunicazione interna alle comunità scientifiche sono state «inventate» nel Seicento. Oggi, tuttavia, abbiamo nuovi mezzi di comunicazione rispetto al Seicento. Abbiamo la radio, la televisione e soprattutto, come abbiamo già detto, abbiamo il web. Alle forme classiche di comunicazione rilevante della scienza, oggi dovremmo aggiungere le forme nuove rese possibili dallo sviluppo soprattutto dei mezzi di comunicazione a distanza in tempo (quasi) reale. In particolare la comunicazione elettronica, attraverso la rete mondiale di computer.

Internet non è solo un nuovo *medium*, un nuovo strumento, di trasferimento di informazioni, ma è un mezzo che determina nuove qualità aggiuntive di comunicazione della scienza. Rende, per esempio, possibile l'esistenza di gruppi di ricerca internazionali, coi membri del gruppo che restano nelle loro sedi fisiche e si scambiano le informazioni necessarie al prosieguo della ricerca attraverso la rete in tempo reale.

Sul web, d'altra parte, vengono pubblicate nuove riviste scientifiche. E se per alcune il processo di *peer review* adottato è sostanzialmente identico a quello delle gemelle su carta inventate nel Seicento (con tempi però notevolmente ridotti), i costi di queste riviste sono così bassi da rendere più accessibile – rispetto a un recente passato – l'informazione scientifica. Accessibile anche a quegli scienziati che, lavorando in paesi e istituti con scarse risorse a disposizione (si pensi agli scienziati che lavorano nei Paesi in via di sviluppo), non possono accedere alle riviste su carta dai costosi e, talvolta, costosissimi abbonamenti. Insomma, gli *e-journal*, come vengono chiamate in gergo le riviste elettroniche, sono un potente fattore di democrazia dell'informazione scientifica.

Sul web, però, ha preso forma, almeno in alcuni ambiti disciplinari, un'altra tipologia di comunicazione tra scienziati, quella dei cosiddetti *open archives*, in cui la comunicazione dei risultati scientifici è diretta, non è mediata da *refe-*

Tab. 6.2 – La comunicazione rilevante della scienza

	Comunicazione formale	Comunicazione informale
Scritta	Letteratura primaria e secondaria	Lettere, quaderni di laboratorio
Orale	Seminari, congressi, conferenze	Discussioni in laboratorio o «al bar»

rees anonimi e la *peer review* è realizzata da tutti i lettori – in pratica l'intera comunità scientifica – in maniera esplicita.

Per tutte queste ragioni, e altre ancora, la rete informatica rappresenta, dunque, una novità evolutiva nella storia della comunicazione della scienza. Da tenere in debito conto (Tab. 6.3).

Anche se, va sottolineato, che con gli *open archives* si realizza un primo esempio di «ritorno al Seicento». Infatti per gran parte del secolo barocco gli scienziati comunicano formalmente tra loro senza mediazioni ma direttamente: attraverso i libri. Non c'è alcun *referee* che legge preventivamente e acconsente alla pubblicazione del *Sidereus Nuncius*. È l'intera comunità scientifica del Seicento che è chiamata da Galileo ad analizzare criticamente il libro, a ripetere le osservazioni, a raggiungere un consenso razionale d'opinione e, in definitiva, a riconoscere la fondatezza dei risultati scientifici proposti.

La Tabella 6.3 ci mostra in modo piuttosto chiaro che quello della comunicazione della scienza è un sistema piuttosto complesso, che si è venuto modificando e arricchendo nel tempo. Tuttavia finora abbiamo dato per scontato che la comunicazione della scienza, o almeno la comunicazione rilevante della scienza, sia comunicazione tra esperti. Tra i membri delle comunità scientifiche o degli *invisible colleges*. Dando per scontato anche che quello della scienza sia un mondo chiuso, autoconsistente e autoreferenziale: una Repubblica autonoma della Scienza, appunto.

In altri termini diamo per scontato che esista una virtuale «torre d'avorio» che separa i membri della Repubblica autonoma della Scienza dal resto della società e che ogni decisione rilevante per lo sviluppo delle conoscenze scientifiche sia presa «all'interno delle mura», dai membri dei collegi invisibili che vivono dentro la «torre d'avorio».

Questa è una visione ideale della scienza che non ha mai avuto, storicamente, un riscontro reale. Gli scienziati sono cittadini del mondo. Che interagiscono col mondo. Anche quando lavorano.

Possiamo dire, almeno in prima approssimazione, che la «torre d'avorio» ha porte e finestre; che attraverso questi passaggi si stabiliscono dei rapporti tra comunità scientifiche e società; che questi rapporti esistono (sono sempre esistiti) e si fondano su robusti flussi di informazioni che emergono dal tronco

Tab. 6.3 – La nuova comunicazione rilevante della scienza

	Comunicazione formale	**Comunicazione informale**
Scritta	Letteratura primaria e secondaria	Lettere, quaderni di laboratorio
Orale	Seminari, congressi, conferenze	Discussioni in laboratorio o «al bar»
e-communication	Riviste specializzate in rete	Open archive, e-mail, scambio di dati e di informazioni via Internet, chat line

della istituzione sociale fondamentale della scienza, il sistema di comunicazione della scienza.

I rami della comunicazione della scienza al grande pubblico dei non esperti non sono meno rilevanti, per lo sviluppo della scienza, dei rami che si rivolgono al ristretto pubblico dei colleghi esperti. Perché, come sostiene il fisico francese Jean Marc Lévy-Leblond, attraverso questo tipo di comunicazione lo scienziato mira alla diffusione e al riconoscimento sociale del suo sapere (Lévy-Leblond, 1998).

Se questo è vero, come crediamo, dobbiamo rendere ancora più articolata e complessa la mappa della comunicazione della scienza. La Tabella 6.4 ci offre, finalmente, un panorama esauriente di questa fondamentale istituzione sociale.

Da notare che l'inserimento della colonna relativa alla comunicazione al pubblico dei non esperti (chiamiamola, per semplicità, comunicazione pubblica) modifica qualitativamente la mappa della comunicazione della scienza. Perché amplia il numero dei soggetti che fanno comunicazione della scienza. In questa tabella, infatti, non vanno inclusi solo gli scienziati che comunicano il loro sapere attraverso l'insegnamento o la divulgazione (con libri, articoli, interviste alla radio o in televisione). Vanno inclusi anche comunicatori che non sono scienziati (giornalisti, insegnanti, presentatori radio e TV, membri di organizzazioni culturali e/o politiche, *stakeholder*, artisti, letterati, filosofi, bioeticisti, cittadini tutti) e che, tuttavia, hanno un ruolo non trascurabile nella diffusione e nella accettabilità sociale della scienza.

6.2.3 Scienza dilettantistica, accademica e post-accademica

Il mondo scientifico che abbiamo delineato e la mappa della comunicazione della scienza che abbiamo provato ad abbozzare in questi ultimi paragrafi hanno un grave limite. Si riferiscono a un'era specifica, che ha avuto un inizio e una fine nel corso della storia: si è affermata molto tempo dopo il Seicento ed è sostanzialmente terminata da qualche decennio.

Possiamo dire infatti – rimandando tuttavia per un necessario approfondi-

Tab. 6.4 – La comunicazione della scienza

	Comunicazione formale	Comunicazione informale	Comunicazione pubblica
Scritta	Letteratura primaria e secondaria	Lettere, quaderni di laboratorio	Divulgazione (libri, giornali)
Orale	Seminari, congressi, conferenze	Discussioni in laboratorio o «al bar»	Insegnamento Conferenze Radio, TV
e-communication	Riviste specializzate in rete	Open archive, e-mail, scambio di dati e di informazioni via Internet, chat line	Divulgazione in rete, e-mail, chat line, blog

mento a un prossimo volume, ancora da scrivere – che un qualche simulacro di «torre d'avorio» sia esistito solo nel corso del XIX e della prima parte del XX secolo, quando i ricercatori sono entrati nelle università e quella dello scienziato è diventata finalmente una professione, cui si accede rispettando alcune regole precise.

È solo nel XIX secolo che la scienza ha superato la sua fase cosiddetta dilettantistica – la lunga fase, protrattasi per tutto il XVII e il XVIII secolo, in cui non esiste la professione dello scienziato e non esiste neppure la parola scienziato – ed è iniziata una fase nuova, professionale: con gli scienziati che sono entrati nelle università. Per ironia della sorte questa nuova fase è stata definita accademica: anche se, come abbiamo già rilevato, i filosofi naturali nel Seicento lavoravano nelle accademie proprio perché non trovavano posto nelle università.

In ogni caso, in questa nuova fase accademica della scienza le regole di accesso alla professione di scienziato – di docente di discipline scientifiche presso le università – hanno consentito di innalzare mura virtuali ma piuttosto forti a protezione della Repubblica autonoma della Scienza. La comunità scientifica si è rifugiata (ha potuto rifugiarsi) nella «torre d'avorio», mentre l'impatto che la scienza ha sulla società è rimasto relativamente contenuto. I canali di comunicazione reciproca rilevante tra scienza e società si sono rinsecchiti. Ove per rilevante si deve intendere una comunicazione capace di influire in maniera diretta sullo sviluppo della scienza e/o della società.

In questa fase accademica della scienza, la società non sembra avere interessi specifici forti e immediati nello sviluppo delle conoscenze scientifiche[4]. E gli stati, in cambio di uno stipendio dignitoso e di un notevole riconoscimento sociale, chiedono agli uomini di scienza entrati nelle università di formare i giovani (soprattutto i giovani tecnici), lasciando loro qualche risorsa e molto tempo per realizzare, in pressoché totale autonomia, le loro ricerche.

In questo contesto – a cavallo tra Ottocento e Novecento – gli scienziati possono sviluppare in grande autonomia, spesso quasi in isolamento, le loro attività. Per cui non è azzardato dire che la gran parte delle decisioni rilevanti per lo sviluppo della scienza erano prese all'interno delle mura della «torre d'avorio». Mura alte, con poche porte e poche finestre.

Sia chiaro: anche nella sua era accademica la scienza non è un mondo totalmente chiuso, separato, autoconsistente e autoreferenziale. Ma lo è abbastanza. Nel senso che la ricerca viene effettuata da singoli scienziati o da piccoli gruppi di scienziati. Le decisioni relative alle piste di ricerca da battere sono prese dai singoli scienziati, dai singoli gruppi o, in ogni caso, all'interno della comunità scientifica (università, enti di ricerca). Gli obiettivi della ricerca sono definiti essenzialmente in base alle aspettative dell'autore o, comunque, della comunità scientifica.

In questa era accademica della scienza, la gran parte dei rapporti sociali degli scienziati si sviluppano all'interno della comunità scientifica (Ziman, 2002). Certo, anche nell'era accademica esistono i rapporti tra il mondo della scienza e il resto della società. Ma si tratta di rapporti tra sistemi separati e dotati di larga autonomia, che si sviluppano attraverso canali non numerosi e comunque abbastanza chiari e riconoscibili.

All'interno della «torre d'avorio» la comunità scientifica, sostiene il sociologo Robert K. Merton, si autoregola sulla base dei cinque grandi valori affermatisi già nel Seicento (Merton, 1973): il comunitarismo (conoscenza pubblica e accessibile a tutti); l'universalismo (chiunque può fornire un contributo al progresso delle conoscenze indipendentemente dalla sua razza, nazione, sesso, religione, pensiero politico); il disinteresse (fornendo il suo contributo allo sviluppo della conoscenza lo scienziato non persegue i suoi interessi personali); l'originalità (produzione di conoscenza nuova e non banale); lo scetticismo sistematico (nella comunità scientifica non vale l'*ipse dixit*, ma tutto può e deve essere discusso e verificato).

La ricerca scientifica, naturalmente, non si svolge solo nelle università. Esistono già a partire dal XIX secolo e, ancor più, all'inizio del XX secolo gruppi di scienziati che lavorano nelle e per le industrie. E gruppi di scienziati che lavorano su obiettivi specifici per lo stato. Talvolta questi obiettivi specifici hanno una natura militare. Si pensi, a puro titolo di esempio, al tedesco Fritz Haber che nel corso della Prima Guerra Mondiale organizza per l'esercito del suo paese un gruppo di ricerca con l'obiettivo di progettare, sviluppare e usare sul campo nuove armi chimiche.

C'è di più. Le conoscenze scientifiche iniziano a essere utilizzate con una certa continuità per produrre innovazione tecnica e hanno, quindi, un crescente impatto sociale. Tuttavia in quest'era accademica, i rapporti tra la scienza che si produce nelle università, la politica e l'industria non sono organici e, in ogni caso, non investono in modo sistematico l'intera comunità scientifica. Potremmo dire, almeno in prima approssimazione, che nell'era accademica della scienza la gran parte delle decisioni rilevanti per lo sviluppo delle conoscenze scientifiche vengono prese all'interno della comunità scientifica stessa. Le istituzioni politiche in Europa e in Nord America, i continenti dove si sviluppa la gran parte dell'attività scientifica, non intervengono in maniera organica e sistematica per dare indirizzi di ricerca all'intera comunità scientifica. In altri termini, vige una sorta di mecenatismo di stato, che assicura agli scienziati la possibilità di svolgere le loro attività nelle università. Gli stati europei e nordamericani assicurano, in genere, una quantità relativamente piccola di risorse per la ricerca e lasciano, in genere, ampia autonomia agli scienziati. Anche se, sempre più spesso, politici e scienziati iniziano a guardare alla dimensione strategica della conoscenza scientifica.

La svolta nei rapporti tra scienza e politica si compie alla fine della Seconda Guerra Mondiale, in primo luogo negli Stati Uniti d'America, sulla scorta delle esperienze maturate nel corso di quel conflitto planetario. E (anche) per effetto delle indicazioni di Vannevar Bush, un informatico del Massachusetts Institute of Technology divenuto consigliere scientifico del presidente Franklin D. Roosevelt e direttore dell'US Office of Scientific Research and Development.

Nel mese di luglio del 1945, mentre la guerra in Europa è ormai terminata e quella nel Pacifico ancora continua, Vannevar Bush appunto, poche settimane dopo la morte di Roosevelt trova il tempo di redigere per il nuovo presidente degli Stati Uniti d'America, Harry S. Truman, il rapporto *Science: The Endless Frontier* (Bush, 1945).

Come consigliere scientifico di Roosevelt, Vannevar Bush ha coordinato e sta ancora coordinando i ricercatori americani mobilitati per vincere la guerra, ivi inclusi i fisici che stanno portando a termine il Progetto Manhattan per la costruzione di una nuova bomba, atomica. E il testo che propone a Harry S. Truman è destinato non solo a diventare famoso, ma a segnare un autentico punto di svolta nella storia, evolutiva, della Repubblica della Scienza. Perché nel suo rapporto il dottor Bush indica appunto nella scienza, anzi nella scienza di base che si realizza nelle università, le fondamenta su cui edificare la sicurezza nazionale (economica, sociale e sanitaria, prima ancora che militare) della potenza che si accinge a vincere definitivamente la Seconda Guerra Mondiale e a progettare il nuovo ordine mondiale per l'era di pace che sta iniziando. E propone un rapporto affatto nuovo tra scienza e politica.

Non appena il conflitto sarà finito e il tempo di pace sarà iniziato, sostiene Vannevar Bush, occorrerà che il governo federale smantelli senza esitazione l'agenzia che dirigo, l'Office of Scientific Research and Development, allestita per il tempo di guerra e che per la guerra ha mobilitato – con straordinari risultati – migliaia di scienziati accademici. Ma occorrerà che l'Amministrazione preservi lo spirito di questo mio ufficio. E continui a mobilitare gli scienziati accademici per ottenere risultati altrettanto straordinari che consentano alla nazione americana di vincere le sfide del dopoguerra e consolidare la sicurezza economica e sociale, oltre che militare degli Stati Uniti. Mobilitare gli scienziati accademici significa fornire loro con grande generosità risorse finanziarie e umane, perché possano realizzare in piena libertà le loro ricerche, anche quando si tratta di studi – come la matematica superiore o l'astrofisica – che non hanno un'immediata ricaduta pratica.

Dopo il rapporto – e dopo che le esplosioni di Hiroshima e Nagasaki che mostrano a tutti la potenza (anche tragica) dei risultati cui può portare la mobilitazione degli scienziati accademici – le fortune personali del dottor Bush declinano. Tuttavia le sue lucide e precise indicazioni saranno in buona sostanza seguite da Harry S. Truman e da tutti i presidenti che lo seguiranno. La scienza assume davvero un ruolo strategico a tutto campo negli Stati Uniti. In ambito militare, certo. Ma anche e soprattutto in ambito civile. Nascono nuovi enti, come la National Science Foundation (NSF), incaricata dal governo federale di sostenere e coordinare le attività di ricerca nelle università americane; o come i National Institutes of Health (NIH), incaricati di sostenere e coordinare a ogni livello le attività di ricerca a carattere biomedico; o ancora la National Aeronautics and Space Administration (NASA) che si occupa dei progetti scientifici e tecnologici nello spazio. In definitiva, grazie alla precisa scelta politica consigliata da Vannevar Bush, la conoscenza scientifica diventa la leva dello sviluppo degli Stati Uniti d'America.

Dopo il rapporto del dottor Bush – e grazie anche a quel rapporto – gli scienziati americani che lavorano nelle università si trovano a gestire una quantità di risorse, finanziarie e umane, senza precedenti. E in tutti i settori. In quelli della scienza applicata con ricadute pratiche pressoché immediate, certo. Ma anche nel campo della scienza di base, quella che non ha ricadute immediate prevedibili.

Gli effetti sull'economia e, più in generale, sulla società americana della scelta strategica indicata da Vannevar Bush sono difficili da sopravvalutare. Grazie anche a quella scelta da oltre sessant'anni gli Stati Uniti non sono solo la massima potenza militare, ma anche il paese che guida lo sviluppo tecnologico ed economico del pianeta.

Tuttavia a noi interessa, in questa sede, analizzare non tanto le ragioni del successo americano, quanto l'evoluzione del modo di lavorare degli scienziati e l'evoluzione del rapporto tra scienza e società. Evoluzioni cui Vannevar Bush conferisce un'accelerazione formidabile. Tanto da poter considerare il suo rapporto, *Science: The Endless Frontier*, come l'inizio della transizione dalla scienza accademica alla scienza post-accademica (Ziman, 2002). Un'era, quest'ultima, in cui i rapporti tra scienza e politica diventano strettissimi, con la riformulazione, non solo negli Stati Uniti d'America, del modo di lavorare degli scienziati, dei valori di fondo in cui si riconosce la comunità scientifica e dei rapporti stessi tra questa comunità e il resto della società. Insomma, con una riforma radicale del modo di essere della Repubblica della Scienza.

Un' evoluzione che ha tratti di novità assoluta. Ma ha anche aspetti di «ritorno al passato». Questa singolare società, formata da uomini che in diverse nazioni si dedicano all'attività di ricerca scientifica e che agiscono come una comunità che si autoriconosce e si autoregola, è nata, come abbiamo detto, nel XVII secolo rivendicando in maniera esplicita e puntigliosa la propria autonomia dal potere politico, oltre che dal potere religioso.

Ciò non significa che i membri di quella originale Repubblica non abbiano già nel Seicento rapporti con il mondo della politica. E addirittura non li cerchino. Come fa Galileo quando, nell'estate del 1609, offre il cannocchiale che ha appena perfezionato alla Repubblica di Venezia e quando, nella primavera del 1610, dedica a Cosimo II de' Medici, Granduca di Toscana, il suo *Sidereus Nuncius*.

Questi rapporti personali – in un'epoca in cui il mecenatismo è tra le principali fonti di sostentamento per i matematici, gli astronomi e i filosofi naturali – non incrinano la rivendicazione e la stessa pratica dell'autonomia da parte della nuova comunità transnazionale degli uomini di scienza.

Tuttavia il cambio di paradigma culturale della nuova scienza nell'Europa del Seicento è tale e talmente pervasivo che è la società a bussare alla porte e chiedere di entrare dentro le mura della «torre d'avorio» che cercano di erigere i membri della Repubblica della Scienza. Talvolta la richiesta è prepotente, le mura non reggono e la società dilaga nella cittadella, con effetti – dal rogo di Giordano Bruno alla condanna di Galileo – drammatici e persino tragici. Talaltra si tratta di una perturbazione dolce, com'è quella rappresentata dalla osmosi tra la nuova scienza, l'arte e la filosofia del Seicento.

Spesso – è il caso, ancora una volta, di Galileo – gli uomini di scienza sono consapevoli della portata rivoluzionaria complessiva della loro attività e si fanno essi stessi promotori di un progetto di dialogo con la società.

Fatto è che nel Seicento i rapporti tra scienza e società appaiono molto più fitti e la reciproca influenza molto più drammatica che nell'era che abbiamo definito accademica. Nel Seicento molte decisioni rilevanti per lo sviluppo della scienza vengono prese fuori dalla mura, ancora sottili, della «torre d'avorio». Talvolta in compartecipazione con gli uomini che fanno scienza. Talaltra contro la volontà e i desideri di questi uomini.

Per tutte queste ragioni la comunicazione rilevante della scienza nel Seicento comprende la comunicazione pubblica.

Dopo il XVII secolo il modo di lavorare e il ruolo sociale degli scienziati cambia più volte. Nella fase che abbiamo definito accademica, caratterizzata da una sorta di mecenatismo di stato, gli scienziati (almeno quelli che lavorano nelle università) prendono le decisioni rilevanti per lo sviluppo del loro lavoro essenzialmente all'interno delle loro informali eppure rigide comunità. La società incide relativamente poco sullo sviluppo della scienza che si svolge nelle università e, comunque, non in modo diretto. Quando c'è da prendere decisioni per lo sviluppo delle conoscenze scientifiche la «torre d'avorio» tende a chiudere le sue porte e le sue finestre. Ecco perché, nella Tabella 6.4, c'è un setto che separa la comunicazione interna (rilevante) dalla comunicazione pubblica (non rilevante) della scienza.

Quel setto, tuttavia, risulta netto e chiaro solo nell'era accademica della scienza. Prima, nel Seicento, e dopo, a partire dalla seconda parte del Novecento, è così tenue da apparire inesistente. Dopo la seconda guerra mondiale la società torna a bussare con veemenza, talvolta con prepotenza, alle porte della «torre d'avorio». Anche se le mani che bussano con più forza non sono tanto mani di religiosi (che tuttavia sono tutt'altro che assenti), quanto mani di politici e di manager e di semplici cittadini.

Alla fine della seconda guerra mondiale si verifica, infatti, una nuova transizione nell'organizzazione della società scientifica. Si passa dall'era della «scienza accademica» all'era della «scienza post-accademica». I momenti salienti di questa transizione sono almeno quattro.

Il primo è di carattere quantitativo. Seguendo più o meno consapevolmente le indicazioni di Vannevar Bush, i governi – soprattutto quelli dei paesi cosiddetti industrializzati – iniziano a finanziare la ricerca scientifica con quantità di denaro imponenti, pari addirittura a qualche punto percentuale della ricchezza nazionale. In ogni caso molte volte superiore a quanto si verificava prima del 1940. Ciò determina sia un aumento, abbastanza rapido, del numero di addetti alla ricerca scientifica, sia la progettazione e l'esecuzione di ricerche che prima non erano neppure concepibili.

Il secondo è di carattere qualitativo. I governi finanziano non solo la ricerca applicata, ma anche la ricerca di base. E in modo piuttosto generoso. Certo, la guerra fredda e il confronto fra Stati Uniti e Unione Sovietica inducono a investire grandi quantità di risorse nella ricerca militare e nello sviluppo di nuove armi. Eppure l'idea della rilevanza strategica della ricerca civile, di base e applicata, non verrà mai abbandonata.

Un terzo passaggio riguarda direttamente il modo di lavorare degli scienziati. In alcuni settori, in primo luogo in quello della fisica sperimentale, si inizia a fare ricerca in gruppi sempre più grandi, in modo sempre più dipendente da grandi apparecchiature e da ingenti finanziamenti che non possono essere decisi in ambito universitario. In altri termini si afferma quella *big science* che aveva avuto il suo segreto prototipo nel Progetto Manhattan durante la guerra.

Il quarto carattere riguarda la nascita di una vera e propria «politica di ricerca». I generosi finanziamenti vengono concessi all'intera comunità scientifica, compresi gli scienziati accademici, secondo criteri generali che, pur preservando l'autonomia dei singoli, sono politici. Discussi e decisi in sede politica, dai governi e dai parlamenti.

L'insieme di questi elementi corrobora l'ipotesi che nel dopoguerra si consumi una nuova soluzione di continuità nella vita, ormai plurisecolare, della Repubblica della Scienza. E che, in particolare, la condizione di sostanziale separatezza tra la scienza (accademica) e il resto della società, viene sostituita da una fitta e crescente interpenetrazione dell'una nell'altra. La «torre d'avorio» apre stabilmente le sue porte e le sue finestre. E qui e là si aprono brecce nelle mura e i contrafforti della torre cadono del tutto.

La scelta, operata dagli stati a economia matura, di guardare alla ricerca scientifica come a una risorsa strategica non è certo l'unico fattore che concorre a determinare la transizione dall'era accademica all'era post-accademica della scienza. Una forte spinta evolutiva viene anche dalle dinamiche interne alla comunità scientifica. La disponibilità di nuove tecnologie, per esempio, è di importanza cruciale per lo sviluppo della *big science*.

Resta il fatto, però, che alla fine della Seconda guerra mondiale il processo si mette in moto, la transizione si consuma, l'ormai antica «torre d'avorio» si apre e il rapporto tra scienza e società diventa molto più stretto, molto più immediato e molto più non-mediato che in passato. Ciò comporta la ridefinizione dei rapporti e dei flussi rilevanti di comunicazione tra uomini di scienza, uomini politici e cittadini.

E la ricerca di questo nuovo equilibrio porta, per molti versi, a battere strade già in uso nel Seicento.

Nella nuova era post-accademica i ricercatori, dovendo effettuare scelte rilevanti per lo sviluppo della scienza in compartecipazione con altri gruppi di non esperti, avvertono, come Galileo, pressante l'esigenza – squisitamente politica – di acquisire il consenso sociale intorno alle loro attività. Gli scienziati si chiedono, spesso in maniera esplicita e persino organizzata, quale sia il loro ruolo sociale. Nasce, all'interno delle comunità scientifiche, l'esigenza di affrontare il tema della «responsabilità sociale della scienza». Tutto questo conservando – cercando di conservare – quell'autonomia dalla politica che fu tra gli elementi fondanti della Repubblica della Scienza nel Seicento (Bourdieu, 2003).

Di converso, la società nel suo complesso, essendo sempre più penetrata dalla cultura scientifica e dalle sue ricadute tecnologiche, avverte come pressante l'esigenza di «governare la scienza», ovvero di indirizzarne lo sviluppo.

In breve, a partire dalla metà del XX secolo la dialettica tra scienza e società diventa uno degli elementi fondanti della democrazia nelle società libere. Diventa un elemento politico. E ciò comporta alcune conseguenze.

Da un lato i governi risultano efficaci nella loro azione non solo se intuiscono il valore strategico della conoscenza scientifica, ma anche se riescono, con un efficiente sistema organizzativo, a proteggere la continuità della ricerca dagli umori cangianti dei politici. Problema niente affatto semplice nelle democrazie elettive, dove gli equilibri e – di conseguenza – i progetti politici sono puntuati dalle scadenze elettorali.

Non sempre gli equilibri puntuati della politica riescono a salvaguardare l'esigenza di continuità, sui tempi medi e lunghi, della ricerca scientifica. A puro titolo di esempio ricordiamo come negli anni Ottanta il Congresso degli Stati Uniti abbia bloccato, all'improvviso, il progetto di costruzione del Superconducting Super Collider (SSC) in una fase ormai avanzatissima dei lavori. O come l'elezione alla presidenza di George W. Bush nel 2000 porti l'anno successivo a una brusca e imprevista limitazione della ricerca sulle cellule staminali embrionali in seguito alle pressioni di alcuni gruppi religiosi. Molti considerano la decisione di fermare la costruzione del più grande acceleratore del mondo, presa in sede politica, il momento in cui la fisica sperimentale delle alte energie ha definitivamente perduto la sua egemonia tra le discipline scientifiche. E molti considerano la decisione di George W. Bush come un nuovo inizio di quel conflitto latente tra scienza e religione che, come nel Seicento, trova una espressione concreta sul piano politico e giuridico.

Un altro elemento che caratterizza la nuova era post-accademica è la nascita e il progressivo sviluppo di rapporti rilevanti diretti tra mondo della ricerca e cittadini. Dalla biomedicina all'ambiente alla costituzione di movimenti per il controllo delle armi di distruzione di massa, dopo la seconda guerra mondiale i cittadini chiedono con frequenza sempre maggiore di compartecipare al «governo della tecnoscienza». E, dunque, di compartecipare all'assunzione di decisioni rilevanti sia per lo sviluppo delle conoscenze scientifiche. Specie quando quei cittadini sono *stakeholder*, ovvero hanno una posta in gioco diretta e rilevante nella scelta. Vogliono dire la loro sul nucleare civile e sulle staminali embrionali, sui cambiamenti del clima e sull'alimentazione artificiale.

Il foro dei competenti, come nel Seicento, improvvisamente si allarga, fino a comprendere l'intera società.

A questo punto potremmo individuare un triangolo nei rapporti rilevanti tra scienza e società: i ricercatori, chiamati ad aprire le porte e le finestre della loro antica «torre d'avorio»; i politici che rivendicano il diritto di decidere sulle scelte di fondo della società della conoscenza; i cittadini che chiedono di compartecipare alla definizione di scelte che li coinvolgono.

Sennonché, nell'ultimo quarto di secolo, nel triangolo si è inserito con grande forza un quarto elemento, che certo non esisteva nel Seicento: la ricerca privata. Ormai in tutto il mondo i due terzi dei finanziamenti alla ricerca scientifica e allo sviluppo tecnologico avvengono a opera di imprese private. E in molti paesi anche l'attività di ricerca pubblica tende ad assumere una «cultura di mercato». Tanto da modificare, sostiene John Ziman, i vecchi valori fondanti dell'attività scientifica.

I valori mertoniani del CUDOS (*comunitarismo*, *universalismo*, *disinteresse*, *originalità*, *scetticismo*) si intrecciano con i valori industriali del PLACE: affermazione dei diritti di *proprietà*, attenzione a problemi particolari (*località*), gestione manageriale (*autoritarismo*), realizzazione di obiettivi pratici (*commissionamento*), valorizzazione del ricercatore come *esperto* di conoscenze acquisite piuttosto che come soggetto interessato a creare nuove conoscenze (Ziman, 2002).

Ciò determina, anche nell'ambito del mondo scientifico universitario e pubblico, l'affermazione di alcune prassi – come per esempio la reticenza a rendere pubbliche tutte le conoscenze scientifiche acquisite – che le erano state del tutte estranee in passato.

6.2.4 La comunicazione nell'era post-accademica della scienza

L'evoluzione dall'era accademica all'era post-accademica della scienza sta comportando una evoluzione non meno radicale nell'istituzione sociale fondamentale della scienza, il sistema di comunicazione. In tutte le tre componenti che abbiamo individuato.

Un'evoluzione aiutata anche dall'irruzione di nuovi media. Internet sul finire del XX secolo sembra avere sulla comunicazione pubblica della scienza un impatto analogo a quello avuto dal libro sulla scienza del XVII secolo. Si modificano le prassi della comunicazione formale e informale interna alle comunità scientifiche e si rimodella la stessa organizzazione del lavoro scientifico. Nascono nuove strutture sociali della scienza.

Ma, forse, il salto di qualità maggiore prodotto nella comunicazione della scienza dalla transizione nell'era post-accademica riguarda la comunicazione pubblica (la comunicazione ai pubblici dei non esperti).

Nell'era accademica questa comunicazione non aveva una funzione rilevante. Non in maniera diretta, almeno. Era considerata – e per certi versi era – una sorta di orpello. Certo anche nell'Ottocento e nella prima parte del Novecento molti scienziati si ponevano il problema della diffusione del sapere scientifico e comunicavano al pubblico dei non esperti, essenzialmente attraverso libri, articoli e conferenze di divulgazione. Ma lo facevano su base volontaria. Sulla spinta di esigenze personali. Così per un Albert Einstein che sentiva il bisogno di divulgare i difficili concetti della relatività, c'era un Paul Dirac che teorizzava l'opportunità di stare alla larga dai non esperti (specie se giornalisti).

Insomma nell'era accademica la comunicazione al pubblico dei non esperti era per lo scienziato una sorta di missione personale, non un'esigenza sociale. Un optional, non una necessità. Infatti la gran parte degli scienziati, seguendo nei fatti l'invito di Paul Dirac, non faceva comunicazione pubblica.

Nell'era post-accademica della scienza, la comunicazione dello scienziato col pubblico (coi pubblici) dei non esperti è diventata un'esigenza inderogabile. Egli «deve», nella pratica quotidiana della sua attività, comunicare con una vasta gamma di interlocutori non esperti: dal politico nazionale, al burocrate di Bruxelles, al manager della multinazionale interessata a finanziare la sua ricerca, ai cittadini tutti.

Sul finire del XX secolo i fisici inglesi delle alte energie restarono sorpresi dalla perentoria richiesta del Ministro della ricerca scientifica di Sua Maestà: spiegatemi in una paginetta di trenta righe perché il contribuente britannico deve investire una parte cospicua delle sue risorse nella ricerca del bosone di Higgs.

Negli ultimi due o tre lustri i biologi svizzeri si sono dovuti trasformare spesso in appassionati e convincenti militanti politici, con tanto di manifestazioni di piazza, per cercare di non soccombere in referendum in cui la posta in gioco era la possibilità stessa di continuare a fare ricerca nel settore delle moderne biotecnologie.

Una decina di anni fa gli oncologi italiani hanno dovuto accettare un serrato confronto pubblico sulla validità della ricerca scientifica in campo biomedico (caso Di Bella).

Oggi la possibilità di effettuare ricerca nell'ambito della clonazione terapeutica e/o delle cellule embrionali umane è oggetto non solo (e verrebbe da dire non tanto) di valutazioni di carattere scientifico, ma di discussioni e di decisioni pubbliche, prese attraverso accese campagne elettorali, come negli Usa, referendum popolari (vedi referendum abrogativo della legge sulla fecondazione assistita in Italia) o addirittura pronunciamenti dell'Assemblea generale delle Nazioni Unite.

Nel settembre 2007 l'Autorità per la fertilizzazione umana e l'embriologia del Regno Unito (HFEA) che ha autorizzato una ricerca scientifica su embrioni ibridi uomo-animale solo dopo aver consultato, con diversi strumenti, l'opinione pubblica delle isole britanniche.

Né i fisici inglesi delle alte energie, né i biotecnologi svizzeri, né gli oncologi italiani, né i biologi di tutto il mondo avevano e hanno molta scelta. Non potevano e non possono in alcun modo sottrarsi alla sfida della comunicazione. E non lo hanno fatto. L'HFEA ha per così dire istituzionalizzato la compartecipazione del grande pubblico a scelte che in altri tempi sarebbero state prese in splendido isolamento dalla comunità scientifica.

Per inciso, gli oncologi italiani e, per certi versi, i fisici inglesi delle alte energie hanno sostanzialmente perso la loro sfida. Ai biologi svizzeri è andata meglio: hanno vinto il referendum. Non sappiamo invece quali decisioni verranno prese, in Italia e nel mondo, sul tema della clonazione e/o delle embrionali umane. Nel Regno Unito l'HFEA opera in sintonia con l'opinione pubblica con notevole soddisfazione degli scienziati.

Questi esempi clamorosi dimostrano che nell'era post-accademica della scienza la comunicazione al pubblico dei non esperti è diventata una necessità. Una parte, non banale, del lavoro dello scienziato. E che, di conseguenza, lo scienziato ha il dovere professionale non solo di comunicare al grande pubblico dei non esperti, ma di conoscere i meccanismi e di acquisire le tecniche della comunicazione di massa.

A differenza dello scienziato accademico e in forte analogia con gli scienziati del Seicento. Neppure Galileo si è potuto sottrarre alla sfida della comunicazione pubblica. E anche lui, come gli oncologi italiani sul finire del XX secolo, ha perso la partita. La differenza, se si vuole, sta nel fatto che Galileo per soddisfare l'esigenza di comunicare ha inventato un nuovo genere letterario ed è diventato il più grande scrittore della storia della letteratura italiana. Gli oncologi e molti altri scienziati italiani d'inizio XXI secolo devono forse studiare ancora un po' la comunicazione.

In realtà non si tratta di limiti personali. Il fatto è che lo scienziato post-accademico non sempre «sente» le nuove esigenze della sua professione (la sensibilità dell'HFEA è ancora un'eccezione, piuttosto che la regola). Probabilmente perché, per inerzia, la percezione dei suoi rapporti con il pubblico dei non esperti resta quella tipica dell'era accademica della scienza. È molto probabile che quand'anche la transizione psicologica dall'era accademica all'era post-accademica si sarà finalmente compiuta, le attitudini comunicative degli scienziati si miglioreranno. E magari avremo un nuovo Galileo.

Ma nella nuova era post-accademica della scienza il flusso della comunicazione tra comunità scientifica e società è, proprio come nel Seicento, bidirezionale. La società, nelle sue diverse articolazioni (politica, economia, cultura), comunica le sue aspettative alla comunità scientifica. Lo ha fatto il Ministro inglese coi fisici delle alte energie, lo hanno fatto i cittadini in Svizzera partecipando al referendum e al dibattito referendario, lo hanno fatto i cittadini italiani lasciandosi coinvolgere e dividendosi sulla vicenda Di Bella. Lo hanno fatto i cittadini chiamati a esprimersi sui cibridi dall'HFEA. E lo hanno fatto tutti per necessità, non per mera curiosità.

Nell'era post accademica la comunicazione pubblica della scienza è diventata un bisogno sociale diffuso. E ha assunto le mille e mille forme cangianti della comunicazione di massa. È diventata un sistema complesso con una quantità enorme di elementi e una quantità pressoché infinita di connessioni tra questi elementi. Tutti comunicano (anche) scienza a tutti. Lo scienziato al cittadino di Scanzano Jonico, ma anche il cittadino di Scanzano Jonico allo scienziato. Il medico al paziente, ma sempre il paziente al medico. E, ancora, lo scrittore al lettore (e, sempre più spesso, grazie a internet, il lettore allo scrittore). Il vicino della porta accanto a noi e noi al vicino della porta accanto (il passa parola è la modalità principale di acquisizione delle informazioni che ci inducono all'acquisto di farmaci da banco).

6.2.5 Il modello Venezia

Il cambiamento di stato della comunicazione pubblica, ovvero della comunicazione della scienza che coinvolge il pubblico dei non esperti, è uno dei fattori cruciali nella transizione post-accademica della scienza.

La comunicazione pubblica della scienza è diventata una doppia necessità: per gli scienziati e per la società nel suo complesso.

Nell'era accademica della scienza, la comunicazione pubblica per gli scienziati era (ed era percepita come) un orpello. Sostanzialmente irrilevante per lo sviluppo della scienza, se non per il suo contributo indiretto alla formazione della matrice culturale in cui gli scienziati vivevano. Anche la domanda sociale di scienza era piuttosto limitata e, dunque, la comunicazione pubblica della scienza non era rilevante per lo sviluppo della società.

Nell'era post-accademica della scienza la comunicazione pubblica è diventata una doppia necessità. È rilevante per gli scienziati, che devono acquisire il consenso sociale per continuare le loro ricerche. Ma è una necessità anche per la società nel suo complesso: sia perché la scienza è diventata la leva principale dell'innovazione tecnologica e dello sviluppo economico; sia perché i cittadini tutti a livello etico, a livello sanitario, a livello ambientale, a livello lavorativo (viviamo, ormai, nella società e nell'economia della conoscenza) sono quotidianamente chiamati a effettuare scelte con forti implicazioni tecniche e scientifiche (Tab. 6.5).

È in questo che la nostra epoca ha forti analogie con il Seicento. Anche nel secolo barocco, infatti, la comunicazione pubblica è una necessità per i filosofi naturali: i pionieri della nuova scienza hanno la necessità di acquisire il consenso sociale. Ma è una necessità anche per la società, perché c'è un conflitto aperto tra questi pionieri e le autorità (soprattutto religiose e culturali). In altri termini, parti importanti della società del Seicento reagiscono in maniera attiva e rilevante allo sviluppo delle conoscenze scientifiche.

Anche nel Seicento, dunque, la comunicazione pubblica della scienza ha i caratteri della duplice necessità, anche se in maniera diversa per forma, ambiti e intensità rispetto alla nostra epoca.

Il cambiamento nell'era post-accademica dello statuto ontologico della comunicazione pubblica della scienza (o, se si vuole, il ritorno a uno statuto ontologico analogo a quello del Seicento) comporta la ridefinizione, come abbiamo detto, del panorama della comunicazione scientifica rilevante. Il setto, più o meno poroso, che separa la comunicazione interna alle comunità scientifiche dalla comunicazione pubblica viene meno. E la comunicazione pubblica diventata, anch'essa, comunicazione rilevante.

Nel senso che determina (contribuisce a determinare) visioni scientifiche del mondo, valori, approcci, comportamenti e, alla fine, decisioni che incidono direttamente sullo sviluppo della scienza e sui rapporti tra scienza e società.

Già, ma attraverso quali soggetti sociali e quali canali comunicativi si forma questa rilevanza? Finché restiamo nell'ambito della «torre d'avorio», come succedeva nell'era accademica della scienza, non ci sono problemi. La comunicazione rilevante avviene tra i membri di ogni e ciascuna comunità scientifica, cioè di un collegio che, sebbene sia stato definito invisibile, è ben definito e ha canali di comunicazione ben definiti. È una comunicazione, pure nelle sua varie forme, da esperto a esperto.

Ma quando la comunicazione rilevante della scienza è diffusa nell'intera società – come avveniva in parte nel Seicento e come avviene in maniera molto

Tab. 6.5 – Necessità della comunicazione pubblica della scienza

	Per la comunità scientifica	**Per la società**
Era del dilettantismo	Sì	Sì, in alcuni ambiti rilevanti
Era accademica	No	No
Era post-accademica	Sì	Sì

più marcata oggi – occorre chiedersi quali gruppi sociali coinvolge e quali canali attiva?

Un primo tentativo di rispondere a questa domanda è venuta dai primi programmi di *Public Understanding of Science* (PUS) realizzati, essenzialmente, negli Stati Uniti e in Gran Bretagna (Castelfranchi, Pitrelli, 2007).

L'idea di questo vero e proprio movimento che ha coinvolto in maniera attiva molti ricercatori, era che esistono due soli gruppi davvero rappresentativi nel rapporto tra scienza e società: gli scienziati (i membri di una data comunità scientifica) e il pubblico indifferenziato dei non esperti. Il primo, i membri di una comunità scientifica, possiede tutte le conoscenze rilevanti per lo sviluppo di quella disciplina scientifica. Il secondo, fondamentalmente, nessuna. In questo contesto la modalità comunicativa è data in maniera univoca: il primo gruppo (i membri di una comunità scientifica) costituisce la fonte esclusiva dell'informazione rilevante e quindi è l'unico protagonista attivo del processo di comunicazione. L'altro gruppo (il pubblico indifferenziato dei non esperti) è portatore di un deficit culturale, dunque è un recettore passivo della comunicazione: deve essere informato.

Nell'ambito del modello del *Public Understanding of Science* il processo di comunicazione pubblica della scienza è, dunque, monodirezionale: da esperto a non esperto.

Se dovessimo usare una metafora, potremmo descrivere la comunicazione pubblica della scienza nell'ambito del PUS come un grande fiume: come il Rio delle Amazzoni che attinge l'acqua alle alte vette andine della conoscenza (il sapere degli scienziati) e la porta verso il grande oceano dell'ignoranza (la cultura del grande pubblico), penetrandovi in profondità con le sue acque dolci – proprio come fa il Rio delle Amazzoni nell'Oceano Atlantico – e rimodellando in modo incessante l'apparato di nozioni e percezioni e la visione del mondo dei non esperti.

Questo modello – che è stato definito, non a caso, *top down* (dall'alto verso il basso) – consente delle articolazioni. Le acque del grande fiume amazzonico, in fondo, vengono continuamente alimentate da innumerevoli affluenti. E gli affluenti del grande fiume della comunicazione scientifica, i coadiuvanti degli scienziati, possono essere, di volta in volta, giornalisti e scrittori specializzati, insegnati, comunicatori di professione.

Una conseguenza del «modello Rio delle Amazzoni» è che coloro che se ne appropriano possono essere indotti a una visione deterministica della comunicazione pubblica della scienza. Possono pensare di regolare più o meno a piacere la portata del fiume e conferire all'Atlantico una quantità desiderata di acqua dolce per calibrarne la salinità. Insomma, fuor di metafora, nel «modello Rio delle Amazzoni» c'è intrinseca l'idea non solo di poter aumentare in maniera significativa il numero di nozioni scientifiche del grande pubblico (alfabetizzazione), ma anche di poter influenzare – con il giusto flusso di informazioni – i valori, le visioni del mondo, l'attitudine e persino i comportamenti «scientifici» delle persone, non esperte, informate. In questo ambito, l'intero problema della comunicazione pubblica della scienza si esaurisce nella comunicazione da esperto a non esperto e si risolve nella capacità che ha il primo di calibrare il flusso di informazione. Traducendo nel modo più rigoroso possibile dal linguaggio in uso nei collegi invisibili (il linguaggio scientifico) nel linguaggio comune parlato dai non esperti.

O, al più, «ingaggiando» – come avviene in una forma evoluta del PUS, definita, appunto «public engagement with science and technology» (PEST) – il pubblico dei non esperti con opportuni artifici che coinvolgono anche il piano emotivo, oltre che quello razionale.

È questo, in fondo, quello che, con chiare intenzioni strumentali, hanno fatto (o, almeno, hanno cercato di fare) molti uomini di scienza nel momento in cui hanno intuito di vivere nell'era post-accademica del proprio lavoro e di dover condividere molte scelte con gruppi di non esperti: comunicare aderendo al «modello Rio delle Amazzoni». Ottenendo in cambio molte frustrazioni.

Per quanto essi si impegnassero nel comunicare, i valori, le visioni del mondo, le attitudini, i comportamenti e, infine, le decisioni dei non esperti sembravano sfuggire completamente a ogni controllo. Persino l'alfabetizzazione scientifica ha segnato il passo.

È anche da queste frustrazioni che ha avuto origine un'analisi autocritica del *Public Understanding of Science*. Quali sono le cause di queste frustrazioni? Almeno quattro.

La prima è che, per quanto enorme sia la portata delle acque del Rio delle Amazzoni, l'Oceano Atlantico è molto più grande. Il fiume può modificare solo in parte la struttura chimica delle acque oceaniche. Anche il più potente sistema di comunicazione, persino in regime di quasi monopolio, con un'*agenda setting* espandibile a piacimento, non riesce a informare pienamente di sé la cultura e l'immaginario dell'intera popolazione

La seconda è che nell'Atlantico affluiscono molti altri fiumi, piccoli come la Senna, o grandi, come il Paranà o il Mississippi. Che la fusione dei ghiacciai ai poli apporta più acqua dei fiumi. E la pioggia fa il resto. Insomma, le acque del grande oceano vengono in continuazione perturbate da innumerevoli acque affluenti. Quello da parte degli esperti è solo uno degli infiniti flussi di comunicazione di scienza in atto nella società.

La terza considerazione è che la capacità di comunicazione del mondo scientifico nel grande sistema mediatico planetario somiglia, per portata, più al Rubicone che al Rio delle Amazzoni. Il flusso di comunicazione attivato dagli scienziati – l'agenda setting – è decisamente inferiore a quella di altri comunicatori di contenuti scientifici.

La quarta e, forse, la più importante considerazione è che, quando due gruppi sociali entrano in comunicazione, il flusso di informazioni significative non è mai monodirezionale. Perché appena tende a esserlo, per volontà esplicita o per situazione di fatto, il ponte comunicativo, semplicemente, si interrompe. E l'aspirante monopolista diventa *vox clamans in deserto*. Più in generale: la domanda di comunicazione della scienza è una componente della domanda di partecipazione alle scelte tecnoscientifiche dei cittadini che vogliono vivere da protagonisti l'«era della conoscenza». Non è solo una domanda di alfabetizzazione. È una domanda di democrazia.

È, dunque, chiaro che occorre studiare più a fondo la comunicazione pubblica della scienza. A partire dalla comunicazione della scienza nel secolo in cui nasce la scienza moderna: non aveva, forse, Galileo le medesime ingenue aspettative degli scienziati del PUS e del PEST quando, con la sua strategia di comunicazione, ha cercato di realizzare il suo ardito progetto (conciliare scienza e fede)?

Lo studio del Seicento, dunque, ci aiuta a conoscere più a fondo i meccanismi della comunicazione utile della scienza oggi: a tenerne in debita considerazione la specificità, ma anche a cercare di fare tesoro dei risultati cui sono giunte le moderne scienze della comunicazione.

Di qui la proposta di un diverso approccio, che possiamo definire «modello Venezia».

Nell'era post-accademica esistono svariati pubblici che concorrono, in forme e gradi diversi e in maniera estremamente dinamica, ad assumere decisioni rilevanti, insieme alle comunità scientifiche, in merito allo sviluppo della scienza. Non tutti i pubblici sono rilevanti. Non tutti i pubblici rilevanti hanno il medesimo grado di rilevanza. Individuarli è oggetto di una ricerca aperta.

In maniera del tutto provvisoria possiamo dire che i pubblici rilevanti di non esperti sono: gli scienziati appartenenti ad altre comunità scientifiche (che spesso concorrono a definire non solo i macro, ma spesso anche i micro obiettivi di ricerca di una data comunità scientifica); le autorità istituzionali (ministri, assessori, giudici, authority); i burocrati (internazionali, nazionali, locali); i manager dell'industria; i politici (partiti, movimenti); i membri di organizzazioni non governative (Ong); gli operatori del media (giornalisti) e più in generale i comunicatori di professione; gli opinion makers (compresi gli accademici di formazione non scientifica); gli artisti; i diversi pubblici tecnici (medici, insegnanti, ingegneri); il pubblico generico.

Inoltre questi pubblici non hanno come unico e comune referente scientifico lo scienziato (i membri di una singola comunità scientifica). Questi pubblici dialogano tra loro. E dialogano di scienza tra loro. Per esempio, i movimenti ambientalisti e le istituzioni (Ministeri, Parlamento) dialogano spesso tra loro per stabilire le modalità della ricerca biotecnologica. Oppure: gli opinion makers (religiosi, bioeticisti) e grande pubblico dialogano spesso tra loro per stabilire qual è la ricerca eticamente sostenibile nel campo della biologia umana. Gli scrittori scrivono di scienza e i pittori la raffigurano. Talvolta questo dialogo è esplicito. Talaltra è implicito: si vede poco. I pubblicitari, per fare un esempio, parlano di scienza al grande pubblico senza alcuna mediazione di esperti, con un linguaggio suggestivo che non è né la traduzione più o meno rigorosa né un tentativo di ingaggiare il pubblico ai «valori» della scienza, e per finalità che sono molto lontane da quelle che agli occhi della comunità scientifica appaiono desiderabili.

In definitiva la costellazione di gruppi sociali che concorre a prendere decisioni rilevanti per lo sviluppo della scienza somiglia a un arcipelago ove tutte le isole, un po' come a Venezia, sono interconnesse tra loro con ponti su cui possono veicolare e di fatto veicolano flussi rilevanti di informazione in ambedue i sensi.

In questo arcipelago non esiste un centro unico. Ma una pluralità di centri con diverso «potere decisionale» sul governo complessivo della città. Né esiste una periferia data, ma un insieme di isole un po' più periferiche. In questo arcipelago ciascun ponte è unico. Perché connette da angoli diversi, in maniera diversa, isole diverse. Fuor di metafora: i diversi «pubblici rilevanti» stabiliscono un sistema di comunicazione a più centri, tutti interconnessi con (quasi) tutti, ma non tutti del medesimo peso nella definizione delle decisioni. Ciascun ponte comunicativo tra due isole è bidirezionale (anche se il flusso può essere maggiore in una direzione piuttosto che nell'altra), è determinato più cineticamente (da accidenti congelati) che termodinamicamente (il sistema è in equilibrio metastabile o addirittura in una condizione dinamica lontana dall'equilibrio) da una serie di parametri di cui, in prima approssimazione, possiamo indicare i principali: i valori (la comunità scientifica ne ha di diversi rispetto a quella degli ambientalisti o da quella degli imprenditori); le visioni del mondo (più o meno sofisticate); le conoscenze specifiche (che rendono l'isola degli scienziati la più importante e la più centrale); gli obiettivi (in genere, gli scienziati vorrebbero più fondi per le loro ricerche, gli ecologisti maggiore protezione per l'ambiente e gli industriali maggiori guadagni); aspettative (gli scienziati si aspettano una risposta «positiva» e persino un aggancio ai propri valori dal pubblico con cui comunicano; i pubblicitari sono interessati all'incremento delle vendite dei loro committenti); modalità comunicative (gli scienziati comunicano spesso attraverso opere divulgative, i pubblicitari attraverso metafore e allusioni).

Se la metafora dell'arcipelago veneziano è significativa, allora esistono certo isole più importanti (San Marco) e ponti più importanti (Rialto), eppure ciascun ponte è unico ed essenziale nel panorama complessivo. Su ciascun ponte «si fa» comunicazione della scienza. Eppure solo uno sguardo d'insieme ci offre la visione della città.

Ciò significa che:

a) non esiste alcun modello universale di comunicazione pubblica della scienza. Un modello va bene per connettere l'isola A all'isola B, ma non va più bene per connettere A a C o B a C;
b) è importante tener conto di ogni singolo ponte. Ovvero ogni segmento della comunicazione pubblica della scienza è significativo. Anche se la qualità e l'intensità della comunicazione variano da ponte a ponte, tra isola e isola;
c) è necessario avere sia una visione analitica che una visione sintetica dell'arcipelago. Perché il sistema della comunicazione della scienza è un sistema evolutivo complesso con fenomeni imprevisti, imprevedibili ed emergenti.

Questa ipotesi dell'arcipelago non si presta ad alcuna forma di relativismo. Per due motivi. Uno inerente alla «forza» della comunicazione: c'è un gradiente nella intensità con cui i singoli gruppi partecipano allo sviluppo della scienza e un diverso gradiente nella intensità con cui i vari gruppi partecipano allo sviluppo accelerato dalla conoscenza scientifica dell'intera società.

Un secondo motivo risiede nella consapevolezza che esiste un vincolo imprescindibile alla comunicazione della scienza. Questo vincolo deriva dal fatto che l'impresa scientifica è caratterizzata dall'acquisizione di conoscenze «oggettive» (su cui è possibile, cioè, realizzare il massimo consenso razionale d'opinione); che si è sviluppata con un processo di costante allontanamento dal senso comune (più le scienze fisico-matematiche, che quelle biologiche o sociali) e con il ricorso a un linguaggio preferenzialmente di tipo logico-formale lontano dal linguaggio comune. Tutto questo fa sì che nell'ambito della comunicazione della scienza valga una sorta di principio di indeterminazione:

$$\Delta r \cdot \Delta c \geq K$$

Dove Δr è l'errore associato al rigore, Δc l'errore associato alla comunicabilità e K è una costante che varia al variare dei soggetti che comunicano scienza. In una discussione di fisica nucleare tra due fisici nucleari, la costante K è piuttosto piccola. In una discussione di fisica nucleare tra un medico e un letterato, K è piuttosto grande.

Il principio ci dice che non posso esprimere un concetto scientifico, contemporaneamente, con il massimo della comunicabilità e il massimo del rigore. Se aumento la comunicabilità, perdo un po' di rigore. E viceversa.

Il principio di indeterminazione è un vincolo formidabile alla comunicazione della scienza tra due qualsivoglia pubblici. È questo vincolo che rende la comunicazione pubblica della scienza non impossibile, ma certo sostanzialmente diversa da altri tipi di comunicazione pubblica.

È questo principio di indeterminazione che rende il sistema della comunicazione della scienza più simile a Venezia che non a un arcipelago del Pacifico. Dove certo c'è una costellazione di isole, ma i collegamenti sono difficili e, in ogni caso, non c'è né l'isola di San Marco né il ponte di Rialto.

Il «modello Venezia» è, dunque, un primo timido passo verso la definizione di una teoria della comunicazione della scienza in un sistema interpenetrato tra scienza e società.

Ma cosa ha a che fare il «modello Venezia» col Seicento? E cosa ha a che fare il Seicento con il «modello Venezia»?

Le risposte a queste domande non possono essere che provvisorie. Ma appaiono già chiare nella loro struttura. Il «modello Venezia» ci aiuta a capire il nascente sistema di comunicazione della scienza nel Seicento. Ma, ancor più, il Seicento, con le sue dinamiche e con i suoi accidenti congelati, ci aiuta a capire il «modello Venezia».

In particolare «la pericolosa idea di Galileo» – spostare il foro competente alla discussione scientifica da ristrette elite a tutti – è la novità che caratterizza anche l'era post-accademica della scienza. Con tutto quello che ne deriva.

Sia in termini di pericoli: le reazioni a quest'idea sono oggi, proprio come nell'Italia del Seicento, molte e provenienti da svariate direzioni; la discussione tra i mille canali affollati di Venezia è molto difficile che in un'isolata «torre d'avorio». Sia in termini di opportunità: alla fin fine, pur con tutti i suoi pericoli, la scienza del XVII secolo si è potuta sviluppare e ha dato avvio a una nuova era, che ancora oggi definiamo moderna.

Se dovessimo comporre una tabella della struttura della comunicazione del-

Tab. 6.6 – La comunicazione della scienza allo specchio: il Seicento e l'oggi

1	**Da esperto a esperto**	Interna ai collegi invisibili. Lo scienziato comunica con i membri della sua comunità disciplinare.
2	**Da scienziato esperto a scienziato non esperto**	Interna alla Repubblica della Scienza. Lo scienziato comunica con i membri della comunità scientifica ma con un'altra specializzazione disciplinare.
3	**Da esperto a non esperto**	Lo scienziato che comunica con il pubblico (con i pubblici) di non esperti.
4	**Da esperto a studente**	Lo scienziato che insegna.
5	**Da scienziato esperto a scienziato esperto (o anche non esperto), in polemica**	Lo scienziato che ingaggia una polemica pubblica su una questione scientifica.
6	**Da non esperto a non esperto**	Non esperti che comunicano proposizioni scientifiche o concetti scientifici o immagini del mondo prodotte dalla scienza ad altri non esperti (per esempio artisti o divulgatori che comunicano al grande pubblico)

la scienza oggi, essa risulterebbe identica a quella del Seicento (Tab. 6.6). In definitiva: il Seicento è fonte e, insieme, uno specchio dei nostri tempi.

Note

[1] In realtà le «Philosophical Transactions» sono state precedute di due mesi dal «Journal des Savants», pubblicato a Parigi il 5 gennaio del 1665 da Denis de Sallo. Il fondatore di questa prima rivista scientifica non ha alle spalle un'Accademia e, in ogni caso, le sue critiche sono piuttosto severe. Fatto è che la rivista chiude piuttosto presto. Nel 1666, tuttavia, viene acquisita da Jean Gallois che, da solo, ne pubblica 42 edizioni. Il «Journal des Savants» pubblica saggi non solo di matematica e filosofia naturale, ma anche di storia, teologia e letteratura. In ogni caso Jean Gallois, con studi giuridici alle spalle, può essere considerato uno dei primi «comunicatori scientifici» di professione (Kronick, 1976).

[2] In realtà Galileo aveva già scritto in italiano. Nel 1606, per esempio, ha pubblicato un libro sul compasso in volgare proprio perché doveva servire a ingegneri e militari.

[3] Sono stati proposti diversi modelli per descrivere i rapporti tra scienza e società dopo la Seconda guerra mondiale. Alcuni sociologi hanno parlato di «Modo 2» o anche di «Triplice Elica» (Gibbons, 1994; Nowotny, 2001). Altri, come Pierre Bourdieu, hanno focalizzato l'attenzione sull'evoluzione del rapporto tra scienza e società all'interno di un modello di campo (Bourdieu, 2003). Ma ai nostri fini la migliore descrizione da un punto di vista sociologico di questo nuovo rapporto tra scienza e società dopo la Seconda guerra mondiale è quella proposta dal fisico teorico ed esperto di sociologia della scienza John Ziman. Ed è al suo modello, post-accademico, che ci riferiremo nel prosieguo per proporre, a nostra volta, una verifica delle analogie (oltre che delle ovvie differenze) tra i rapporti che gli scienziati del Seicento hanno avuto con la loro società e i rapporti che gli scienziati dei nostri giorni hanno con noi tutti.

[4] Naturalmente ci sono molte eccezioni a questa regola. Proprio nell'Ottocento, per esempio, nasce un'industria chimica che ha rapporti molto stretti con la scienza chimica.

Bibliografia

Abbri F., 1998, *Le origini della chimica moderna*, in P. Rossi, *Storia della scienza moderna e contemporanea*, UTET, Torino.

Antinucci F., 2004, *Comunicare nel museo*, Laterza, Roma-Bari.

Antonello P., Gilson S.A. (a cura di), 2004, *Science and Literature in Italian Culture. From Dante to Calvino*, University of Oxford.

Arnol'd V. I., 1996, *Huygens & Barrow. Newton & Hooke*, Bollati Boringhieri, Torino.

Bacon F., 1612, *Scritti filosofici*, a cura di P. Rossi, UTET, Torino 1975.

—, 1620, *Instauratio magna*, Oxford University Press, Oxford 2004.

—, 1627, *La Nuova Atlantide*, Rizzoli, Milano 2009.

Banfi A., *Galileo Galilei*, Ambrosiana, Milano.

Barbacci S., 2003, *Processi di osmosi tra scienza e musica nell'epoca della rivoluzione scientifica*, Jekyll.com, 4, marzo 2003 (consultabile su http://jekyll.sissa.it/jekyll_comm/).

Battistini A., 1989, *Galilei*, Laterza, Bari.

—, 1993, *Introduzione*, in Galileo Galilei, *Sidereus Nuncius*, Marsilio, Venezia.

Bell E.T., 2000, *I grandi matematici*, Sansoni, Firenze.

Bellone E., 1998, *Galileo*, Le Scienze, Roma.

—, 2000, *Storia della fisica*, UTET Libreria, Torino.

Ben-David J., 1975, *Scienza e società*, Il Mulino, Bologna.

—, 1997, *Éléments d'une sociologie historique des sciences*, PUF, Parigi.

Benevolo L., 1991, *La cattura dell'infinito*, Laterza, Bari.

Beretta M., 2002, *Storia materiale della scienza*, Mondadori, Milano.

Bernabeo R., 1996, *La macchina del corpo*, in *Storia del pensiero medio occidentale*, a cura di M.D. Grmek, Laterza, Roma-Bari.

Bianchi L., 1997, *La filosofia nelle università. Secoli XIII e XIV*, La Nuova Italia, Firenze.

Bourdieu P., 2003, *Il mestiere di scienziato*, Feltrinelli, Milano.

Boyer C.B., 1982, *Storia della matematica*, Mondadori, Milano.

Braduel F., 1974, *L'Italia fuori dall'Italia*, in *Storia d'Italia*, a cura di R. Romano, C. Vivanti, vol. II, Einaudi, Torino.

Bucciantini M., 2003, *Galileo e Keplero*, Einaudi, Torino.

Bush V., 1945, *Science the Endless Frontier. A Report to the President*, U.S. Government P.O., Washington.

Butterfield H., 1962, *Le origini della scienza moderna*, Il Mulino, Bologna.

Calvino I., 1967, *Lettere ad Anna Maria Ortese*, «Corriere della Sera», 31 dicembre.

—, 1980, *Una pietra sopra: Discorsi di letteratura e società*, Mondadori, Milano 2002.

—, 1993, *Lezioni americane*, Garzanti, Milano.

—, 1994, *Saggi*, Mondadori, Milano 1994.
Caretti L., 2001, *Ariosto e Tasso*, Einaudi, Torino.
Carpanetto D., 2004, *L'età della ragione: il quadro storico*, in *La Storia*, vol. 9, La Biblioteca di Repubblica, Roma.
Cassirer E., 1963, *Storia della filosofia moderna*, Einaudi, Torino.
Castelfranchi Y., Pitrelli N., 2007, *Come si comunica la scienza?*, Laterza, Roma-Bari.
Chapman A., 2009, *A new perceived reality: Thomas Harriot's Moon maps*, «Astronomy & Geophysics», vol. 50, 1, febbraio 2009.
Clark W., 2006, *Academic Charisma and the Origins of the Research University*, University Of Chicago Press, Chicago.
Clowes W., 1602, *Treatise for the Artificial Cure of Struma*, in Feuer, *L'intellettuale scientifico*, Zanichelli, Bologna 1969.
Comenio, 1657, *Opere*, a cura di M. Fattori, UTET, Torino 1974.
Copernico N., 1543, *De Revolutionibus Orbium Caelestium*, Einaudi, Torino 1975.
Cosmacini G., 1995, *Storia della medicina e della sanità in Italia*, Laterza, Roma-Bari.
—, 1998, *Ciarlataneria e medicina*, Raffaello Cortina, Milano.
Debus A.G., 1996, *La medicina chimica nella prima età moderna*, in M.D. Grmek, *Storia del pensiero occidentale*, Laterza, Roma-Bari 1996.
Descartes R., 1637, *Discorso sul metodo*, Laterza, Bari 1967.
De Morgan A., 1914, *Essays on the Life and Work of Newton*, Open Court.
Dijksterhuis E.J., 1950, *Il meccanicismo e l'immagine del mondo*, Feltrinelli, Milano 1980.
Di Meo A., 1990, *La chimica moderna*, in *Storia della chimica*, a cura di A. Di Meo, Marsilio, Venezia.
Donne J., 1611, *Anatomy of the World*, consultabile all'indirizzo www.eliteskills.com/a/John+Donne.
Dooley B., 1999, *The Social History of Skepticism. Experience and Doubt in Early Modern Culture,* The Johns Hopkins University Press, Baltimora.
Dragoni G., Bergia S., Gottardi G., 1999, *Dizionario biografico degli scienziati e dei tecnici*, Zanichelli, Bologna.
Drake S., 1970a, *Galileo studies*, University of Michigan Press, Ann Arbor.
—, 1970b, *Renaissance Music and Experimental Science*, «Journal of the History of Ideas», XXXI, 483-500.
—, 1981, *Galileo*, Dall'Oglio, Milano.
—, 1992, *Galileo Galilei pioniere della scienza*, Muzzio, Montereggio.
Dreyer J.L.E., 1980, *Storia dell'astronomia da Talete e Keplero*, Feltrinelli, Milano.
Duris P., Gohau G., 1999, *Storia della biologia*, Einaudi, Torino.
Edgerton S.Y., 1994, *The Heritage of Giotto's Geometry*, Cornell University Press, Ithaca-New York.
Eisenstein E.L., 1995, *Le rivoluzioni del libro*, Il Mulino, Bologna.
Fabbri N., 2008, *De l'utilité de l'harmonie. Filosofia, scienza e musica in Mersenne, Descartes e Galileo*, Edizioni della Normale, Pisa.
Febvre L., Henri-Jean M., 1958, *L'apparition du livre* (trad. it. *La nascita del libro*, Laterza, Bari 1988).
Felt U., 2003, *Sciences, Science Studies and Their Publics: speculating on future relations*, in Joerges Bernward, Nowotny Helga, *Social Studies and Technology: Looking Back, Ahead*, Kluwer Academic Publishers, Dordrecht.
Ferguson K., 2008, *La musica di Pitagora*, Longanesi, Milano.
Festa E., 2007, *Galileo*, Laterza, Roma-Bari.
Feuer L.S., 1969, *L'intellettuale scientifico*, Zanichelli, Bologna.

Findlen P., 1997, *Possedere la paura*, in *Stanze della meraviglia. I musei della natura tra storia e progetto*, a cura di L. Basso Peressut, CLUEB, Bologna 1997.
Flora F., 1996, *Introduzione*, in Galileo Galilei, *Dialogo dei Massimi Sistemi*, Mondadori, Milano.
Funkenstein A., 1996, *Teologia e immaginazione scientifica dal Medioevo al Seicento*, Einaudi, Torino.
Galileo Galilei, 1609a, *Lettera a un amico*, in *Opere*, a cura di A. Favaro, Barbèra, Firenze 1890-1909.
—, 1609b, *Lettera a Vespucci*, in *Opere*, a cura di A. Favaro, Barbèra, Firenze 1890-1909.
—, 1610a, *Sidereus Nuncius*, Marsilio, Venezia 1993.
—, 1610b, *Lettera a Belisario Vinta*, in *Opere*, a cura di A. Favaro, Barbèra, Firenze 1890-1909.
—, 1610c, *Lettera a Kepler*, in *Opere*, a cura di A. Favaro, Barbèra, Firenze 1890-1909.
—, 1610d, *Lettera a Giuliano de' Medici*, in *Opere*, a cura di A. Favaro, Barbèra, Firenze 1890-1909.
—, 1611, *Lettera a Piero Dini*, in *Opere*, a cura di A. Favaro, Barbèra, Firenze 1890-1909.
—, 1615, *Lettere teologiche*, Piemme, Milano 1999.
—, 1623, *Il Saggiatore*, Feltrinelli, Milano 1992.
—, 1632, *Dialogo dei Massimi Sistemi*, Mondadori, Milano 1996.
—, 1638, *Discorsi*, a cura di E. Giusti, Einaudi, Torino 1990.
—, 1890, *Opere*, a cura di A. Favaro, Barbèra, Firenze 1890-1909.
Garin E., 1978, *Storia della filosofia italiana*, Einaudi, Torino.
—, 1980, *Medioevo e Rinascimento*, Laterza, Bari.
—, 1982, *Lo zodiaco della vita*, Laterza, Bari.
—, 1993, *Scienza e vita civile nel Rinascimento italiano*, Laterza, Roma-Bari.
—, 2001, *La cultura filosofica del Rinascimento italiano*, Bompiani, Milano.
Geymonat L., 1969, *Galileo Galilei*, Einaudi, Torino.
Gibbons M., Limoges C., Nowotny H., Schwartzman S., Scott P., Trow M., 1994, *The New Production of Knowledge: The Dynamics of Science and Research in Contemporary Societies*, Polity, Cambridge.
Gilman S.L., 1993, *Immagini della follia*, Il Mulino, Bologna.
Gingras Y., 1991, *Physics and the Rise of Scientific Research in Canada,* McGill-Queen's University Press, Montreal.
—, 2002, *Mathématisation et exclusion, socioanalyse de la formation des cités savants*, in Wunenburger J. J., *Gaston Bachelard et l'Épistémologie française*, PUF, Parigi.
Giorello G., 1992, *Galileo, l'artista toscano*, in Galileo Galilei, *Il Saggiatore*, Feltrinelli, Milano 1992.
—, 2003, *Il "metodo" di Amleto*, Jekyll.com, 4, marzo 2003 (consultabile in http://jekyll.sissa.it/jekyll_comm/).
Gleick J., 2004, *Isaac Newton*, Codice, Torino.
Gombrich E.H., 2003, *The Story of Art*, Phaidon, Londra.
Govoni P., 2002, *Un publico per la scienza*, Carocci, Roma.
Greco P., 1999, *Valorizzazione della divulgazione scientifico-naturalistica con riferimento all'educazione ambientale,* in *Memorie di Scienze Fisiche e Naturali,* «Rendiconti della Accademia Nazionale delle Scienze detta dei XL», serie V, vol. XXIII, parte II, tomo I.
—, 2000, *Il sogno di Einstein*, CUEN, Napoli.
—, 2000a, *Ideali scientifici mediterranei,* in *Il Modello Mediterraneo,* CUEN, Napoli.

—, 2002, *Einstein e il ciabattino*, Editori Riuniti, Roma.
—, 2005, *Einstein, come nasce un Weltbild*, in *Einstein, filosofo*, «La Nuova Civiltà delle Macchine» vol. 3/1.
—, 2009, *L'astro narrante*, Springer, New York.
Gregory J., Miller S., 1998, *Science in Public*, Plenum Trade, New York.
Grmek M.D., 1990, *La première révolution biologique*, Payot, Parigi.
—, 1996a, *Il calderone di Medea*, Laterza, Roma-Bari.
— (a cura di), 1996b, *Storia del pensiero medico occidentale,* in *Dal Rinascimento all'inizio dell'Ottocento*, vol. II, Laterza, Roma-Bari.
Guicciardini N., 1998, *Newton*, Le Scienze, Roma.
Gusdorf G., 1969, *La révolution galiléenne*, Payot, Parigi.
Hackmann W., 1998, *Meraviglie racchiuse nello studio*, in Durant J., *Scienza in pubblico*, CLUEB, Bologna.
Hauser A., 2001, *Storia sociale dell'arte*, Einaudi, Torino.
Hayles K., 1991, *Literature and Science*, in *Encyclopedia of Literature and Criticism*, Routledge, New York.
Holton G., 1988, *Thematic Origins of Scientific Thought*, Harvard University Press, Cambridge (MA).
—, 1998, *The Scientific Imagination*, Harvard University Press, Cambridge (MA).
Huard P., 1968, *Dessins anatomiques de Léonard de Vinci,* Roger Dacosta, Parigi.
Infelise M., 2002, *Prima dei giornali*, Laterza, Roma-Bari.
Israel G., 1996, *La visione matematica della realtà*, Laterza, Roma-Bari.
Jacobi D., Bernard S., 1988, *Vulgariser la science – Le procès de l'ignorance*, Champ Vallon, Seyssel.
Joerges B., Nowotny H., 2003, *Social Studies and Technology: Looking Back, Ahead*, Kluwer Academic Publishers, Dordrecht.
Kemp M., 1999, *Immagine e verità*, il Mulino, Bologna.
Kepler, 1619, *Le secret du monde*, Les Belles Lettres, Parigi 1984.
Kline M., 1996, *Storia del pensiero matematico*, Einaudi, Torino.
Koestler A., 1959, *The Sleepwalkers*, Hutchinson, Londra.
Koyré A., 1970, *Dal mondo chiuso all'universo infinito*, Feltrinelli, Milano.
Kronick, D.A., 1976, *A History of Scientific & Technical Periodicals: The origins and development of the scientific and technical press, 1665-1790*, Scarecrow, New York.
Kuhn T.S., 1978, *La struttura delle rivoluzioni scientifiche*, Einaudi, Torino.
Leicester H.M., 1978, *Storia della chimica*, ISEDI, Milano.
Leopardi G., 1832, *Operette Morali, 14. Dialogo di Federico Ruysch e delle sue mummie*, in *Tutte le opere*, vol. I, Sansoni, Firenze 1969.
Levi P., 1985, *L'altrui mestiere*, Einaudi, Torino.
Lévy-Leblond J., 1998, *La pietra di paragone*, CUEN, Napoli.
Malebranche N., 1979, *Œuvres*, Gallimard, Parigi.
Maraffi L., 1615, *Lettera a Galileo del 10 gennaio 1615*, in Galileo Galilei, *Opere*, a cura di A. Favero Barbèra, Firenze 1890-1909.
Maravall J.A., 1985, *La cultura del barocco*, Il Mulino, Bologna.
March R.H., 1994, *Fisica per poeti*, Dedalo, Bari.
Marchis V., 1994, *Storia delle macchine*, Laterza, Roma-Bari.
Matthiae G. et al., 1971, *Arte, scienza e cultura in Roma cristiana*, Cappelli, Bologna.
Mayr E., 1990, *Storia del pensiero biologico*, Bollati Boringhieri, Torino.
McLean A., 1972, *Humanism and the Rise of Science in Tudor England*, Heinemann Educational, Oxford.
McLuhan M., 1967, *Gli strumenti del comunicare*, Il Saggiatore, Milano.

Merker N., 2002, *Atlante storico della filosofia*, Editori Riuniti, Roma.
Merton R., 1938, *Science, technology, and Society in Seventeenth Century England*, Harper & Row (trad. it. *Scienza, tecnologia e società nell'Inghilterra del XVII secolo*, Franco Angeli, Milano 1975).
—, 1973, *La sociologia della scienza*, Franco Angeli, Milano.
Milton J., 1644, *Areopagitica*, Laterza, Bari 1987.
—, 1667, *Il paradiso perduto*, Le Monnier, Firenze 1863.
Minazzi F., 1994, *Galileo "filosofo geometra"*, Rusconi, Roma.
Newton I., 1687, *Principi matematici della filosofia naturale*, UTET, Torino 1965.
Nigro S.S., 2004, *Impostura e verità: il modello barocco*, in Nino Borsellino e Walter Pedullà, *Storia generale della letteratura italiana*, Federico Motta, Milano.
Nowotny H., Scott P., Gibbons M., 2001, *Re-Thinking Science. Knowledge and the Public in an Age of Uncertainty*, Polity, Cambridge.
Olmi G., 1997, *L'arca di Noè. La natura « in mostra » e le sue meraviglie*, in *Stanze della meraviglia. I musei della natura tra storia e progetto*, a cura di L. Basso Peressut, CLUEB, Bologna 1997.
Pagel W., 1979, *Le idee biologiche di Harvey*, Feltrinelli, Milano.
Panofsky E., 1971, *The Life and Art of Albrecht Dürer*, Princeton University Press, Princeton.
—, 1985, *Galileo come critico delle arti*, Cluva, Venezia.
Parodi A., 2002, *Storie della medicina*, Edizioni di Comunità, Torino.
Patapievici M., 2006, *Gli occhi di Beatrice. Com'era davvero il mondo di Dante?*, Bruno Mondadori, Milano.
Priuli A., 1609, *Dalla cronaca di Antonio Priuli (21-25 agosto 1609)*, in *Opere*, a cura di A. Favaro, Barbèra, Firenze 1890-1909.
Quondam A., 2004, *La rivoluzione tipografica*, in N. Borsellino, W. Pedullà, *Storia generale della letteratura italiana*, Federico Motta, Milano.
Raimondi E., 1969, *Le poetiche della modernità e la vita letteraria*, in *Storia della Letteratura Italiana*, a cura di E. Cecchi, N. Sapegno, Garzanti, Milano.
Reichenbach H., 1949, *Philosophical Significance of the Theory of Relativity*, in P.A. Schilpp, *Albert Einstein: Philosopher-Scientist*, Tudor, New York.
Renucci P., 1974, *La cultura*, in *Storia d'Italia*, a cura di R. Romano, C. Vivanti, vol. II, Einaudi, Torino.
Ronchi V., 1958, *Il cannocchiale di Galileo e la scienza del Seicento*, Einaudi, Torino.
Rossi P., 1997, *La nascita della scienza in Europa*, Laterza, Roma-Bari.
—, 1998, *Storia della scienza moderna e contemporanea*, UTET, Torino.
—, 2002, *I filosofi e le macchine 1400-1700*, Feltrinelli, Milano.
—, 2003, Intervista concessa a Pietro Greco, pubblicata da « L'Unità » il 5 novembre.
—, 2004, *Galileo Galilei*, in N. Borsellino, W. Pedullà, *Storia generale della letteratura italiana*, Federico Motta, Milano.
Rudolph G., 1996, *La misurazione e l'esperimento*, in M.D. Grmek, *Storia del pensiero occidentale*, Laterza, Roma-Bari, 1996.
Romano R., Vivanti C. (a cura di), 1974, *Storia d'Italia*, Einaudi, Torino.
Russell B., 1966, *Storia della filosofia occidentale*, Longanesi, Milano.
Russo L., 2001, *La rivoluzione dimenticata*, Feltrinelli, Milano.
Sapegno N., 1973, *Profilo storico della letteratura italiana*, La Nuova Italia, Firenze.
Sarton G., 1938, *The Scientific Literature Transmitted through the Incunabula*, « Osiris », 5, pagg. 62-68.
Sciolla G.C., Petrioli Tofani A.M., Prosperi Valentini, Rodinò S., D'Anna M., 1991, *Il Disegno*, Istituto Bancario San Paolo, Torino.

Segre M., 1993, *Nel segno di Galileo*, Il Mulino, Bologna.
Shakespeare W., 1597, *Il mercante di Venezia*, Mondadori, Milano 1982.
Shapin S., 2003, *La rivoluzione scientifica*, Einaudi, Torino.
Shea W.R., 1994, *La magia dei numeri e del moto. René Descartes e la scienza del Seicento*, Bollati Boringhieri, Torino.
Singer C., 1961, *Breve storia del pensiero scientifico*, Einaudi, Torino.
Snow C.P., 1964, *Le due culture*, Feltrinelli, Milano.
Sobel D., 1999, *La figlia di Galileo*, Rizzoli, Milano.
Sprat T., 1667, *The History of the Royal Society*, Routledge & Kegan, Londra 1959.
Stafleu M.D., 1987, *Theories at work*, University Press of America, Lanham.
Thorndyke L., 1941, *A History of Magic and Experimental Science: The Sixteenth Century*, Columbia University Press, New York.
Toscano F., 2004, *The Tuscan Artist. Immagini di Galileo nell'opera di Milton*, «JCOM», ottobre 2004 (consultabile in http://jcom.sissa.it/).
Trevor-Roper H., 1987, *Il Rinascimento*, Laterza, Bari.
Verdet J.-P., 1995, *Storia dell'astronomia*, Longanesi, Milano.
Vergara Caffarelli R., 1992, *Galileo a Pisa*, Conferenza tenuta al Rotary Club *Galilei* di Pisa, novembre 1992 (consultabile in http://www.illaboratoriodigalileogalilei.it/galileo/galapisa/galapisa.htm).
Viroli M., 1994, *Dalla politica alla ragion di Stato. La scienza di governo tra XIII e XVII secolo*, Donzelli, Roma.
Viviani V., 2001, *Racconto istorico della vita del sig.Galileo Galilei*, a cura di B. Basile, Salerno, Roma.
Weber C., 2002, *Paracelsus, Paracelsianism, and the Secularization of the Worldview*, Cambridge University Press, Oxford.
Weber M., 1904, *The Protestant Ethic and the Spirit of Capitalism*, (trad. it. *L'etica protestante e lo spirito del capitalismo*, Rizzoli, Milano 1991).
Webster C., 1984, *Magia e scienza da Paracelso a Newton*, Il Mulino, Bologna.
Westfall R.S., 1999, *La rivoluzione scientifica del XVII secolo*, il Mulino, Bologna.
Westman R.S., 1974, *Book review*, «Renaissance Quarterly», 27, estate, p. 223.
Yates F., 1982, *Cabbala e occultismo nell'età elisabettiana*, Einaudi, Torino.
Zanarini G., 2001, *Appassionato rigore*, CUEN, Napoli.
Ziman J., 1987, *Il lavoro dello scienziato*, Laterza, Bari.
—, 2002, *La vera scienza*, Dedalo, Bari.

Indice dei nomi

Made in United States
North Haven, CT
08 October 2026

19794258R00135